—— 安全生产 18 讲丛书 ——

安全管理 18 讲

杨勇　主编

中国劳动社会保障出版社

图书在版编目(CIP)数据

安全管理18讲/杨勇主编. -- 北京：中国劳动社会保障出版社，2020

(安全生产18讲丛书)

ISBN 978-7-5167-4545-8

Ⅰ.①安… Ⅱ.①杨… Ⅲ.①企业管理-安全管理-安全培训-教材 Ⅳ.①X931

中国版本图书馆CIP数据核字(2020)第143543号

中国劳动社会保障出版社出版发行

(北京市惠新东街1号 邮政编码：100029)

*

三河市华骏印务包装有限公司印刷装订 新华书店经销

880毫米×1230毫米 32开本 9.875印张 242千字

2020年9月第1版 2023年6月第5次印刷

定价：29.00元

营销中心电话：400-606-6496

出版社网址：http://www.class.com.cn

内 容 简 介

本书为“安全生产18讲丛书”之一，内容上聚焦企业安全管理法律、法规及相关知识。本书针对企业安全管理工作，学习领会近年来习近平总书记对安全生产工作的重要讲话和重要指示批示精神，详细地介绍了安全生产相关政策文件和法律法规体系，以及安全生产责任制、安全生产标准化、安全评价、安全教育和培训、安全生产规章制度、事故应急预案等安全管理基础知识，共18讲。

本书内容丰富，层次清楚，可作为企业安全管理培训用书，也可作为企业主要负责人、安全管理人员及广大职工的学习参考用书，助力企业提高安全管理水平，实现安全生产。

Contents

目 录

第1讲 习近平总书记对安全生产工作的重要讲话和重要指示批示精神

第 2 讲　我国安全生产工作方针

第 3 讲　国家有关安全生产重要政策文件

第 4 讲　安全生产法律法规体系

第 5 讲　安全生产监管监察

第 6 讲　安全管理基本知识

第 7 讲　安全管理常用术语

第 8 讲　安全生产责任制

第 9 讲　安全生产标准化

第10讲　安 全 评 价

第11讲　安全文化和教育培训

第12讲　安全生产规章制度和操作规程

第13讲　安全生产投入

第 14 讲 建设项目安全设计与“三同时”管理

第 15 讲 作业场所及其设备设施安全管理

第 16 讲 劳动防护用品和安全警示标识管理

第 17 讲　事故应急预案管理

第 18 讲　安全生产违法行为处罚

第 *1* 讲

习近平总书记对安全生产工作的重要讲话和重要指示批示精神

党的十八大以来，以习近平同志为核心的党中央对安全生产工作空前重视，安全生产改革发展不断推进，全国事故起数和死亡人数连年下降，安全生产形势持续稳定好转，安全生产工作进入了新的发展时期，有了新方位和新起点。

习近平总书记高度重视安全生产工作，在各个重要时期对安全生产工作发表重要讲话，作出重要指示批示。这些重要讲话和重要指示批示精神，为我国安全生产工作指明了道路，也是安全生产领域实践习近平新时代中国特色社会主义思想的重要努力方向。在党的十九大报告中，习近平总书记指出，要树立安全发展理念，弘扬生命至上、安全第一的思想，健全公共安全体系，完善安全生产责任制，坚决遏制重特大安全事故，提升防灾减灾救灾能力。这体现了党中央对安全生产工作的部署要求，集中体现了我们党全心全意为人民服务的根本宗旨和以人民为中心的发展思想，为做好安全生产工作指明了方向。

以下以各个时期（年度）为主线，介绍习近平总书记有关安全生产的重要讲话和重要指示批示精神。

1.1　2013 年 6 月就做好安全生产工作作出重要指示

2013 年，针对一个时期以来全国多个地区接连发生多起重特大安全生产事故，造成重大人员伤亡和财产损失的情况，以习近平总书记为核心的党中央高度重视。6 月 6 日，习近平总书记就做好安全生产工作再次作出重要指示。

习近平指出，接连发生的重特大安全生产事故，造成重大人员伤亡和财产损失，必须引起高度重视。人命关天，发展决不能以牺牲人的生命为代价。这必须作为一条不可逾越的红线。

习近平要求，国务院有关部门将这些事故及发生原因的情况通报各地区各部门，使大家进一步警醒起来，吸取血的教训，痛定思痛，举一反三，开展一次彻底的安全生产大检查，坚决堵塞漏洞、排除隐患。

习近平强调，要始终把人民生命安全放在首位，以对党和人民高度负责的精神，完善制度、强化责任、加强管理、严格监管，把安全生产责任制落到实处，切实防范重特大安全生产事故的发生。

1.2　2013 年 11 月针对山东省青岛市输油管线泄漏引发的重大爆燃事故作出重要批示

2013 年 11 月 22 日上午，山东省青岛经济技术开发区中石化东黄输油管线泄漏引发重大爆燃事故。经调查组确认，这次事故共造成 62 人死亡、136 人受伤，直接经济损失 7.5 亿元。习近平总书记得知消息后，立即作出批示，要求山东省和有关部门、企业组织力量排除险情，千方百计搜救失踪、受伤人员，并查明事故原因，总结事故教训，落实安全生产责任，强化安全生产措施，坚决杜绝此类事故，并要求国务院立即派出领导前往指导抢险搜救工作。11 月 24 日，习近平总书记前往青岛，考察此次事故抢险工作，在青岛大学附属医院黄岛分院看望、慰问伤员，之后主持召开会议，在听取汇报后作出了重要讲话。

习近平表示，这次事故给人民群众生命财产造成严重损失，令人痛心。目前，经过国务院有关部门、山东省委和省政府、青岛市委和市政府以及有关方面共同努力，事故处理工作取得初步成效。下一步，要尽全力救治受伤人员，妥善安排遇难者后事，安慰好家属，安置好群众生活。对这次事故，要抓紧调查处理，依法追究相关人员责任。

习近平指出，各级党委和政府、各级领导干部要牢固树立安全发展理念，始终把人民群众生命安全放在第一位。各地区各部门、各类企业都要坚持安全生产高标准、严要求，招商引资、上项目要严把安全生产关，加大安全生产指标考核权重，实行安全生产和重大安全生产事故风险“一票否决”。责任重于泰山。要抓紧建立、健全安全生产责任体系，党政一把手必须亲力亲为、亲自动手抓。要把安全责任落实到岗位、落实到人头，坚持“管行业必须管安全、管业务必须管安全”，加强督促检查、严格考核奖惩，全面推进安全生产工作。

习近平强调，所有企业都必须认真履行安全生产主体责任，做到安全投入到位、安全培训到位、基础管理到位、应急救援到位，确保安全生产。中央企业要带好头、做表率。各级政府要落实属地管理责任，依法依规，严管严抓。

习近平指出，安全生产，要坚持防患于未然。要继续开展安全生产大检查，做到“全覆盖、零容忍、严执法、重实效”。要采用不发通知、不打招呼、不听汇报、不用陪同和接待，直奔基层、直插现场，暗查暗访，特别是要深查地下油气管网这样的隐蔽致灾隐患。要加大隐患整改治理力度，建立安全生产检查工作责任制，实行谁检查、谁签字、谁负责，做到不打折扣、不留死角、不走过场，务必见到成效。

习近平指出，要做到“一厂出事故、万厂受教育，一地有隐患、全国受警示”。各地区和各行业领域要深刻吸取安全事故带来的教训，强化安全责任，改进安全监管，落实防范措施。

习近平最后指出，冬季已经来临，岁末年初历来是事故高发期。

希望大家以对党和人民高度负责的态度，牢牢绷紧安全生产这根弦，把工作抓实抓细抓好，坚决遏制重特大事故，促进全国安全生产形势持续稳定好转。

1.3 2014年8月就江苏省苏州市昆山中荣金属制品有限公司爆炸事故作出重要指示

2014年8月2日7时37分，江苏省苏州市昆山开发区中荣金属制品有限公司汽车轮毂抛光车间发生特别重大铝粉爆炸事故，依照《生产安全事故报告和调查处理条例》规定的事故发生后30日报告期，共有97人死亡、163人受伤（事故报告期后，经全力抢救医治无效陆续死亡49人，95名伤员在医院治疗，病情基本稳定），直接经济损失3.51亿元。

事故发生后，党中央、国务院高度重视。习近平总书记立即作出重要指示，要求江苏省和有关方面全力做好伤员救治，做好遇难者亲属的安抚工作；查明事故原因，追究责任人责任，吸取血的教训，强化安全生产责任制。正值盛夏，要切实消除各种易燃易爆隐患，切实保障人民群众生命财产安全。

1.4 2015年8月对切实做好安全生产工作作出重要指示

一个时期以来，全国多个地区发生重特大安全生产事故，特别是2015年8月12日天津港瑞海公司危险品仓库特别重大火灾爆炸事故，造成165人遇难（其中参与救援处置的公安现役消防人员24人、天津港消防人员75人、公安民警11人，事故企业、周边企业员工和周边居民55人）、8人失踪、798人受伤，直接经济损失达68.66亿元。习近平总书记对切实做好安全生产工作高度重视，2015年8月15日再次作出重要指示。

习近平指出，确保安全生产、维护社会安定、保障人民群众安居乐业是各级党委和政府必须承担好的重要责任。天津港“8·12”瑞海公司危险品仓库特别重大火灾爆炸事故以及近期一些地方接二连三发生的重大安全生产事故，再次暴露出安全生产领域存在突出问题、面临形势严峻。血的教训极其深刻，必须牢牢记取。各级党委和政府要牢固树立安全发展理念，坚持人民利益至上，始终把安全生产放在首要位置，切实维护人民群众生命财产安全。要坚决落实安全生产责任制，切实做到“党政同责、一岗双责、失职追责”。要健全预警应急机制，加大安全监管执法力度，深入排查和有效化解各类安全生产风险，提高安全生产保障水平，努力推动安全生产形势实现根本好转。各生产单位要强化安全生产第一意识，落实安全生产主体责任，加强安全生产基础能力建设，坚决遏制重特大安全生产事故发生。

1.5 2015年12月对深圳市光明新区渣土受纳场发生山体滑坡事故作出重要指示

2015年12月20日，位于广东省深圳市光明新区的红坳渣土受纳场发生滑坡事故，造成73人死亡，4人下落不明，17人受伤（重伤3人、轻伤14人），33栋建筑物（厂房24栋、宿舍楼3栋、私宅6栋）被损毁、掩埋，90家企业生产受影响，涉及员工4 630人，直接经济损失8.81亿元。

事故发生后，党中央、国务院高度重视，习近平总书记立即作出重要指示，要求广东省、深圳市迅速组织力量开展抢险救援，第一时间抢救被困人员，尽全力减少人员伤亡，做好伤员救治、伤亡人员家属安抚等善后工作。

1.6 2016年1月在中共中央政治局常委会会议上发表重要讲话

2016年1月，习近平总书记在中共中央政治局常委会会议上发表重要讲话，对全面加强安全生产工作提出明确要求，强调血的教训警示我们，公共安全绝非小事，必须坚持安全发展，扎实落实安全生产责任制，堵塞各类安全漏洞，坚决遏制重特大事故频发势头，确保人民生命财产安全。

习近平强调，重特大突发事件，不论是自然灾害还是责任事故，其中都不同程度存在主体责任不落实、隐患排查治理不彻底、法规标准不健全、安全监管执法不严格、监管体制机制不完善、安全基础薄弱、应急救援能力不强等问题。

习近平对加强安全生产工作提出5点要求。一是必须坚定不移保障安全发展，狠抓安全生产责任制落实。要强化“党政同责、一岗双责、失职追责”，坚持以人为本、以民为本。二是必须深化改革创新，加强和改进安全监管工作，强化开发区、工业园区、港区等功能区安全监管，举一反三，在标准制定、体制机制上认真考虑如何改革和完善。三是必须强化依法治理，用法治思维和法治手段解决安全生产问题，加快安全生产相关法律、法规制定修订，加强安全生产监管执法，强化基层监管力量，着力提高安全生产法治化水平。四是必须坚决遏制重特大事故频发势头，对易发生重特大事故的行业领域采取风险分级管控、隐患排查治理双重预防性工作机制，推动安全生产关口前移，加强应急救援工作，最大限度减少人员伤亡和财产损失。五是必须加强基础建设，提升安全保障能力。针对城市建设、危旧房屋、玻璃幕墙、渣土堆场、尾矿库、燃气管线、地下管廊等重点隐患和煤矿、非煤矿山、危险化学品、烟花爆竹、交通运输等重点行业以及游乐、“跨年夜”等大型群众性活动，坚决做好安全防范，特别是要严防踩踏事故发生。

1.7　2016年7月在中共中央政治局常委会会议上发表重要讲话

2016年7月，习近平总书记在中共中央政治局常委会会议上发表重要讲话，对加强安全生产和汛期安全防范工作作出重要指示，强调安全生产是民生大事，一丝一毫不能放松，要以对人民极端负责的精神抓好安全生产工作，站在人民群众的角度想问题，把重大风险隐患当成事故来对待，守土有责，敢于担当，完善体制，严格监管，让人民群众安心放心。

习近平指出，各级党委和政府，特别是领导干部，要牢固树立安全生产的观念，正确处理安全和发展的关系，坚持发展决不能以牺牲安全为代价这条红线。经济社会发展的每一个项目、每一个环节都要以安全为前提，不能有丝毫疏漏。要严格实行党政领导干部安全生产工作责任制，切实做到失职追责。要把遏制重特大事故作为安全生产整体工作的“牛鼻子”来抓，在煤矿、危险化学品、道路运输等方面抓紧规划实施一批生命防护工程，积极研发应用一批先进安防技术，切实提高安全发展水平。

习近平强调，要加快完善安全管理体制，强化安全监管部门综合监管责任，严格落实行业主管部门监管责任、地方党委和政府属地管理责任，加强基层安全监管执法队伍建设，制定权力清单和责任清单，督促落实到位。要发挥各级安委会指导协调、监督检查、巡查考核的作用，形成上下合力，齐抓共管。要改革安全生产应急救援体制，提高组织协调能力和现场救援实效。要完善各类开发区、工业园区、港区、风景区等功能区安全监管体制，严格落实安全管理措施。要完善安全生产许可制度，严把安全准入关。要健全安全生产法律、法规和标准体系，统筹做好涉及安全生产的法律、法规和标准的制定修订工作。

习近平强调，要加强城市运行管理，增强安全风险意识，加强源头治理。要加强城乡安全风险辨识，全面开展城市风险点、危险源的普查，防止认不清、想不到、管不到等问题的发生。

习近平指出，目前正值主汛期，一些地区出现了严重洪涝灾害，各级党委和政府要坚持守土有责、履职尽责，做好防汛抗洪抢险各项工作，切实保护人民群众生命财产安全。

1.8　2016年10月在全国安全生产监管监察系统先进集体和先进工作者表彰大会上的重要指示

2016年10月31日，全国安全生产监管监察系统先进集体和先进工作者表彰大会在北京举行。习近平总书记作出重要指示，向全国安全生产监管监察系统广大干部职工致以诚挚的问候，向受到表彰的先进集体和先进工作者表示热烈的祝贺。

习近平指出，安全生产事关人民福祉，事关经济社会发展大局。党的十八大以来，安全生产监管监察部门广大干部职工贯彻安全发展理念，甘于奉献、扎实工作，为预防生产安全事故做出了重要贡献。

习近平强调，各级安全生产监管监察部门要牢固树立发展决不能以牺牲安全为代价的红线意识，以防范和遏制重特大事故为重点，坚持标本兼治、综合治理、系统建设，统筹推进安全生产领域改革发展。各级党委和政府要认真贯彻落实党中央关于加快安全生产领域改革发展的工作部署，坚持“党政同责、一岗双责、齐抓共管、失职追责”，严格落实安全生产责任制，完善安全监管体制，强化依法治理，不断提高全社会安全生产水平，更好维护广大人民群众生命财产安全。

1.9 2016年11月对江西省宜春市丰城发电厂三期扩建工程发生冷却塔施工平台坍塌特别重大事故作出重要指示

2016年11月24日，江西省宜春市丰城发电厂三期扩建工程发生冷却塔施工平台坍塌特别重大事故，造成73人死亡、2人受伤，直接经济损失10 197.2万元。

习近平总书记高度重视，立即作出重要指示，要求江西省和有关部门组织力量做好救援救治、善后处置等工作，尽快查明原因，深刻吸取教训，严肃追究责任。近期一些地方接连发生安全生产事故，国务院要组织各地区各部门举一反三，全面彻底排查各类隐患，狠抓安全生产责任落实，切实堵塞安全漏洞，确保人民群众生命和财产安全。

1.10 2019年3月对江苏省盐城市响水县陈家港镇天嘉宜化工有限公司化学储罐爆炸事故作出重要指示

2019年3月21日14时48分许，江苏省盐城市响水县陈家港镇天嘉宜化工有限公司化学储罐发生爆炸事故，并波及周边16家企业。事故造成47人死亡、90人重伤，另有部分群众不同程度受伤。

事故发生后，习近平总书记高度重视，立即作出重要指示，要求江苏省和有关部门全力抢险救援，搜救被困人员，及时救治伤员，做好善后工作，切实维护社会稳定。要加强监测预警，防控发生环境污染，严防发生次生灾害。要尽快查明事故原因，及时发布权威信息，加强舆情引导。

习近平强调，近期一些地方接连发生重大安全事故，各地和有关部门要深刻吸取教训，加强事故隐患排查，严格落实安全生产责任制，坚决防范重特大事故发生，确保人民群众生命和财产安全。

1.11 2019年11月在中央政治局集体学习时就我国应急管理体系和能力建设发表重要讲话

2019年11月29日，中共中央政治局就我国应急管理体系和能力建设进行第十九次集体学习。习近平总书记在主持学习时强调，应急管理是国家治理体系和治理能力的重要组成部分，承担防范化解重大安全风险、及时应对处置各类灾害事故的重要职责，担负保护人民群众生命财产安全和维护社会稳定的重要使命。要发挥我国应急管理体系的特色和优势，借鉴国外应急管理有益做法，积极推进我国应急管理体系和能力现代化。

习近平总书记在主持学习时发表了讲话。他指出，新中国成立后，党和国家始终高度重视应急管理工作，我国应急管理体系不断调整和完善，应对自然灾害和生产事故灾害能力不断提高，成功应对了一次又一次重大突发事件，有效化解了一个又一个重大安全风险，创造了许多抢险救灾、应急管理的奇迹，我国应急管理体制机制在实践中充分展现出自己的特色和优势。

习近平强调，我国是世界上自然灾害最为严重的国家之一，灾害种类多，分布地域广，发生频率高，造成损失重，这是一个基本国情。同时，我国各类事故隐患和安全风险交织叠加、易发多发，影响公共安全的因素日益增多。加强应急管理体系和能力建设，既是一项紧迫任务，又是一项长期任务。

习近平指出，要健全风险防范化解机制，坚持从源头上防范化解重大安全风险，真正把问题解决在萌芽之时、成灾之前。要加强风险评估和监测预警，加强对危险化学品、矿山、道路交通、消防等重点行业领域的安全风险排查，提升多灾种和灾害链综合监测、风险早期识别和预报预警能力。要加强应急预案管理，健全应急预案体系，落实各环节责任和措施。要实施精准治理，预警发布要精准，抢险救援要精准，恢复重建要精准，监管执法要精准。要坚持依法管理，运用法治思维和法治方式提高应急管理的法治化、规范化水平，系统梳理和修订应急管理相关法律、法规，抓紧研究制定应急管理、自然灾害防治、应急救援组织、国家消防救援人员、危险化学品安全等方面的法律、法规，加强安全生产监管执法工作。要坚持群众观点和群众路线，坚持社会共治，完善公民安全教育体系，推动安全宣传进企业、进农村、进社区、进学校、进家庭，加强公益宣传，普及安全知识，培育安全文化，开展常态化应急疏散演练，支持引导社区居民开展风险隐患排查和治理，积极推进安全风险网格化管理，筑牢防灾减灾救灾的人民防线。

习近平强调，要加强应急救援队伍建设，建设一支专常兼备、反应灵敏、作风过硬、本领高强的应急救援队伍。要采取多种措施加强国家综合性救援力量建设，采取与地方专业队伍、志愿者队伍相结合和建立共训共练、救援合作机制等方式，发挥好各方面力量作用。要强化应急救援队伍战斗力建设，抓紧补短板、强弱项，提高各类灾害事故救援能力。要坚持少而精的原则，打造尖刀和拳头力量，按照就近调配、快速行动、有序救援的原则建设区域应急救援中心。要加强航空应急救援能力建设，完善应急救援空域保障机制，发挥高铁优势，构建应急救援力量快速输送系统。要加强队伍指挥机制建设，大力培养应急管理人才，加强应急管理学科建设。

习近平指出，要强化应急管理装备技术支撑，优化整合各类科技资源，推进应急管理科技自主创新，依靠科技提高应急管理的科学化、专业化、智能化、精细化水平。要加大先进适用装备的配备力度，加强关键技术研发，提高突发事件响应和处置能力。要适应科技信息化发展大势，以信息化推进应急管理现代化，提高监测预警能力、监管执法能力、辅助指挥决策能力、救援实战能力和社会动员能力。

习近平强调，各级党委和政府要切实担负起“促一方发展、保一方平安”的政治责任，严格落实责任制。要建立、健全重大自然灾害和安全事故调查评估制度，对玩忽职守造成损失或重大社会影响的，依纪依法追究当事方的责任。要发挥好应急管理部门的综合优势和各相关部门的专业优势，根据职责分工承担各自责任，衔接好“防”和“救”的责任链条，确保责任链条无缝对接，形成整体合力。

习近平指出，应急管理部门全年365天、每天24小时都应急值守，随时可能面对极端情况和生死考验。应急救援队伍全体指战员要做到对党忠诚、纪律严明、赴汤蹈火、竭诚为民，成为党和人民信得过的力量。应急管理具有高负荷、高压力、高风险的特点，应急救援队伍奉献很多、牺牲很大，各方面要关心支持这支队伍，提升职业荣誉感和吸引力。

1.12 2020年4月就安全生产作出重要指示

2020年4月，习近平总书记就安全生产作出重要指示强调，当前，全国正在复工复产，要加强安全生产监管，分区分类加强安全监管执法，强化企业主体责任落实，牢牢守住安全生产底线，切实维护人民群众生命财产安全。

习近平指出，从2019年的情况看，全国安全生产事故总量、较大事故数量和重特大事故数量实现“三个继续下降”，安全生产形势进一步好转，但风险隐患仍然很多，这方面还有大量工作要做。

习近平强调，生命重于泰山。各级党委和政府务必把安全生产摆到重要位置，树牢安全发展理念，绝不能只重发展不顾安全，更不能将其视作无关痛痒的事，搞形式主义、官僚主义。要针对安全生产事故主要特点和突出问题，层层压实责任，狠抓整改落实，强化风险防控，从根本上消除事故隐患，有效遏制重特大事故发生。

第 2 讲

我国安全生产工作方针

“安全第一、预防为主、综合治理”是我国安全生产的方针，这是通过《中华人民共和国安全生产法》明确了的。认真落实这一方针，既是党和国家的要求，也是搞好安全生产工作，保障从业人员生命安全健康，保障企业生产经营顺利进行的根本要求。因此，把安全生产方针转变为所有从业人员的思想意识和具体行动，对于搞好安全管理工作至关重要。特别是随着科学技术的发展，企业生产的产品越来越多，生产工艺越来越复杂，工艺条件要求越来越高，同时潜伏的危险性也就越来越大，对安全生产的要求也越来越高。

2.1 我国安全生产方针的发展历程

方针是一个国家或政党确定的引导事业前进的方向和目标，是为达到事业前进的方向和一定目标而确定的一个时期的指导原则。中华人民共和国成立以来，党和国家历来重视安全生产，因此我国安全生产方针也随着实践逐步发展。

以下分阶段讲述我国安全生产方针的发展历程。

2.1.1 1949—1983 年，“生产必须安全、安全为了生产”方针

中华人民共和国成立初期，百废待兴。全国人民的主要任务就是克服长期战争遗留下来的困难，加速经济建设。1950 年 3 月，时任劳动部部长李立三在第一次全国劳动局长会议上的报告中指出：

当前首要的工作，就是要保护劳动，而要做到这件事情，首先要改变重视机器、轻视人的观点，要学会重视人，要懂得人是最可宝贵的资本，是人制造机器，而不是机器造人。1952 年，李立三根据毛泽东同志提出的“在实施增产节约的同时，必须注意职工的安全、健康和必不可少的福利事业；如果只注意前一方面，忘记或稍加忽视后一方面，那是错误的”指示精神，提出了“安全生产方针”，不过当时并没有确定其内涵。后来，时任国家计划委员会副主任的贾拓夫把“安全生产方针”确定为“生产必须安全、安全为了生产”。

1952 年 12 月，劳动部召开的第二次全国劳动保护工作会议着重传达、讨论了毛泽东同志对劳动部 1952 年下半年工作计划的批示，同时明确提出了“生产必须安全、安全为了生产”这一安全生产方针。会议还提出了“要从思想上、设备上、制度上和组织上加强劳动保护工作，达到劳动保护工作的计划化、制度化、群众化和纪律化”的目标和任务。这次会议对我国的劳动保护（安全生产）工作起到巨大的推动作用，产生了深远的影响。

1981 年 6 月，时任国家劳动总局副局长章萍在全国安全生产工作会议上指出：进一步贯彻执行党的安全生产方针，牢固树立“安全第一”思想。在组织生产时一定要把安全工作放在首位，把安全工作作为完成各项计划和生产建设任务的前提条件，作为头等大事来抓。这是生产本身的需要，也是社会主义制度的要求。可见，这次国家层面的会议上提到了“安全第一”这 4 个字。

2.1.2　1984—2004 年，“安全第一、预防为主”方针

1984 年，当时主管安全生产的劳动人事部在呈报给国务院成立全国安全生产委员会的报告中，把“安全第一、预防为主”作为安全生产方针，并得到国务院的正式认可。1987 年 1 月 26 日，劳动人事部在杭州召开会议，把“安全第一、预防为主”作为劳动保护工作方针写进了我国第一部《劳动法（草案）》。从此，“安全第一、

预防为主”便作为安全生产的基本方针而确立下来。

1984年11月，国务院批准了在全国开展“安全月”领导小组的报告，同意成立全国安全生产委员会。1989年12月，在全国安全生产委员会第一批专家组成立大会上，时任劳动部部长阮崇武指出：党的十三届五中全会的决定中提到了“安全第一、预防为主”的方针，这充分说明党中央对安全生产工作的重视。

随着改革开放不断深入和经济高速发展，安全生产越来越受到重视。“安全第一”的方针被写进了有关法律，成为以法律强制实施的安全生产基本方针。《中华人民共和国矿山安全法》（以下简称《矿山安全法》）规定：“矿山企业必须具有保障安全生产的设施，建立、健全安全管理制度，采取有效措施改善职工劳动条件，加强矿山安全管理工作，保证安全。”《中华人民共和国煤炭法》（以下简称《煤炭法》）规定：“煤矿企业必须坚持安全第一、预防为主的安全生产方针。”《中华人民共和国矿产资源法》（以下简称《矿产资源法》）规定：“开采矿产资源，必须遵守国家劳动安全卫生规定，具备保证安全生产的必要条件。”《中华人民共和国建筑法》（以下简称《建筑法》）规定：“建筑工程安全生产管理必须坚持安全第一、预防为主的方针。”《中华人民共和国电力法》（以下简称《电力法》）规定：“电力企业应当加强安全生产管理，坚持安全第一、预防为主的方针。”《中华人民共和国全民所有制工业企业法》规定：“企业必须贯彻安全生产制度，改善劳动条件，做好劳动保护和环境保护工作，做到安全生产和文明生产。”

2002年6月29日，《中华人民共和国安全生产法》（以下简称《安全生产法》）由第九届全国人民代表大会常务委员会第二十八次会议通过，自2002年11月1日起施行。“安全第一、预防为主”方针被明确列入这部安全生产综合法律中。

2.1.3 2005年至今，“安全第一、预防为主、综合治理”方针

把“综合治理”充实到安全生产方针当中，始于2005年10月党的第十六届中央委员会第五次全体会议通过的《中共中央关于制定“十一五”规划的建议》。《中共中央关于制定“十一五”规划的建议》明确指出：“保障人民群众生命财产安全。坚持安全第一、预防为主、综合治理，落实安全生产责任制，强化企业安全生产责任，健全安全生产监管体制，严格安全执法，加强安全生产设施建设。切实抓好煤矿等高危行业的安全生产，有效遏制重特大事故。”

2006年1月，时任国务院总理温家宝在北京召开的全国安全生产工作会议上指出：加强安全生产工作，要以邓小平理论和“三个代表”重要思想为指导，以科学发展观统领全局，坚持“安全第一、预防为主、综合治理”，坚持标本兼治、重在治本，坚持创新体制机制、强化安全管理。

2006年3月，时任中共中央总书记胡锦涛在主持中共中央政治局第三十次集体学习时强调：加强安全生产工作，关键是要全面落实“安全第一、预防为主、综合治理”的方针，做到思想认识上警钟长鸣、制度保证上严密有效、技术支撑上坚强有力、监督检查上严格细致、事故处理上严肃认真。

2014年8月，第十二届全国人民代表大会常务委员会第十次会议通过全国人民代表大会常务委员会关于修改《安全生产法》的决定，自2014年12月1日起施行。这次修订的《安全生产法》，将安全生产工作方针完善为“安全第一、预防为主、综合治理”，进一步明确了安全生产的重要地位、主体任务和实现安全生产的根本途径。

2.2 对安全生产方针的理解

2.2.1 安全生产方针的内涵

(1) 安全第一

安全第一，就是要把安全生产工作放在第一位，不论在干什么、什么时候都要抓安全，任何事情都要为安全让路。各级行政正职是安全生产的第一责任人，必须亲自抓安全生产工作，确保把安全生产工作列在所有工作的前面。要正确处理好安全生产与效益的关系，当两者发生矛盾时，应把安全生产放在首位。安全第一，还应体现在安全生产与政绩考核“一票否决”上，从而真正树立起“安全第一”的权威。

对国家而言，安全第一是由国家的性质和社会生产目的所决定的。社会主义国家代表着广大人民的根本利益，保护人民的利益，就是在组织和发展生产、提高生产力及建设现代化的同时，竭尽全力保护从业人员的生命安全和身体健康。对企业而言，发生事故总会或多或少地造成经济损失和人员伤亡，企业还要花费一定的人力、物力、财力和时间去处理，这本身就是直接经济效益上的损失。对个人而言，发生事故后，轻则财产损失，重则受伤致残，甚至失去生命。

(2) 预防为主

坚持预防为主，就是把安全生产工作的关口前移，超前防范，建立预教、预测、预报、预警、预防的递进式、立体化事故隐患预防体系，改善安全状况，预防生产安全事故，做到防患于未然，将事故消灭在萌芽状态。

预防为主体现了现代安全管理的思想。现代安全管理的理念就是重视事先预防工作，通过建设安全文化、健全安全法制、提高安全科技水平、落实安全责任、加大安全投入，构筑坚固的安全防线。坚持预防为主，主要体现在以下几个方面：在我国的安全生产法中，明确了安全生产许可制度、“三同时”制度、安全生产标准化、风险分级管控和隐患排查双重预防机制等，依靠法制的力量促进生产安全事故防范；大力实施“科技兴安”战略，把安全生产状况的根本好转建立在依靠科技进步和提高从业人员素质的基础上；强化安全生产责任制和问责制，创新安全生产监管体制，严厉打击安全生产领域的腐败行为；健全和完善中央、地方、企业共同投入机制，提升安全生产投入水平，增强基础设施安全保障能力。

（3）综合治理

坚持综合治理，是指适应我国安全生产形势，自觉遵循安全生产规律，正视安全生产工作的长期性、艰巨性和复杂性，抓住安全生产工作中的主要矛盾和关键环节，综合运用经济、法律、行政等手段，人管、法治、技防多管齐下，并充分发挥社会、从业人员、舆论的监督作用，不断健全完善综合治理的工作机制，形成“政府统一领导、部门依法监管、企业全面负责、群众参与监督、社会广泛支持”的安全生产工作格局。实施综合治理是由我国安全生产中出现的新情况和面临的新形势决定的。在社会主义市场经济条件下，利益主体多元化，不同利益主体对待安全生产的态度和行为差异很大，需要因情制宜、综合防范。安全生产涉及的领域广泛，每个领域的安全生产又各具特点，需要多样化的防治手段。实现安全生产，必须从文化、法制、科技、责任、投入入手，多管齐下，综合施治。安全生产法律政策的落实，需要各级党委和政府的领导、有关部门的合作以及全社会的参与。要从根本上解决安全生产问题，就必须实施综合治理。从实践上来看，综合治理是落实安全生产法律、法规、方针政策的最有效手段。因此，综合治理具有鲜明的时代特征和很强的针对性，是党和国家在安全生产新形势下作出的重大决策，体现了安全生产方针的新发展。

2.2.2 安全生产方针要素的关系

把“综合治理”充实到安全生产方针之中，反映了近年来我国在进一步改革开放过程中，安全生产工作面临着多种经济所有制并存，而法制尚不健全完善、体制机制尚未理顺的现状；反映了急功近利地只顾快速发展、不顾其他的发展观，无法满足科学发展观体现的又好又快的安全、环境、质量等要求的复杂局面。所以要全面理解“安全第一、预防为主、综合治理”的安全生产方针，绝不可脱离当前我国面临的国情。

安全生产方针的进一步发展，同时也反映了我国安全生产工作的规律和特点。安全生产方针是完整的统一体，坚持安全第一，必须以预防为主，实施综合治理；只有认真治理隐患，有效防范事故，才能把“安全第一”落到实处。事故发生后组织开展抢险救灾，依法追究责任，深刻吸取教训，固然十分重要，但对于生命个体来说，伤亡一旦发生，就不再有改变的可能。事故源于隐患，防范事故的有效办法，就是主动排查，综合治理各类隐患，把事故消灭在萌芽状态。不能等到付出了生命代价、有了血的教训之后再去改进工作。从这个意义上说，综合治理是安全生产方针的基石，是安全生产工作的重心所在。

贯彻安全生产方针，必须坚持标本兼治、重在治本。安全生产是生产力发展水平和社会公共管理水平的综合反映。造成各个时期重点行业领域重特大事故多发、安全生产形势依然严峻的原因是多方面的，必须坚持标本兼治，在采取断然措施遏制重特大事故的同时，探寻和采取治本之策。综合运用经济手段、法律手段和必要的行政手段，从发展规划、行业管理、安全投入、科技进步、经济政策、教育培训、安全立法、激励约束、企业管理、监管体制、社会监督以及追究事故责任、查处违法违纪行为等方面着手，解决影响和制约安全生产的历史性、深层次问题，建立安全生产长效机制。

第3讲

国家有关安全生产重要政策文件

党的十八大以来，习近平总书记作出一系列重要指示，深刻阐述了安全生产的重要意义、思想理念、方针政策和工作要求，强调必须坚守发展决不能以牺牲安全为代价这条不可逾越的红线，明确要求“党政同责、一岗双责、齐抓共管、失职追责”。李克强总理多次作出重要批示，强调要以对人民群众生命高度负责的态度，坚持预防为主、标本兼治，以更有效的举措和更完善的制度，切实落实和强化安全生产责任，筑牢安全防线。习近平总书记和李克强总理的重要指示批示，为我国安全生产工作提供了新的理论指导和行动指南。各地区、各有关部门和单位坚决贯彻落实党中央、国务院的决策部署，进一步健全安全生产法律、法规和政策措施，严格落实安全生产责任，全面加强安全生产监督管理，不断强化安全生产隐患排查治理和重点行业领域专项整治，深入开展安全大检查，严肃查处各类生产安全事故，大力推进依法治安和科技强安，加快安全生产基础保障能力建设，推动了安全生产形势持续稳定好转。

“十三五”时期，安全生产工作面临许多有利条件和发展机遇，党中央、国务院高度重视安全生产工作，作出了一系列重大决策部署，深入推进安全生产领域改革发展，为安全生产提供了强大的政策支持，以下重点介绍“十三五”以来国家有关安全生产的重要政策文件。

3.1 中共中央　国务院关于推进安全生产领域改革发展的意见

2016年12月，《中共中央　国务院关于推进安全生产领域改革发展的意见》（本书简称《意见》）印发，标志着我国安全生产领域改革发展迎来了一个新时期、新发展。《意见》以习近平总书记系列重要讲话，特别是关于安全生产重要论述为指导，顺应全面建成小康社会发展大势，总结实践经验，吸收创新成果，坚持目标和问题导向，科学谋划安全生产领域改革发展蓝图，是一个时期内全国安全生产工作的行动纲领。

《意见》是第一个以党中央、国务院名义出台的安全生产工作纲领性文件，对推动我国安全生产工作具有里程碑式的重大意义。一些地区和行业领域生产安全事故多发，根源是思想意识问题，抓安全生产态度不坚决、措施不得力。《意见》指出，要坚守发展决不能以牺牲安全为代价这条不可逾越的红线，构建“党政同责、一岗双责、齐抓共管、失职追责”的安全生产责任体系，推进安全监管体制改革，坚持管安全生产必须管职业健康，充实执法力量，堵塞监管漏洞，切实消除盲区。

3.1.1 《意见》的总体要求

（1）指导思想

全面贯彻党的十八大和十八届三中、四中、五中、六中全会精神，以邓小平理论、“三个代表”重要思想、科学发展观为指导，深入贯彻习近平总书记系列重要讲话精神和治国理政新理念新思想新战略，进一步增强“四个意识”，紧紧围绕统筹推进“五位一体”总体布局和协调推进“四个全面”战略布局，牢固树立新发展理念，坚持安全发展，坚守发展决不能以牺牲安全为代价这条不可逾越的红线，以防范遏制重特大生产安全事故为重点，坚持“安全第一、预防为主、综合治理”的方针，加强领导、改革创新，协调联动、齐抓共管，着力强化企业安全生产主体责任，着力堵塞监督管理漏洞，着力解决不遵守法律、法规的问题，依靠严密的责任体系、严格的法治措施、有效的体制机制、有力的基础保障和完善的系统治理，切实增强安全防范治理能力，大力提升我国安全生产整体水平，确保人民群众安康幸福、共享改革发展和社会文明进步成果。

（2）基本原则

1）坚持安全发展。贯彻以人民为中心的发展思想，始终把人的生命安全放在首位，正确处理安全与发展的关系，大力实施安全发展战略，为经济社会发展提供强有力的安全保障。

2）坚持改革创新。不断推进安全生产理论创新、制度创新、体制机制创新、科技创新和文化创新，增强企业内生动力，激发全社会创新活力，破解安全生产难题，推动安全生产与经济社会协调发展。

3）坚持依法监管。大力弘扬社会主义法治精神，运用法治思维和法治方式，深化安全生产监管执法体制改革，完善安全生产法律、法规和标准体系，严格规范公正文明执法，增强监管执法效能，提高安全生产法治化水平。

4）坚持源头防范。严格安全生产市场准入，经济社会发展要以安全为前提，把安全生产贯穿城乡规划布局、设计、建设、管理和企业生产经营活动全过程。构建风险分级管控和隐患排查治理双重预防工作机制，严防风险演变、隐患升级导致生产安全事故发生。

5）坚持系统治理。严密层级治理和行业治理、政府治理、社会治理相结合的安全生产治理体系，组织动员各方面力量实施社会共治。综合运用法律、行政、经济、市场等手段，落实人防、技防、物防措施，提升全社会安全生产治理能力。

3.1.2 五项制度性改革

(1) 健全落实安全生产责任制

明确地方党委和政府领导责任。坚持“党政同责、一岗双责、齐抓共管、失职追责”，完善安全生产责任体系。地方各级党委和政府要始终把安全生产摆在重要位置，加强组织领导。党政主要负责人是本地区安全生产第一责任人，班子其他成员对分管范围内的安全生产工作负领导责任。地方各级安全生产委员会主任由政府主要负责人担任，成员由同级党委和政府及相关部门负责人组成。

地方各级党委要认真贯彻执行党的安全生产方针，在统揽本地区经济社会发展全局中同步推进安全生产工作，定期研究决定安全生产重大问题。加强安全生产监管机构领导班子、干部队伍建设。严格安全生产履职绩效考核和失职责任追究。强化安全生产宣传教育和舆论引导。发挥人大对安全生产工作的监督促进作用、政协对安全生产工作的民主监督作用。推动组织、宣传、政法、机构编制等单位支持保障安全生产工作。动员社会各界积极参与、支持、监督安全生产工作。

地方各级政府要把安全生产纳入经济社会发展总体规划，制定实施安全生产专项规划，健全安全投入保障制度。及时研究部署安全生产工作，严格落实属地监管责任。充分发挥安全生产委员会作用，实施安全生产责任目标管理。建立安全生产巡查制度，督促各部门和下级政府履职尽责。加强安全生产监管执法能力建设，推进安全科技创新，提升信息化管理水平。严格安全准入标准，指导管控安全风险，督促整治重大隐患，强化源头治理。加强应急管理，完善安全生产应急救援体系。依法依规开展事故调查处理，督促落实问题整改。

明确部门监管责任。按照“管行业必须管安全、管业务必须管安全、管生产经营必须管安全”和“谁主管谁负责”的原则，厘清安全生产综合监管与行业监管的关系，明确各有关部门安全生产和职业健康工作职责，并落实到部门工作职责规定中。安全生产监督管理部门负责安全生产法规标准和政策规划制定修订、执法监督、事故调查处理、应急救援管理、统计分析、宣传教育培训等综合性工作，承担职责范围内行业领域安全生产和职业健康监管执法职责。负有安全生产监督管理职责的有关部门依法依规履行相关行业领域安全生产和职业健康监管职责，强化监管执法，严厉查处违法违规行为。其他行业领域主管部门负有安全管理责任，要将安全生产工作作为行业领域管理的重要内容，从行业规划、产业政策、法规标准、行政许可等方面加强行业安全生产工作，指导督促企事业单位加强安全管理。党委和政府其他有关部门要在职责范围内为安全生产工作提供支持保障，共同推进安全发展。

严格落实企业主体责任。企业对本单位安全生产和职业健康工作负全面责任，要严格履行安全生产法定责任，建立、健全自我约束和持续改进的内生机制。企业实行全员安全生产责任制度，法定代表人和实际控制人同为安全生产第一责任人，主要技术负责人负有安全生产技术决策和指挥权，强化部门安全生产责任，落实一岗双责。完善落实混合所有制企业以及跨地区、多层级和境外中资企业投资主体的安全生产责任。建立企业全过程安全生产和职业健康管理制度，做到安全责任、管理、投入、培训和应急救援“五到位”。国有企业要发挥安全生产工作示范带头作用，自觉接受属地监管。

健全责任考核机制。建立与全面建成小康社会相适应和体现安全发展水平的考核评价体系。完善考核制度，统筹整合、科学设定安全生产考核指标，加大安全生产在社会治安综合治理、精神文明建设等考核中的权重。各级政府要对同级安全生产委员会成员单位和下级政府实施严格的安全生产工作责任考核，实行过程考核与结果考核相结合。各地区各单位要建立安全生产绩效与履职评定、职务晋升、奖励惩处挂钩制度，严格落实安全生产“一票否决”制度。

严格责任追究制度。实行党政领导干部任期安全生产责任制，日常工作依责尽职、发生事故依责追究。依法依规制定各有关部门安全生产权力和责任清单，尽职照单免责、失职照单问责。建立企业生产经营全过程安全责任追溯制度。严肃查处安全生产领域项目审批、行政许可、监管执法中的失职渎职和权钱交易等腐败行为。严格事故直报制度，对瞒报、谎报、漏报、迟报事故的单位和个人依法依规追责。对被追究刑事责任的生产经营者依法实施相应的职业禁入，对事故发生负有重大责任的社会服务机构和人员依法严肃追究法律责任，并依法实施相应的行业禁入。

（2）改革安全监管监察体制

完善监督管理体制。加强各级安全生产委员会组织领导，充分发挥其统筹协调作用，切实解决突出矛盾和问题。各级安全生产监督管理部门承担本级安全生产委员会日常工作，负责指导协调、监督检查、巡查考核本级政府有关部门和下级政府安全生产工作，履行综合监管职责。负有安全生产监督管理职责的部门，依照有关法律、法规和部门职责，健全安全生产监管体制，严格落实监管职责。相关部门按照各自职责建立完善安全生产工作机制，形成齐抓共管格局。坚持管安全生产必须管职业健康，建立安全生产和职业健康一体化监管执法体制。

改革重点行业领域安全监管监察体制。依托国家煤矿安全监察体制，加强非煤矿山安全生产监管监察，优化安全监察机构布局，将国家煤矿安全监察机构负责的安全生产行政许可事项移交给地方政府承担。着重加强危险化学品安全监管体制改革和力量建设，明确和落实危险化学品建设项目立项、规划、设计、施工及生产、储存、使用、销售、运输、废弃处置等环节的法定安全监管责任，建立有力的协调联动机制，消除监管空白。完善海洋石油安全生产监督管理体制机制，实行政企分开。理顺民航、铁路、电力等行业跨区域监管体制，明确行业监管、区域监管与地方监管职责。

进一步完善地方监管执法体制。地方各级党委和政府要将安全生产监督管理部门作为政府工作部门和行政执法机构，加强安全生产执法队伍建设，强化行政执法职能。统筹加强安全监管力量，重点充实市、县两级安全生产监管执法人员，强化乡镇（街道）安全生产监管力量建设。完善各类开发区、工业园区、港区、风景区等功能区安全生产监管体制，明确负责安全生产监督管理的机构，以及港区安全生产地方监管和部门监管责任。

健全应急救援管理体制。按照政事分开原则，推进安全生产应急救援管理体制改革，强化行政管理职能，提高组织协调能力和现场救援时效。健全省、市、县三级安全生产应急救援管理工作机制，建设联动互通的应急救援指挥平台。依托公安消防、大型企业、工业园区等应急救援力量，加强矿山和危险化学品等应急救援基地和队伍建设，实行区域化应急救援资源共享。

（3）大力推进依法治理

健全法律法规体系。建立、健全安全生产法律、法规立改废释工作协调机制。加强涉及安全生产相关法规一致性审查，增强安全生产法制建设的系统性、可操作性。制定安全生产中长期立法规划，加快制定修订安全生产法配套法规。加强安全生产和职业健康法律、法规衔接融合。研究修改刑法有关条款，将生产经营过程中极易导致重大生产安全事故的违法行为列入刑法调整范围。制定完善高危行业领域安全规程。设区的市根据立法法的立法精神，加强安全生产地方性法规建设，解决区域性安全生产突出问题。

完善标准体系。加快安全生产标准制定修订和整合，建立以强制性国家标准为主体的安全生产标准体系。鼓励依法成立的社会团体和企业制定更加严格规范的安全生产标准，结合国情积极借鉴实施国际先进标准。国务院安全生产监督管理部门负责企业职业危害预防、治理国家标准制定发布工作，统筹提出安全生产强制性国家标准立项计划，有关部门按照职责分工组织起草、审查、实施和监督执行，国务院标准化行政主管部门负责及时立项、编号、对外通报、批准并发布。

严格安全准入制度。严格高危行业领域安全准入条件。按照强化监管与便民服务相结合原则，科学设置安全生产行政许可事项和办理程序，优化工作流程，简化办事环节，实施网上公开办理，接受社会监督。对与人民群众生命财产安全直接相关的行政许可事项，依法严格管理。对取消、下放、移交的行政许可事项，要加强事中事后安全监管。

规范监管执法行为。完善安全生产监管执法制度，明确每个企业安全生产监督和管理主体，制订实施执法计划，完善执法程序规定，依法严格查处各类违法违规行为。建立行政执法和刑事司法衔接制度，负有安全生产监督管理职责的部门要加强与公安、检察院、法院等协调配合，完善安全生产违法线索通报、案件移送与协查机制。对违法行为当事人拒不执行安全生产行政执法决定的，负有安全生产监督管理职责的部门应依法申请司法机关强制执行。完善司法机关参与事故调查机制，严肃查处违法犯罪行为。研究建立安全生产民事和行政公益诉讼制度。

完善执法监督机制。各级人大常委会要定期检查安全生产法律、法规实施情况，开展专题询问。各级政协要围绕安全生产突出问题开展民主监督和协商调研。建立执法行为审议制度和重大行政执法决策机制，评估执法效果，防止滥用职权。健全领导干部非法干预安全生产监管执法的记录、通报和责任追究制度。完善安全生产执法纠错和执法信息公开制度，加强社会监督和舆论监督，保证执法严明、有错必纠。

健全监管执法保障体系。制定安全生产监管监察能力建设规划，明确监管执法装备及现场执法和应急救援用车配备标准，加强监管执法技术支撑体系建设，保障监管执法需要。建立完善负有安全生产监督管理职责的部门监管执法经费保障机制，将监管执法经费纳入同级财政全额保障范围。加强监管执法制度化、标准化、信息化建设，确保规范高效监管执法。建立安全生产监管执法人员依法履行法定职责制度，激励保证监管执法人员忠于职守、履职尽责。严格监管执法人员资格管理，制定安全生产监管执法人员录用标准，提高专业监管执法人员比例。建立、健全安全生产监管执法人员凡进必考、入职培训、持证上岗和定期轮训制度。统一安全生产执法标志标识和制式服装。

完善事故调查处理机制。坚持问责与整改并重，充分发挥事故查处对加强和改进安全生产工作的促进作用。完善生产安全事故调查组组长负责制。健全典型事故提级调查、跨地区协同调查和工作督导机制。建立事故调查分析技术支撑体系，所有事故调查报告要设立技术和管理问题专篇，详细分析原因并全文发布，做好解读，回应公众关切。对事故调查发现有漏洞、缺陷的有关法律、法规和标准、制度，及时启动制定修订工作。建立事故暴露问题整改督办制度，事故结案后一年内，负责事故调查的地方政府和国务院有关部门要组织开展评估，及时向社会公开，对履职不力、整改措施不落实的，依法依规严肃追究有关单位和人员责任。

（4）建立安全预防控制体系

加强安全风险管控。地方各级政府要建立完善安全风险评估与论证机制，科学合理确定企业选址和基础设施建设、居民生活区空间布局。高危项目审批必须把安全生产作为前置条件，城乡规划布局、设计、建设、管理等各项工作必须以安全为前提，实行重大安全风险“一票否决”。加强新材料、新工艺、新业态安全风险评估和管控。紧密结合供给侧结构性改革，推动高危产业转型升级。位置相邻、行业相近、业态相似的地区和行业要建立完善重大安全风险联防联控机制。构建国家、省、市、县四级重大危险源信息管理体系，对重点行业、重点区域、重点企业实行风险预警控制，有效防范重特大生产安全事故。

强化企业预防措施。企业要定期开展风险评估和危害辨识。针对高危工艺、设备、物品、场所和岗位，建立分级管控制度，制定落实安全操作规程。树立隐患就是事故的观念，建立、健全隐患排查治理制度、重大隐患治理情况向负有安全生产监督管理职责的部门和企业职代会“双报告”制度，实行自查自改自报闭环管理。严格执行安全生产和职业健康“三同时”制度。大力推进企业安全生产标准化建设，实现安全管理、操作行为、设备设施和作业环境的标准化。开展经常性的应急演练和人员避险自救培训，着力提升现场应急处置能力。

建立隐患治理监督机制。制定生产安全事故隐患分级和排查治理标准。负有安全生产监督管理职责的部门要建立与企业隐患排查治理系统联网的信息平台，完善线上线下配套监管制度。强化隐患排查治理监督执法，对重大隐患整改不到位的企业依法采取停产停业、停止施工、停止供电和查封扣押等强制措施，按规定给予上限经济处罚，对构成犯罪的要移交司法机关依法追究刑事责任。严格重大隐患挂牌督办制度，对整改和督办不力的纳入政府核查问责范围，实行约谈告诫、公开曝光，情节严重的依法依规追究相关人员责任。

强化城市运行安全保障。定期排查区域内安全风险点、危险源，落实管控措施，构建系统性、现代化的城市安全保障体系，推进安全发展示范城市建设。提高基础设施安全配置标准，重点加强对城市高层建筑、大型综合体、隧道桥梁、管线管廊、轨道交通、燃气、电力设施及电梯、游乐设施等的检测维护。完善大型群众性活动安全管理制度，加强人员密集场所安全监管。加强公安、民政、国土资源、住房城乡建设、交通运输、水利、农业、安全监管、气象、地震等相关部门的协调联动，严防自然灾害引发事故。

加强重点领域工程治理。深入推进对煤矿瓦斯、水害等重大灾害以及矿山采空区、尾矿库的工程治理。加快实施人口密集区域的危险化学品和化工企业生产、仓储场所安全搬迁工程。深化油气开采、输送、炼化、码头接卸等领域安全整治。实施高速公路、乡村公路和急弯陡坡、临水临崖危险路段公路安全生命防护工程建设。加强高速铁路、跨海大桥、海底隧道、铁路浮桥、航运枢纽、港口等防灾监测、安全检测及防护系统建设。完善长途客运车辆、旅游客车、危险物品运输车辆和船舶生产制造标准，提高安全性能，强制安装智能视频监控报警、防碰撞和整车整船安全运行监管技术装备，对已运行的要加快安全技术装备改造升级。

建立完善职业病防治体系。将职业病防治纳入各级政府民生工程及安全生产工作考核体系，制定职业病防治中长期规划，实施职业健康促进计划。加快职业病危害严重企业技术改造、转型升级和淘汰退出，加强高危粉尘、高毒物品等职业病危害源头治理。健全职业健康监管支撑保障体系，加强职业健康技术服务机构、职业病诊断鉴定机构和职业健康体检机构建设，强化职业病危害基础研究、预防控制、诊断鉴定、综合治疗能力。完善相关规定，扩大职业病患者救治范围，将职业病失能人员纳入社会保障范围，对符合条件的职业病患者落实医疗与生活救助措施。加强企业职业健康监管执法，督促落实职业病危害告知、日常监测、定期报告、防护保障和职业健康体检等制度措施，落实职业病防治主体责任。

（5）加强安全基础保障能力建设

完善安全投入长效机制。加强中央和地方财政安全生产预防及应急相关资金使用管理，加大安全生产与职业健康投入，强化审计监督。加强安全生产经济政策研究，完善安全生产专用设备企业所得税优惠目录。落实企业安全生产费用提取、管理、使用制度，建立企业增加安全投入的激励约束机制。健全投融资服务体系，引导企业集聚发展灾害防治、预测预警、检测监控、个体防护、应急处置、安全文化等技术、装备和服务产业。

建立安全科技支撑体系。优化整合国家科技计划，统筹支持安全生产和职业健康领域科研项目，加强研发基地和博士后科研工作站建设。开展事故预防理论研究和关键技术装备研发，加快成果转化和推广应用。推动工业机器人、智能装备在危险工序和环节广泛应用。提升现代信息技术与安全生产融合度，统一标准规范，加快安全生产信息化建设，构建安全生产与职业健康信息化全国“一张网”。加强安全生产理论和政策研究，运用大数据技术开展安全生产规律性、关联性特征分析，提高安全生产决策科学化水平。

健全社会化服务体系。将安全生产专业技术服务纳入现代服务业发展规划，培育多元化服务主体。建立政府购买安全生产服务制度。支持发展安全生产专业化行业组织，强化自治自律。完善注册安全工程师制度。改革完善安全生产和职业健康技术服务机构资质管理办法。支持相关机构开展安全生产和职业健康一体化评价等技术服务，严格实施评价公开制度，进一步激活和规范专业技术服务市场。鼓励中小微企业订单式、协作式购买运用安全管理和技术服务。建立安全生产和职业健康技术服务机构公示制度和由第三方实施的信用评定制度，严肃查处租借资质、违法挂靠、弄虚作假、垄断收费等各类违法违规行为。

发挥市场机制推动作用。取消安全生产风险抵押金制度，建立、健全安全生产责任保险制度，在矿山、危险化学品、烟花爆竹、交通运输、建筑施工、民用爆炸物品、金属冶炼、渔业生产等高危行业领域强制实施，切实发挥保险机构参与风险评估管控和事故预防功能。完善工伤保险制度，加快制定工伤预防费用的提取比例、使用和管理具体办法。积极推进安全生产诚信体系建设，完善企业安全生产不良记录“黑名单”制度，建立失信惩戒和守信激励机制。

健全安全宣传教育体系。将安全生产监督管理纳入各级党政领导干部培训内容。把安全知识普及纳入国民教育，建立完善中小学安全教育和高危行业职业安全教育体系。把安全生产纳入农民工技能培训内容。严格落实企业安全教育培训制度，切实做到先培训、后上岗。推进安全文化建设，加强警示教育，强化全民安全意识和法治意识。发挥工会、共青团、妇联等群团组织作用，依法维护职工群众的知情权、参与权与监督权。加强安全生产公益宣传和舆论监督。建立安全生产“12350”专线与社会公共管理平台统一接报、分类处置的举报投诉机制。鼓励开展安全生产志愿服务和慈善事业。加强安全生产国际交流合作，学习借鉴国外安全生产与职业健康先进经验。

3.2 安全生产“十三五”规划

2017 年 1 月 12 日，国务院办公厅印发《安全生产“十三五”规划》（国办发〔2017〕3 号，以下简称《规划》），明确了“十三五”时期安全生产工作的指导思想、发展目标和主要任务，对全国安全生产工作进行了全面的、阶段性的部署。

3.2.1 《规划》的指导思想、基本原则

（1）指导思想

全面贯彻党的十八大和十八届三中、四中、五中、六中全会精神，深入学习贯彻习近平总书记系列重要讲话精神，认真落实党中央、国务院决策部署，紧紧围绕统筹推进“五位一体”总体布局和协调推进“四个全面”战略布局，弘扬安全发展理念，遵循安全生产客观规律，主动适应经济发展新常态，科学统筹经济社会发展与安全生产，坚持改革创新、依法监管、源头防范、系统治理，着力完善体制机制，着力健全责任体系，着力加强法治建设，着力强化基础保障，大力提升整体安全生产水平，有效防范遏制各类生产安全事故，为全面建成小康社会创造良好稳定的安全生产环境。

（2）基本原则

改革引领，创新驱动。坚持目标导向和问题导向，全面推进安全生产领域改革发展，加快安全生产理论创新、制度创新、体制创新、机制创新、科技创新和文化创新，推动安全生产与经济社会协调发展。

依法治理，系统建设。弘扬社会主义法治精神，坚持运用法治思维和法治方式，完善安全生产法律、法规和标准体系，强化执法的严肃性、权威性，发挥科学技术的保障作用，推进科技支撑、应急救援和宣教培训等体系建设。

预防为主，源头管控。实施安全发展战略，把安全生产贯穿于规划、设计、建设、管理、生产、经营等各环节，严格安全生产市场准入，不断完善风险分级管控和隐患排查治理双重预防机制，有效控制事故风险。

社会协同，齐抓共管。完善“党政统一领导、部门依法监管、企业全面负责、群众参与监督、全社会广泛支持”的安全生产工作格局，综合运用法律、行政、经济、市场等手段，不断提升安全生产社会共治的能力与水平。

3.2.2 《规划》的八大要点

（1）坚持一条红线——推动安全发展

党的十八大以来，习近平总书记、李克强总理作出了一系列重要指示批示，深刻阐述了安全生产的重要意义、思想理念、方针政策和工作要求，强调始终坚持人民利益至上，坚守发展决不能以牺牲安全为代价的红线意识。这条红线是确保人民群众生命财产安全和经济社会发展的保障线，也是各级党委、政府及社会各方面加强安全生产的责任线。《规划》把红线意识作为指导安全生产各项工作的大方向、总战略，并将之凝练归纳为“安全发展”理念，强调大力弘扬安全发展理念，大力实施安全发展战略，把安全发展融入经济社会发展大局，贯穿于规划、设计、建设、管理、生产、经营等各环节。深化安全发展理论研究，统筹谋划安全生产政策措施，着力破解影响安全发展的重点和难点，推动经济社会科学发展、安全发展。贯彻落实《规划》，首先要强化红线意识、底线思维，以此统领、指引各项工作。

（2）瞄准一个目标——为全面建成小康社会提供安全保障

"十三五"时期是全面建成小康社会、实现我们党确定的"两个一百年"奋斗目标的第一个百年奋斗目标的决胜阶段。安全生产事关人民群众福祉，事关经济社会发展大局，作为全面建成小康社会的重要内容，必须与全面建成小康社会相适应。为此，《规划》强调大力提升整体安全生产水平，有效防范遏制各类事故，为全面建成小康社会创造良好稳定的安全生产环境，提出到2020年事故总量明显减少，重特大事故频发势头得到有效遏制，职业病危害防治取得积极进展，安全生产总体水平与全面建成小康社会目标相适应的总体目标，以及亿元国内生产总值生产安全事故死亡率、工矿商贸就业人员10万人生产安全事故死亡率等9项具体指标。贯彻落实《规划》，必须紧紧围绕这个目标，坚持目标导向，坚定必胜信心，切实落实责任，强化工作措施，让目标一步步落地生根，最终实现美好蓝图。

（3）坚持一个中心——坚决防范遏制重特大事故

习近平总书记多次强调，要把遏制重特大事故作为安全生产整体工作的"牛鼻子"来抓，切实提高安全发展水平，坚决遏制重特大生产安全事故发生。《规划》把坚决遏制重特大事故频发势头作为"十三五"时期安全生产工作的重中之重，提出加快构建风险分级管控、隐患排查治理两条防线，采取有效的技术、工程和管理控制措施，坚持预防为主、标本兼治、系统建设、依法治理，切实降低重特大事故发生频次和危害后果，最大限度减少人员伤亡和财产损失，并明确了煤矿、非煤矿山、危险化学品、道路交通等17个行业领域重特大事故防范的重点区域、重点环节、重点部位、重大危险源和重点措施。贯彻落实《规划》，一定要把上述措施落到实处，严格监管监察，强化风险管控，切实保障人民群众生命财产安全。

（4）贯穿一条主线——全面落实《意见》提出的重大举措

《意见》是历史上第一次以党中央、国务院名义印发的安全生产方面的文件，充分体现了以习近平总书记为核心的党中央对安全生产工作的极大重视。《意见》科学谋划了安全生产领域改革发展蓝图，提出了30项具体措施。《规划》作为落实《意见》的重要举措，在编制过程中，始终注重加强与《意见》的衔接，细化、完善、分解了《意见》确定的各项目标、任务和工程，确保实现《意见》提出的到2020年实现安全生产总体水平与全面建成小康社会相适应的中期目标，为到2030年实现安全生产治理能力和治理体系现代化的长期目标打下坚实基础。贯彻落实《规划》，必须把握《意见》与《规划》的关系，按照《意见》确定的任务单、时间表和路线图，坚持全面推进与重点突破相协调、立足当前与谋划长远相结合，统筹实施、真抓实干、务求实效。

（5）强化三方责任——党委政府领导、部门监管、企业主体责任

习近平总书记多次强调要坚持“党政同责、一岗双责、齐抓共管、失职追责”和“三个必须”要求，严格落实安全生产责任制。这是我们党维护人民群众生命财产安全的政治使命和责任担当，是中国特色社会主义优越性的充分体现，也是促进安全生产工作最直接、最有效的制度力量。《规划》把“构建更加严密的责任体系”作为首要任务，强调建立安全生产巡查制度，实行党政领导干部任期安全生产责任制，加强地方各级党委、政府对安全生产工作的领导；依法依规制定安全生产权力和责任清单，完善重点行业领域安全监管体制，落实各有关部门的安全生产监管责任；强化企业主体责任，加快企业安全生产诚信体系建设，完善安全生产不良信用记

录及失信行为惩戒机制。《规划》实施过程中，要通过强化党政领导、安全监管和企业主体三者的责任，特别是督促企业落实主体责任，凝聚共识、汇集动力、形成合力，构建安全生产齐抓共管格局。

（6）突出六大领域——抓好煤矿等重点行业领域依法监管和专项治理

习近平总书记多次强调对易发生重特大事故的行业领域，要推动安全生产关口前移，深化重点行业领域专项治理，狠抓隐患排查、责任落实、健全制度和完善监管，加强安全生产监管执法和应急救援工作。其中，煤矿、非煤矿山、危险化学品、烟花爆竹、工贸、职业健康六大领域，是防范遏制重特大事故的重点领域，更是各级安全监管监察部门推动安全生产依法治理的关键行业。针对上述六大领域，《规划》提出推动不安全矿井有序退出；开展采空区、病危险库、“头顶库”专项治理；坚决淘汰不符合安全生产条件的烟花爆竹生产企业；加快实施人口密集区域危险化学品和化工企业生产、仓储场所安全搬迁工程；严格烟花爆竹生产准入条件，实现重点涉药工序机械化生产和人机、人药隔离操作；推动工贸企业健全安全管理体系，深化金属冶炼、粉尘防爆、涉氨制冷等重点领域环节专项治理；夯实职业病危害防护基础，加强作业场所职业病危害管控，提高防治技术支撑水平。各级安全监管监察部门应当敢于担当、主动作为，从严、从实、从细抓好上述六大领域监管监察工作。

（7）落实八大工程——实施监管监察能力建设等八项重点工程

安全生产重在强基固本。习近平总书记强调，必须加强基础建设，从最基础的地方做起，实现人员素质、设施保障、技术应用的整体协调。为加强安全生产基层基础，《规划》充分发挥重点工程的载体作用，提出实施监管监察能力建设、信息预警监控能力建设、风险防控能力建设、文化服务能力建设等 8 大类 80 余项重大项目工程，加快完善各级安全监管监察部门基础工作条件，改造升级企业在线监测监控系统，建设全国安全生产信息和大数据平台，建成一批煤矿灾害治理、危险化学品企业搬迁、信息化建设、公路防护工程等重大安防、技防工程。《规划》实施过程中，各地区、各有关部门应当加大对重大工程项目的投入和推进力度，积极落实各类重大项目前期建设条件，优先保障规划选址、土地供应和投融资安排，加快重大工程项目实施。

（8）做好四项保障——目标责任、投入机制、政策保障、评估考核

《规划》能否发挥成效，关键在于实施。为增强约束指导功能，防止出现“空中楼阁、束之高阁”现象，《规划》提出落实目标责任、完善投入机制、强化政策保障、加强评估考核四方面保障措施，要求各地区、各有关部门制定实施方案，明确责任主体，确定工作时序，加强中央、地方财政安全生产预防及应急等专项资金使用管理，吸引社会资本参与安全基础设施项目建设和重大安全科技攻关，推动建立国家、地方、企业和社会相结合的安全生产投入长效机制，并明确制定完善淘汰落后产能及不具备安全生产条件企业整顿关闭、重点煤矿安全升级改造、重大灾害治理、烟花爆竹企业退出转产等10余项经济产业政策。贯彻落实《规划》，各地区、各有关部门应当按照《规划》实施分工，完善综合保障条件，严格监督考核机制，营造良好的安全发展政策环境。

3.2.3 主要任务和工作重点

（1）主要任务

1）构建更加严密的责任体系。强化企业主体责任，坚持“党政同责、一岗双责、齐抓共管、失职追责”和“管行业必须管安全、管业务必须管安全、管生产经营必须管安全”，强化地方各级党委、政府对安全生产工作的领导，严格目标考核与责任追究。

2）强化安全生产依法治理。完善法律、法规和标准体系，加大监管执法力度，健全审批许可制度，提高监管监察执法效能。

3）坚决遏制重特大事故频发势头。在煤矿、非煤矿山、危险化学品、烟花爆竹、工贸行业、道路交通、城市运行安全等17个重点领域、重点区域、重点部位、重点环节和重大危险源，采取有效的技术、工程和管理控制措施，加快构建风险分级管控、隐患排查治理两条防线。

4）推进职业病危害源头治理。夯实职业病危害防护基础，加强作业场所职业病危害管控，提高防治技术支撑水平。

5）强化安全科技引领保障。加强安全科技研发，推动科技成果转化，推进安全生产信息化建设。

6）提高应急救援处置效能。健全先期响应机制，增强现场应对能力，统筹应急资源保障。

7）提高全社会安全文明程度。强化舆论引导，提升全民安全素质，大力倡导安全文化。

（2）工作重点

1）安全生产法律、法规制修订重点。推动危险化学品安全法、安全生产法实施条例、生产安全事故应急条例、高危粉尘作业与高毒作业职业卫生监督管理条例、电梯安全条例等制定工作，以及矿山安全法、道路交通安全法、海上交通安全法、消防法、铁路法、安全生产许可证条例、煤矿安全监察条例、烟花爆竹安全管理条例、生产安全事故报告和调查处理条例、道路交通安全法实施条例、内河交通安全管理条例、水库大坝安全管理条例等修订工作。

2）安全生产标准制修订重点。涉及煤矿、非煤矿山、危险化学品、金属冶炼、新型煤化工、高铁运输、城市轨道交通、海洋石油、太阳能发电、地热发电、海洋能发电、城市地下综合管廊、安全防护距离、交通安全设施、个体防护装备、页岩气和煤层气开发、重大事故隐患判定、安全风险分级管控、职业病危害控制、安全生产应急管理、粉尘防爆、化工新工艺准入、油气输送管网建设与运行、风电建设与运行、人工影响天气作业等方面的安全生产标准。

3）煤矿重大灾害治理重点。瓦斯：通风系统不完善、不可靠，抽采系统能力不足，瓦斯治理不到位，防突措施不落实，瓦斯超限作业，监控系统功能不全等。水害：水文地质条件不清，探放水未落实“三专”（专业人员、专用设备、专门队伍）要求，承压水超前治理不到位，未按规定留设或开采防隔水煤柱等。冲击地压：冲击地压矿井采掘布局不合理，未进行冲击地压预测预报，未有效实施解危措施等。粉尘：粉尘防控体系落实不到位，粉尘检测检验和防治标准不健全，粉尘监测监控系统不完善，粉尘防治技术措施实施不到位等。

4）危险化学品事故防范重点。重点部位：化学品仓储区、城区内化学品输送管线、油气站等易燃易爆剧毒设施，大型石化、煤化等生产装置，国家重要油气储运设施等重大危险源。重点环节：动火、有限空间作业、检维修、设备置换、开停车、试生产、变更管理。

5）工贸行业事故防范重点。粉尘涉爆：除尘系统、作业场所积尘。金属冶炼：高温液态金属吊运、冶金煤气。涉氨制冷：快速冻结装置、氨直接蒸发制冷空调系统。

6）道路交通事故防范重点。重点管控的车辆类型：危险货物运输车辆、长途客车、旅游包车、校车、重型载货汽车、低速载货汽车和面包车。事故防范的重点路段：急弯陡坡、临水临崖、连续下坡、团雾多发路段，隧道桥梁，“公跨铁”立交、平交道口。

7）建筑施工事故防范重点。重点部位：大跨度桥梁及复杂隧道、高边坡及高挡墙、高架管线、围堰等。关键环节：基坑支护及降水工程、结构拆除、土石方开挖、脚手架及模板支撑、起重吊装及安装拆卸工程、爆破拆除等。

8）职业病危害治理重点。重点行业：矿山、化工、金属冶炼、陶瓷生产、耐火材料、电子制造。重点作业：采掘、粉碎、打磨、焊接、喷涂、刷胶、电镀。重点因素：煤（岩）尘、石棉尘、矽尘、苯、正已烷、二氯乙烷。

9）安全生产科技研发重点方向。煤矿重大灾害风险判识及监控预警，超大规模矿山提升运输系统及自动化控制，露天矿山高陡边坡安全监测预警，深海石油天然气安全开采，危险货物港口、化工园区多灾害耦合风险评估与防控，化工工艺装备监测预警与事故防控，危险化学品火灾高效灭火材料及装备，在役油气输送管道风险动态快速监测预警，危险化学品泄漏高灵敏快速检测，危险化学品水上应急处置技术，重点车辆危险驾驶行为辨识与干预，道路交通事故检验鉴定与综合重建技术，高铁运行安全监测监控、防破坏和灾害预警，尘肺病与职业性中毒防治，粉尘爆炸事故防控，高危作业场所人员安全行为自动识别，安全监管监察智能化。

10）安全生产工艺技术推广重点。大型矿山自动化开采，中小型矿山机械化开采，井下大型固定设施无人值守，矿山地压灾害监测与治理，中小型金属非金属矿山采掘设备，油气田硫化氢防护监测，高含硫油品加工安全技术，危险化学品库区雷电预警系统，高陡边坡坝体位移监测预警系统，柔性施压快速封堵技术与装备，水电站大坝安全在线监控，尘源自动跟踪喷雾降尘、吹吸式通风等尘毒危害治理技术装备，高毒物质替代技术，小型移动应急指挥系统，高铁、长大铁路隧道和桥梁专用铁路救援设备，客运车辆、危险化学品运输车辆安全防控技术，高速公路重大交通事故应急指挥决策系统。

11）应急救援体系建设重点。行业领域：危险化学品、油气输送管道、矿山、高速铁路、高速公路、高含硫油气田、城市输供电系统、城市燃气管网等。救援能力：人员快速搜救、大型油气储罐灭火、大功率排水、大口径钻进、大负荷稳定供电、仿真模拟、实训演练、通信指挥及决策、事故紧急医疗救援、应急物资及装备储备和调运等。

3.2.4 重点建设工程

(1) 监管监察能力建设工程

为各级安全监管监察部门补充配备执法装备、执法车辆以及制式服装，完善基础工作条件。建立国家、区域安全监管监察执法效果综合评估考核机制。建设完善国家安全监管监察执法综合实训华北、中南、西南、华南基地。建设安全生产行政审批“一库四平台”(行政审批项目库，网上审批运行平台、政务公开服务平台、法制监督平台、电子监察平台) 和安全生产诚信系统。

(2) 信息预警监控能力建设工程

建设全国安全生产信息大数据平台。推动矿山等高危行业企业建设安全生产数据采集上报与信息管理系统，改造升级在线监测监控系统。完善国家主干公路网交通安全防控监测信息系统。建设渔船渔港动态监管、海洋渔业通信、应急救助和海洋渔船（含远洋渔船）船位监测系统。完善渔船集中检验监察平台。推进航空运输卫星通信信息监控能力建设。

(3) 风险防控能力建设工程

推动企业安全生产标准化达标升级。推进煤矿安全技术改造；创建煤矿煤层气（瓦斯）高效抽采和梯级利用、粉尘治理，兼并重组煤矿水文地质普查，以及大中型煤矿机械化、自动化、信息化和智能化融合等示范企业；建设智慧矿山。实施非煤矿山采空区和“头顶库”隐患治理，推动开采深度超过 800 m 的矿井建设在线地压监测系统。开展油气输送管道事故隐患整治攻坚，建设国家油气输送管道地理信息系统。实施危险化学品重大危险源普查与监控。创建金属冶炼、粉尘防爆、液氨制冷等重点领域隐患治理示范企业。推进公路安全生命防护工程建设。加快深远海搜救、探测、打捞和航空安全保障能力建设。实施重点水域、重点港口、重点船舶以及重要基础设施隐患治理。加强高速铁路安全防护。完善内河重要航运枢纽安全设施。

(4) 职业病危害治理能力建设工程

开展全国职业病危害状况普查、重点行业领域职业病危害检测详查。实施以高危粉尘作业和高毒作业职业病危害为重点的专项治理。建设区域职业病危害防治平台。完善职业病危害基础研究平台、省级职业病危害检测与物证分析实验室。

(5) 城市安全能力建设工程

实施危险化学品和化工企业生产、仓储场所安全搬迁，到2020年现有位于城镇内人口密集区域的危险化学品生产企业全部启动搬迁改造，完成大型城市城区内安全距离不达标的危险化学品仓储企业搬迁。建设城市安全运行数据综合管理系统。实施区域火灾隐患综合治理。完善城镇建成区消防站、消防装备、市政消火栓等基础设施。推动老旧电梯更新改造。

(6) 科技支撑能力建设工程

在高危行业领域创建“机械化换人、自动化减人”示范企业。建设完善国家矿山、危险化学品、职业病危害、城市安全、应急救援等行业领域重大事故防控技术支撑基地。建设安全监管监察执法装备创新研发基地和矿山物联网安全认证与检测平台。完善矿用产品安全准入验证分析中心实验室。建设具备宣传教育、实操实训、预测预警、检测检验和应急救援功能的省级综合技术支撑基地。

(7) 应急救援能力建设工程

建设国家安全生产应急救援综合指挥平台和应急通信保障系统。建设重点行业和区域安全生产应急救援联动指挥决策平台。建成国家安全生产应急救援综合实训演练基地，建设危险化学品和油气输送管道应急救援基地，完善国家、区域矿山应急救援基地，健全国家矿山医疗救护体系。推进国家陆地搜寻与救护基地建设和高危行业应急救援骨干队伍、基层应急救援队伍建设，加强安全生产应急救援物资储备库建设。

（8）文化服务能力建设工程

建设国家安全生产新闻宣传数字传播系统和安全生产新闻宣传综合平台。建成安全生产网络学院和远程教育培训平台。完善“安全科学与工程”一级学科。实施全民安全素质提升工程和企业产业工人安全生产能力提升工程。建设安全生产主题公园、主题街道、安全体验馆和安全教育基地。

3.3 地方党政领导干部安全生产责任制规定

2018年1月23日，习近平总书记主持召开中央全面深化改革领导小组全体会议，审议通过《地方党政领导干部安全生产责任制规定》，并于4月8日以中共中央办公厅、国务院办公厅名义印发并全面实施。5月31日，贯彻落实《地方党政领导干部安全生产责任制规定》电视电话会议召开，中共中央政治局常委、国务院总理李克强作出重要批示，国务委员王勇出席会议并讲话。这充分体现了以习近平同志为核心的党中央对安全生产的极度重视，是牢牢把握人民群众对美好生活的向往、顺利实现“两个一百年”奋斗目标的重大决策部署。

《地方党政领导干部安全生产责任制规定》围绕地方党政领导干部这一“关键少数”，条分缕析，明确界定，既严格追责问责，又注重表彰奖励，构建了一个科学定位、合理分工、协同一体的安全生产责任制体系。

3.3.1 总则

实行地方党政领导干部安全生产责任制，必须以习近平新时代中国特色社会主义思想为指导，切实增强政治意识、大局意识、核心意识、看齐意识，牢固树立发展决不能以牺牲安全为代价的红线意识，按照高质量发展要求，坚持安全发展、依法治理，综合运用巡查督查、考核考察、激励惩戒等措施，加强组织领导，强化属地管理，完善体制机制，有效防范安全生产风险，坚决遏制重特大生产安全事故，促使地方各级党政领导干部切实承担起“促一方发展、保一方平安”的政治责任，为统筹推进“五位一体”总体布局和协调推进“四个全面”战略布局营造良好稳定的安全生产环境。

实行地方党政领导干部安全生产责任制，应当坚持“党政同责、一岗双责、齐抓共管、失职追责”，坚持“管行业必须管安全、管业务必须管安全、管生产经营必须管安全”。地方各级党委和政府主要负责人是本地区安全生产第一责任人，班子其他成员对分管范围内的安全生产工作负领导责任。

3.3.2 职责

地方各级党委主要负责人安全生产职责主要包括：一是认真贯彻执行党中央以及上级党委关于安全生产的决策部署和指示精神，以及安全生产方针政策、法律法规；二是把安全生产纳入党委议事日程和向全会报告工作的内容，及时组织研究解决安全生产重大问题；三是把安全生产纳入党委常委会及其成员职责清单，督促落实安全生产“一岗双责”制度；四是加强安全生产监督管理部门领导班子建设、干部队伍建设和机构建设，支持人大、政协监督安全生产工作，统筹协调各方面重视支持安全生产工作；五是推动将安全生产纳入经济社会发展全局，纳入国民经济和社会发展考核评价体系，作为衡量经济发展、社会治安综合治理、精神文明建设成效的重要指标和领导干部政绩考核的重要内容；六是大力弘扬“生命至上、安全第一”的思想，强化安全生产宣传教育和舆论引导，将安全生产方针政策和法律法规纳入党委理论学习中心组学习内容和干部培训内容。

县级以上地方各级政府主要负责人安全生产职责主要包括：一是认真贯彻落实党中央、国务院以及上级党委和政府、本级党委关于安全生产的决策部署和指示精神，以及安全生产方针政策、法律法规；二是把安全生产纳入政府重点工作和政府工作报告的重要内容，组织制定安全生产规划并纳入国民经济和社会发展规划，及时组织研究解决安全生产突出问题；三是组织制定政府领导干部年度安全生产重点工作责任清单并定期检查考核，在政府有关工作部门“三定”规定中明确安全生产职责；四是组织设立安全生产专项资金并列入本级财政预算，与财政收入保持同步增长，加强安全生产基础建设和监管能力建设，保障监管执法必需的人员、经费和车辆等装备；五是严格安全准入标准，推动构建安全风险分级管控和隐患排查治理预防工作机制，按照分级属地管理原则明确本地区各类企业的安全生产监督管理部门，依法领导和组织生产安全事故应急救援、调查处理及信息公开工作；六是领导本地区安全生产委员会工作，统筹协调安全生产工作，推动构建安全生产责任体系，组织开展安全生产巡查、考核等工作，推动加强高素质专业化安全生产监管执法队伍建设。

地方各级党委常委会其他成员按照职责分工，协调纪检监察机关和组织、宣传、政法、机构编制等单位支持保障安全生产工作，动员社会各界力量积极参与、支持、监督安全生产工作，抓好分管行业（领域）、部门（单位）的安全生产工作。

县级以上地方各级政府原则上由担任本级党委常委的政府领导干部分管安全生产工作，其安全生产职责主要包括：一是组织制定贯彻落实党中央、国务院以及上级及本级党委和政府关于安全生产决策部署，以及安全生产方针政策、法律法规的具体措施；二是协助党委主要负责人落实党委对安全生产的领导职责，督促落实本级党委关于安全生产的决策部署；三是协助政府主要负责人统筹推进本地区安全生产工作，负责领导安全生产委员会日常工作，组织实施安全生产监督检查、巡查、考核等工作，协调解决重点难点问题；四是组织实施安全风险分级管控和隐患排查治理预防工作机制建设，指导安全生产专项整治和联合执法行动，组织查处各类违法违规行为；五是加强安全生产应急救援体系建设，依法组织或者参与生产安全事故抢险救援和调查处理，组织开展生产安全事故责任追究和整改措施落实情况评估；六是统筹推进安全生产社会化服务体系建设、信息化建设、诚信体系建设和教育培训、科技支撑等工作。

县级以上地方各级政府其他领导干部安全生产职责主要包括：一是组织分管行业（领域）、部门（单位）贯彻执行党中央、国务院以及上级及本级党委和政府关于安全生产的决策部署，以及安全生产方针政策、法律法规；二是组织分管行业（领域）、部门（单位）健全和落实安全生产责任制，将安全生产工作与业务工作同时安排部署、同时组织实施、同时监督检查；三是指导分管行业（领域）、部门（单位）把安全生产工作纳入相关发展规划和年度工作计划，从行业规划、科技创新、产业政策、法规标准、行政许可、资产管理等方面加强和支持安全生产工作；四是统筹推进分管行业（领域）、部门（单位）安全生产工作，每年定期组织分析安全生产形势，及时研究解决安全生产问题，支持有关部门依法履行安全生产工作职责；五是组织开展分管行业（领域）、部门（单位）安全生产专项整治、目标管理、应急管理、查处违法违规生产经营行为等工作，推动构建安全风险分级管控和隐患排查治理预防工作机制。

3.3.3 考核考察

把地方党政领导干部落实安全生产责任情况纳入党委和政府督查督办重要内容，一并进行督促检查。

建立完善地方各级党委和政府安全生产巡查工作制度，加强对下级党委和政府的安全生产巡查，推动安全生产责任措施落实。将巡查结果作为对被巡查地区党委和政府领导班子和有关领导干部考核、奖惩和使用的重要参考。

建立完善地方各级党委和政府安全生产责任考核制度，对下级党委和政府安全生产工作情况进行全面评价，将考核结果与有关地方党政领导干部履职评定挂钩。

在对地方各级党委和政府领导班子及其成员的年度考核、目标责任考核、绩效考核以及其他考核中，应当考核其落实安全生产责任情况，并将其作为确定考核结果的重要参考。地方各级党委和政府领导班子及其成员在年度考核中，应当按照“一岗双责”要求，将履行安全生产工作责任情况列入述职内容。

党委组织部门在考察地方党政领导干部拟任人选时，应当考察其履行安全生产工作职责情况。有关部门在推荐、评选地方党政领导干部作为奖励人选时，应当考察其履行安全生产工作职责情况。

实行安全生产责任考核情况公开制度。定期采取适当方式公布或者通报地方党政领导干部安全生产工作考核结果。

3.3.4 表彰奖励和责任追究

（1）表彰奖励

对在加强安全生产工作、承担安全生产专项重要工作、参加抢险救护等方面做出显著成绩和重要贡献的地方党政领导干部，上级党委和政府应当按照有关规定给予表彰奖励。对在安全生产工作考核中成绩优秀的地方党政领导干部，上级党委和政府按照有关规定给予记功或者嘉奖。

（2）责任追究

地方党政领导干部在落实安全生产工作责任中存在下列情形之一的，应当按照有关规定进行问责：一是履行《地方党政领导干部安全生产责任制规定》第二章所规定职责不到位的；二是阻挠、干涉安全生产监管执法或者生产安全事故调查处理工作的；三是对迟报、漏报、谎报或者瞒报生产安全事故负有领导责任的；四是对发生生产安全事故负有领导责任的；五是有其他应当问责情形的。以上问责由纪检监察机关、组织人事部门和安全生产监督管理部门按照权限和职责分别负责，实施安全生产责任追究，应当依法依规、实事求是、客观公正，根据岗位职责、履职情况、履职条件等因素合理确定相应责任。

对存在上述问责情形的责任人员，应当根据情况采取通报、诫勉、停职检查、调整职务、责令辞职、降职、免职或者处分等方式问责；涉嫌职务违法犯罪的，由监察机关依法调查处置。

严格落实安全生产“一票否决”制度，对因发生生产安全事故被追究领导责任的地方党政领导干部，在相关规定时限内，取消考核评优和评选各类先进资格，不得晋升职务、级别或者重用任职。对工作不力导致生产安全事故人员伤亡和经济损失扩大，或者造成严重社会影响负有主要领导责任的地方党政领导干部，应当从重追究责任。对主动采取补救措施，减少生产安全事故损失或者挽回社会不良影响的地方党政领导干部，可以从轻、减轻追究责任。对职责范围内发生生产安全事故，经查实已经全面履行了所规定职责及法律法规规定有关职责，并全面落实了党委和政府有关工作部署的，不予追究地方有关党政领导干部的领导责任。

地方党政领导干部对发生生产安全事故负有领导责任且失职失责性质恶劣、后果严重的，不论是否已调离转岗、提拔或者退休，都应当严格追究其责任。

第 4 讲

安全生产法律法规体系

安全生产事关人民群众生命财产安全，事关改革开放、经济发展和社会稳定大局，事关党和政府的形象和声誉，因此历来受到党和人民政府的高度重视。安全生产立法是安全生产法制建设的前提和基础，安全生产法制建设是做好安全生产工作的重要制度保障。

在新时期新时代，全面加强我国安全生产立法建设，完善安全生产法律法规体系，加强相关行政权力机关的依法管理，是激发全社会对生命权的保护，提高全民族安全法制意识，规范生产经营单位的安全生产主体责任，强化安全生产监督管理，遏制各类事故尤其是重特大事故发生的前提和基础。

4.1 我国安全生产立法现状

安全生产立法有两层含义：一是泛指国家立法机关和行政机关依照法定职权和法定程序制定、修订有关安全生产方面的法律、法规、规章的活动；二是专指国家制定的现行有效的安全生产法律、行政法规、地方性法规和部门规章、地方政府规章等安全生产规范性文件。

加强安全生产法制建设，依法加强安全管理，是安全生产领域贯彻落实“依法治国”基本方略，建立依法、科学、长效的安全管理体制机制，推动实现安全生产长治久安的必然要求和根本举措。特别是在党的十一届三中全会以后，随着我国改革开放事业的不断发展，经济结构和生产方式不断变化，市场主体和利益主体日益多样化、多元化。按照依法治国，建设社会主义法治国家的要求，安全生产秩序除了要采用经济手段和必要的行政手段外，更重要的是要依靠法律的手段来维护。在新形势下，我国大大加快了有关安全生产的立法步伐，中央和地方各有关部门陆续颁布实施了一系列与安全生产有关的法律、法规、部门规章和其他规范性文件，经过多年的持续努力，基本建立了以《安全生产法》为主体，由国家相关法律、法规、部门规章、规范性文件和标准、规程等所构成的安全生产法律法规体系，安全生产各方面工作大致可以做到有法可依、有章可循。

据统计，全国人大、国务院和相关主管部门已经颁布实施并仍然有效的有关安全生产主要法律、法规有160多部。其中包括《安全生产法》《中华人民共和国劳动法》（以下简称《劳动法》）、《煤炭法》《矿山安全法》《中华人民共和国职业病防治法》（以下简称《职业病防治法》）、《中华人民共和国海上交通安全法》（以下简称《海上交通安全法》）、《中华人民共和国道路交通安全法》（以下简称《道路交通安全法》）、《中华人民共和国消防法》（以下简称《消防法》）、《中华人民共和国铁路法》（以下简称《铁路法》）、《中华人民共和国民用航空法》（以下简称《民用航空法》）、《电力法》《建筑法》《中华人民共和国特种设备安全法》（以下简称《特种设备安全法》）、《中华人民共和国突发事件应对法》等10多部法律，国务院制定的《国务院关于特大安全事故行政责任追究的规定》《安全生产许可证条例》《煤矿安全监察条例》《国务院关于预防煤矿生产安全事故的特别规定》《生产安全事故报告和调查处理条例》《危险化学品安全管理条例》《中华人民共和国道路交通安全法实施条例》《建设工程安全生产管理条例》等50多部行政法规，国务院有关部门和机构制定的《安全生产违法行为行政处罚办法》《安全生产监督罚款管理暂行办法》《安全生产领域违法违纪行为政纪处分暂行规定》《煤矿安全监察行政处罚办法》《危险化学品登记管理办法》

等100多部部门规章。各地人大和政府也陆续出台了不少地方性法规和地方政府规章，各省（自治区、直辖市）基本上制定出台了安全生产条例。

需要指出的是，中华人民共和国成立以来，我国安全生产标准化工作发展迅速，据不完全统计，国家及各行业颁布了涉及安全的国家标准1 500多项，各类行业标准几千项。我国安全生产方面的国家标准或者行业标准，均属于法定安全生产标准，很多属于强制性安全生产标准。《安全生产法》有关条款明确要求生产经营单位必须执行安全生产国家标准或者行业标准，通过法律规定赋予了国家标准和行业标准强制执行的效力。此外，我国许多安全生产立法直接将一些重要的安全生产标准规定在法律、法规中，使之上升为安全生产法律、法规中的条款。因此，我国安全生产国家标准和行业标准，虽然与安全生产立法有所区别，但在一定意义上，也可以被视为我国安全生产法律法规体系的一个重要组成部分。

近年来，随着经济社会的快速发展，我国已经进入事故易发的工业经济中级发展阶段，生产安全事故频发，已有的安全生产立法与我国安全生产形势的迫切需要产生了一定的差距，与一些发达国家相比，我国在安全生产立法上的某些环节和方面显得落后，亟待加强立法，进一步健全完善安全生产法律法规体系，将安全生产工作全面纳入法治轨道，促进安全生产形势持续稳定好转。

4.2 我国安全生产法律体系的基本架构

4.2.1 安全生产法律体系

安全生产法律体系是一个包含多种法律形式和法律层次的综合性系统，从法律规范的形式和特点来讲，既包括作为整个安全生产法律法规基础的宪法规范，也包括行政法律规范、技术性法律规范、程序性法律规范。按法律地位及效力同等原则，安全生产法律体系分为以下 6 个门类：

（1）宪法

《中华人民共和国宪法》是安全生产法律体系框架的最高层级，“加强劳动保护，改善劳动条件”是有关安全生产方面最高法律效力的规定。

（2）安全生产方面的法律

我国有关安全生产的法律包括《安全生产法》和与其平行的专门法律和相关法律。

1）基础法。《安全生产法》是综合规范安全生产法律制度的法律，适用于所有生产经营单位，是我国安全生产法律体系的核心。

2）专门法律。安全生产专门法律是规范某一专业领域安全生产法律制度的法律。我国在专业领域的安全生产专门法律有《矿山安全法》《海上交通安全法》《消防法》《道路交通安全法》等。

3）相关法律。安全生产相关法律是指安全生产专门法律以外的其他法律中涵盖安全生产内容的法律，如《劳动法》《建筑法》《煤炭法》《铁路法》《民用航空法》《中华人民共和国工会法》《中华人民共和国全民所有制工业企业法》《中华人民共和国乡镇企业法》《矿产资源法》等。还有一些与安全生产监督执法工作有关的法律，如《中华人民共和国刑法》（以下简称《刑法》）、《中华人民共和国刑事诉讼法》《中华人民共和国行政处罚法》（以下简称《行政处罚法》）、《中华人民共和国行政复议法》《中华人民共和国国家赔偿法》和《中华人民共和国标准化法》等。

（3）安全生产行政法规

安全生产行政法规由国务院组织制定并批准公布，是为实施安全生产法律或规范安全生产监督管理制度而制定并颁布的一系列具体规定，是实施安全生产监督管理和监察工作的重要依据。我国已颁布了多部安全生产行政法规，如《国务院关于特大安全事故行政责任追究的规定》《煤矿安全监察条例》等。

（4）地方性安全生产法规

地方性安全生产法规是指由有立法权的地方权力机关——人民代表大会及其常务委员会制定的安全生产规范性文件，是由法律授权制定的，是对国家安全生产法律、法规的补充和完善，以解决本地区某一特定的安全生产问题为目标，具有较强的针对性和可操作性。例如，我国有多数的省（自治区、直辖市）人大制定了安全生产条例或劳动安全卫生条例，有多数的省（自治区、直辖市）人大制定了矿山安全法实施办法等。

（5）部门安全生产规章、地方政府安全生产规章

根据《中华人民共和国立法法》的有关规定，部门规章之间、部门规章与地方政府规章之间具有同等效力，在各自的权限范围内施行。

国务院部门安全生产规章由有关部门为加强安全生产工作而颁布的规范性文件组成，从部门角度可划分为交通运输业、化学工业、石油工业、机械工业、电子工业、冶金工业、电力工业、建筑业、建材工业、航空航天业、船舶工业、轻纺工业、煤炭工业、地质勘探业、农村和乡镇工业等，涉及的专业有技术装备与统计、安全评价与竣工验收、劳动防护用品、培训教育、事故调查与处理、职业危害、特种设备、防火防爆等。部门安全生产规章作为安全生产法律、法规的重要补充，在我国安全生产监督管理工作中起着十分重要的作用。

地方政府安全生产规章一方面从属于法律和行政法规，另一方面又从属于地方性法规，并且不能与它们相抵触。

（6）安全生产标准

安全生产标准是安全生产法律体系中的一个重要组成部分，也是安全管理的基础和监督执法工作的重要技术依据。安全生产标准大致分为设计规范类，安全生产设备、工具类，生产工艺安全卫生

类和防护用品类4类标准。

4.2.2 涉及安全生产的相关法律范畴

我国的安全生产法律体系比较复杂，覆盖整个安全生产领域，包含多种法律形式。可以按照涵盖内容不同，将我国安全生产相关法律分成8个类别，包括综合类安全生产法律、法规和规章，矿山类安全法律、法规，危险物品类安全法律、法规，建筑业安全法律、法规，交通运输安全法律、法规，公众聚集场所及消防安全法律、法规，其他安全生产法律、法规和已批准的国际劳工安全公约。

（1）综合类安全生产法律、法规和规章

综合类安全生产法律、法规和规章是指同时适用于矿山、危险物品、建筑业和其他方面的安全生产法律、法规和规章，它对各行各业的安全生产行为都具有指导和规范作用，主导性的法律是《劳动法》《安全生产法》。综合类安全生产法律、法规和规章由安全生产监督检查类、伤亡事故报告和调查处理类、重大危险源监管类、安全中介管理类、安全检测检验类、安全培训考核类、劳动防护用品管理类、特种设备安全监督管理类和安全生产举报奖励类通用安全生产法规和规章组成。

（2）矿山类安全法律、法规

矿山类安全法律、法规规范的行业主要包括煤矿、金属和非金属矿山、石油天然气开采业。我国的矿山安全立法工作已取得了很大成绩，先后颁布实施了《矿山安全法》《煤炭法》《中华人民共和国矿山安全法实施条例》和《煤矿安全监察条例》；相关部门先后颁布了一批矿山安全监督管理规章；有26个省（自治区、直辖市）人大制定了《矿山安全法》实施办法，初步形成了矿山安全法律子体系。

（3）危险物品类安全法律、法规

在危险物品安全管理方面，我国已经颁布实施了《危险化学品安全管理条例》《民用爆炸物品安全管理条例》《使用有毒物品作业场所劳动保护条例》《放射性同位素与射线装置安全和防护条例》《放射性药品管理办法》等法规。

（4）建筑业安全法律、法规

规范建筑业安全行为的法律有《安全生产法》《建筑法》，且我国已批准国际劳工组织通过的《建筑业安全和卫生公约》，但目前还没有一部统一的建筑业安全法规。

（5）交通运输安全法律、法规

交通运输安全法律、法规包括铁路、道路、水路、民用航空运输行业的法律、法规和规章，《安全生产法》原则上也适用于这些行业。目前，这些行业都有自己专门的法律、法规：铁路运输业有《铁路法》《铁路安全管理条例》等；民航运输业有《民用航空法》《中华人民共和国民用航空器适航管理条例》《中华人民共和国民用航空安全保卫条例》等，此外，民用航空运输安全还执行国际公约和相关的规则；道路交通管理方面有《道路交通安全法》《中华人民共和国道路交通安全法实施条例》；海上交通运输业有《海上交通安全法》及《中华人民共和国海上交通事故调查处理条例》和《中华人民共和国渔港水域交通安全管理条例》；内河交通运输业有《中华人民共和国内河交通安全管理条例》。另外，各交通运输业主管部门和公安部门还制定了不少交通运输安全方面的规章、标准等。

（6）公众聚集场所及消防安全法律、法规

公众聚集场所及消防安全法律、法规所涉及的范围主要是公众聚集场所、娱乐场所、公共建筑设施、旅游设施、机关团体及其他场所的安全及消防工作。目前这方面的法律、法规和规章主要有《消防法》及与之相配套的《公共娱乐场所消防安全管理规定》《消防监督检查规定》《机关、团体、企业、事业单位消防安全管理规定》《高等学校消防安全管理规定》《仓库防火安全管理规则》《火灾事故调查规定》等，这方面还需要制定和完善相关的法律、法规。

(7) 其他安全生产法律、法规

其他安全生产法律、法规主要包括前面 5 个专业领域以外的行业安全管理规章，主要有石化、电力、机械、建材、造船、冶金、轻纺、军工、商贸等行业规章。这些行业都有一些规章和规程，但均未制定专门的安全行政法规，因此《安全生产法》是规范这些行业安全生产行为的主导性法律。

(8) 已批准的国际劳工安全公约

当前，国际上将贸易与劳工标准挂钩是发展趋势。我国早已加入 WTO（世界贸易组织），参与世界贸易必须遵守国际通行的规则，我国的安全生产立法和监督管理工作也需要与国际接轨。

国际劳工组织自 1919 年创立以来，共通过了 185 个国际公约和为数较多的建议书，这些公约和建议书统称国际劳工标准，其中 70%涉及职业安全卫生问题。为做好国际性安全生产工作，我国政府已签订了国际性公约，当我国安全生产法律与国际公约有不同时，优先采用国际公约的规定（除保留条件的条款外）。目前我国政府已批准的公约有 20 多个，其中有一些是与职业安全卫生相关的。

第 5 讲

安全生产监管监察

在我国，国家和地方各级政府充分遵照法治社会的发展思想，已经形成较为成熟的安全生产监督管理体制，具体表现为综合监管与行业监管相结合、国家监察与地方监管相结合、政府监督与其他监督相结合。国务院安全生产监督管理部门依照《安全生产法》，对全国安全生产工作实施综合监督管理；县级以上地方各级人民政府安全生产监督管理部门依照《安全生产法》，对本行政区域内安全生产工作实施综合监督管理。

国务院有关部门依照《安全生产法》和其他有关法律、法规的规定，在各自的职责范围内对有关行业、领域的安全生产工作实施监督管理；县级以上地方各级人民政府有关部门依照《安全生产法》和其他有关法律、法规的规定，在各自的职责范围内对有关行业、领域的安全生产工作实施监督管理。安全生产监督管理部门和对有关行业、领域的安全生产工作实施监督管理的部门，统称负有安全生产监督管理职责的部门，一般简称安全生产监督管理部门。

5.1 安全生产监督管理

5.1.1 安全生产监督管理体制

在我国，安全生产监督管理体制具体表现为综合监管与行业监管、国家监察与地方监管、政府监督与其他监督，充分明确了安全生产监督管理的责任主体。安全生产监督管理具有十分明显的特征，并且监督管理的基本原则十分清晰。

（1）综合监管与行业监管

应急管理部是国务院主管安全生产综合监督管理的主体行政部门，依法对全国安全生产实施综合监督管理。交通运输部、水利部、住房和城乡建设部、工业和信息化部、文化和旅游部、生态环境部、国家市场监督管理总局等国务院有关部门分别对交通、铁路、民航、水利、电力、建筑、国防工业、邮政、电信、旅游、核安全、特种设备等行业和领域的安全生产工作负责监督管理，即行业监管或专业管理。

地方各级人民政府也都以不同形式成立了相应的安全生产综合监督管理部门和行业监督管理部门，履行综合监管和行业监管的职能。应急管理部和国务院其他安全生产的行业监督管理部门，对地方的安全生产综合监督管理部门和行业监督管理部门在业务上进行指导。

《安全生产法》明确规定：国务院负责安全生产监督管理的部门依照本法，对全国安全生产工作实施综合监督管理；县级以上地方各级人民政府负责安全生产监督管理的部门依照本法，对本行政区域内安全生产工作实施综合监督管理。国务院有关部门依照本法和其他有关法律、行政法规的规定，在各自的职责范围内对有关行业、领域的安全生产工作实施监督管理；县级以上地方各级人民政府有关部门依照本法和其他有关法律、法规的规定，在各自的职责范围内对有关行业、领域的安全生产工作实施监督管理。

另外，为了加强国家对整个安全生产工作的领导，加强综合监管与行业监管之间的协调配合，国务院成立了安全生产委员会，设立国务院安全生产委员会办公室，其办公室工作由应急管理部承担。国务院安全生产委员会办公室具体职责之一就是研究提出安全生产重大方针政策和重要措施的建议，监督检查、指导协调国务院有关部门和各省（自治区、直辖市）人民政府的安全生产工作。各省

（自治区、直辖市）人民政府及部分市、县也建立了相应的安全生产委员会。安全生产委员会的建立，对安全生产监督管理起到了相互协调、相互配合的作用，大大加强了安全生产监督管理工作。

（2）国家监察与地方监管

除了综合监督管理与行业监督管理之外，针对某些危险性较高的特殊领域，国家为了加强安全监督管理工作，专门建立了国家监察机制。例如，针对煤矿领域，国家专门建立了垂直管理的煤矿安全监察机构。还有其他情况，例如，针对交通部门的水上监管，一方面由交通运输部海事局设立垂直监管机构，如长江等重要水域都设立港务局，直接由海事局领导；另一方面有些水上监管机构，行政上归地方政府领导，业务上归海事局指导，实行垂直与分级相结合的监管方式。特种设备的监察实行省以下垂直管理的体制。

（3）政府监督与其他监督

政府监督包括安全生产监督管理部门和其他负有安全生产监督管理职责部门的监督管理、监察部门的监察。

其他监督包括安全技术及管理服务机构的监督、社会公众的监督、工会的监督、新闻媒体的监督、居民委员会的监督等。

（4）安全生产监督管理的责任主体

安全生产监督管理的责任主体包括各级人民政府及其安全生产监督管理部门和负有安全生产监督管理职责的相关部门。

《安全生产法》明确规定：国务院和县级以上地方各级人民政府应当根据国民经济和社会发展规划制定安全生产规划，并组织实施。安全生产规划应当与城乡规划相衔接。国务院和县级以上地方各级人民政府应当加强对安全生产工作的领导，支持、督促各有关部门依法履行安全生产监督管理职责，建立、健全安全生产工作协调机制，及时协调、解决安全生产监督管理中存在的重大问题。乡、镇人民政府以及街道办事处、开发区管理机构等地方人民政府的派出机关应当按照职责，加强对本行政区域内生产经营单位安全生产状况的监督检查，协助上级人民政府有关部门依法履行安全生产监督管理职责。国务院安全生产监督管理部门依照本法，对全国安全生产工作实施综合监督管理；县级以上地方各级人民政府安全生产监督管理部门依照本法，对本行政区域内安全生产工作实施综合监督管理。国务院有关部门依照本法和其他有关法律、行政法规的规定，在各自的职责范围内对有关行业、领域的安全生产工作实施监督管理；县级以上地方各级人民政府有关部门依照本法和其他有关法律、法规的规定，在各自的职责范围内对有关行业、领域的安全生产工作实施监督管理。

(5) 安全生产监督管理的基本特征

政府对安全生产监督管理的职权是由法律、法规所规定，以国家机关为主体实施的，对生产单位履行安全生产职责和执行安全生产法律、法规、政策和标准的情况，依法进行监督管理、监察、纠正和惩戒。安全生产监督管理的基本特性如下：

1）权威性。国家对安全生产监督管理的权威性首先源于法律的授权。法律是由国家的最高权力机关全国人民代表大会制定和认可的，体现的是国家的意志。《安全生产法》《矿山安全法》等有关法律对安全生产都有明确的规定。

2）强制性。国家的法律都必然要求由国家强制力来保证其实施。各级人民政府安全生产监督管理部门和其他有关部门对安全生产工作实施的监督管理，由于是依法行使监督管理权，它是以国家强制力作为后盾的。

3）普遍约束性。所有在中华人民共和国领域内从事生产经营活动的单位，凡涉及有关安全生产方面的工作，都必须接受统一的监督管理，履行《安全生产法》等有关法律所规定的职责，不允许逃避、抗拒法律所规定的监督管理。这种普遍约束性，实际上就是法律的普遍约束力在安全生产工作中的具体体现。

（6）安全生产监督管理的基本原则

安全生产监督管理部门和其他负有安全生产监督管理职责的部门对企业实施监督管理职责时，遵循以下基本原则：坚持“有法必依、执法必严、违法必究”的原则；坚持以事实为依据、以法律为准绳的原则；坚持预防为主的原则；坚持行为监察与技术监察相结合的原则；坚持教育与惩罚相结合的原则。

5.1.2 安全生产监督管理的程序与方式

（1）安全生产监督管理的程序

安全生产监督管理有多种形式，包括召开各种会议、安全检查、行政许可、行政处罚等。

1）对作业场所的监督检查，一般程序如下：

①监督检查前的准备。召开有关会议，通知生产经营单位等。

②监督检查生产经营单位执行安全生产法律、法规、标准的情况。检查有关许可证的持证情况、有关会议记录、安全管理人员配备情况、安全投入、安全生产费用提取等。

③作业现场检查。

④提出意见或建议。检查完后，与被检查单位交换意见，提出查出的问题及其整改意见。

⑤发出“现场处理措施决定书”或“责令限期改正指令书”或“行政处罚告知书”等。

2）安全生产许可证颁发管理一般程序如下：

①申请。申请人向安全生产许可证颁发管理机关提交申请书、文件等材料。

②受理。许可证颁发管理机关按有关规定受理。申请事项不属于许可证颁发管理机关职权范围的，应当即时作出不予受理的决定，并告知申请人向有关机关申请；申请材料存在可以当场更正的错误的，应当允许或者要求申请人当场更正，并即时出具受理的书面凭

证；申请材料不齐全或者不符合要求的，应当当场或者在规定时间内告知申请人需要补正的全部内容，逾期不告知的，自收到申请材料之日起即为受理；申请材料齐全、符合要求或者按照要求全部补正的，自收到申请材料或者全部补正材料之日起为受理。

③征求意见。对有些行政许可，按照有关规定应当听取有关单位和人员的意见，有些还要向社会公开，征求社会的意见。

④审查和调查。经同意后，许可证颁发管理机关指派有关人员对申请材料和安全生产条件进行审查；需要到现场审查的，应当到现场进行审查。负责审查的有关人员提出审查意见。

⑤作出决定。许可证颁发管理机关对负责审查的有关人员提出的审查意见进行讨论，并在受理申请之日起规定的时间内作出颁发或者不予颁发安全生产许可证的决定。

⑥送达。对决定颁发安全生产许可证的，许可证颁发管理机关应当自决定之日起在规定的时间内送达或者通知申请人领取安全生产许可证；对决定不予颁发的，应当在规定时间内书面通知申请人并说明理由。

3）行政处罚程序。根据《行政处罚法》《安全生产违法行为行政处罚办法》等相关规定，安全生产违法行为行政处罚的种类包括：警告；罚款；责令改正、责令限期改正、责令停止违法行为；没收违法所得，没收非法开采的煤炭产品、采掘设备；责令停产停业整顿、责令停产停业、责令停止建设、责令停止施工；暂扣或者吊销有关许可证，暂停或者撤销有关执业资格、岗位证书；关闭；拘留；安全生产法律、法规规定的其他行政处罚。

（2）安全生产监督管理的方式

安全生产监督管理的方式多种多样，如召开有关会议、安全大检查、许可证管理、专项整治等，综合来说，大体可以分为事前、事中和事后 3 种。

1）事前的监督管理。有关安全生产许可事项的审批，包括安全生产许可证、经营许可证、矿长资格证、生产经营单位主要负责人安全资格证、安全管理人员安全资格证、特种作业人员操作资格证等。

2）事中的监督管理。主要是日常的监督检查、安全大检查、重点安全行业和领域的专项整治、许可证监督检查等。作业场所的监督检查主要内容如下：

一是行为监察。即监督检查生产经营单位安全生产的组织管理、规章制度建设、职工教育培训、各级安全生产责任制的实施等工作。其目的和作用在于提高生产经营单位各级管理人员和普通职工的安全意识，落实安全措施，对违章操作、违反劳动纪律的不安全行为，严肃纠正和处理。

二是技术监察。即对物质条件的监督检查，包括对新建、扩建、改建和技术改造工程项目“三同时”的监察；对生产经营单位现有防护措施与设施完好率、使用率的监察；对劳动防护用品的质量、配备与作用的监察；对危险性较大设备、危害性较严重作业场所和特殊工种作业的监察等。其特点是专业性强，技术要求高。技术监察多从设备的本质安全入手。

3）事后的监督管理。生产安全事故发生后的应急救援及调查处理，查明事故原因，严肃处理有关责任人员，提出防范措施。严格按照“四不放过”的原则，处理发生的生产安全事故。

5.2 安全监察

5.2.1 煤矿安全监察

（1）国家煤矿安全监察体制

1999年12月30日，国务院办公厅印发了《煤矿安全监察管理体制改革实施方案》，国家煤矿安全监察局正式成立，标志着垂直管理的国家煤矿安全监察体制在我国诞生。经过多年的发展，我国逐渐形成了国家煤矿安全监察局、省级煤矿安全监察局、区域监察分局三级机构组成的垂直管理体系，形成了国家监察、地方监管、企业负责的煤矿安全工作格局。

2008 年，根据《国务院关于部委管理的国家局设置的通知》(国发〔2008〕12 号)，国家煤矿安全监察局（副部级）为国家安全生产监督管理总局管理的国家局。与此次通知之前相比，国家煤矿安全监察局的职责调整主要有以下几点：取消已由国务院公布取消的行政审批事项；将设在地方的煤矿安全监察机构负责的煤矿矿长安全资格和特种作业人员（含煤矿矿井使用的特种设备作业人员）操作资格考核发证工作，交给地方政府有关部门承担；加强对地方政府煤矿安全生产监督管理工作监督检查职责。

2018 年，根据《国务院关于部委管理的国家局设置的通知》(国发〔2018〕7 号)，现国家煤矿安全监察局（副部级）由应急管理部管理。2018 年 9 月 13 日，根据党的十九届三中全会审议通过的《深化党和国家机构改革方案》和第十三届全国人民代表大会第一次会议批准的《国务院机构改革方案》，经报党中央和国务院批准，中共中央办公厅、国务院办公厅发布《关于调整国家煤矿安全监察局职责机构编制的通知》，国家煤矿安全监察局职责、机构和编制调整情况如下：

1）关于局机关。国家煤矿安全监察局职业安全健康监督管理职责，划入国家卫生健康委员会；原国家安全生产监督管理总局综合监督管理煤矿安全监察职责，划入国家煤矿安全监察局。

调整后，国家煤矿安全监察局内设机构、行政编制和领导职数不变。

2）关于煤矿安全监察系统。随职责调整，设在地方的煤矿安全监察局 27 个、煤矿安全监察分局 76 个，行政编制 2 770 名，由国家煤矿安全监察局领导管理。所属事业单位的设置、职责和编制事项另行规定。

根据上述职责及其调整，国家煤矿安全监察局设5个内设机构(副司局级)，分别如下：

1）办公室。拟订机关工作规则和工作制度；承担机关公文管理、政务信息、机要保密工作；协调机关人事、财务、外事等相关工作。

2）安全监察司。依法监察煤矿企业执行安全生产法律、法规情况及其安全生产条件、设备设施安全情况，依法查处不具备安全生产条件的煤矿；组织煤矿建设工程安全设施的设计审查和竣工验收；承担煤矿企业安全生产准入管理工作；承担对重大煤炭建设项目的安全核准工作；指导和监督煤矿整顿关闭工作；检查指导地方煤矿安全监督管理工作。

3）事故调查司。依法组织指导煤矿生产安全事故和职业危害事故的调查处理；按照职责分工，拟订煤矿作业场所职业卫生执法规章和标准；监督检查煤矿作业场所职业卫生情况；指导协调或参与煤矿事故应急救援工作；监督煤矿安全生产执法行为；承办相关行政复议；指导监督煤矿事故与职业危害统计分析及职业危害申报工作；发布煤矿安全生产信息；承担国家煤矿安全监察专员日常管理工作。

4）科技装备司。参与起草煤矿安全生产、安全监察有关法律、法规草案；拟订煤矿安全生产规划、规章、规程、标准；指导和组织拟订煤炭行业规范和标准；组织煤矿安全生产科研及科技成果推广工作；组织监察煤矿设备、材料、仪器仪表安全；审核国有重点煤矿安全技术改造和瓦斯综合治理与利用项目。

5）行业安全基础管理指导司。指导和监督煤炭企业安全基础管理、安全标准化工作；指导和监督煤炭企业建立并落实安全隐患排查、报告和治理制度；指导和监督地方煤炭行业管理部门开展煤矿生产能力核定工作；依法监督检查中央管理的煤炭企业和为煤矿服务的（煤矿矿井建设施工、煤炭洗选等）企业的安全生产工作；指导和管理煤矿有关资格证的考核颁发工作并监督检查，指导和监督相关安全培训工作。

（2）煤矿安全监察体制的主要特点

1）实行垂直管理。从国家煤矿安全监察局、省级煤矿安全监察局，到各煤矿安全监察分局，实行垂直管理，人、财、物全部归中央负责，监察装备、人员的工资全部由中央政府承担。它不同于质检、工商等行政执法部门实行的省以下垂直管理体制，也不同于特种设备安全监察实行的省级垂直管理体制。

2）监察和管理分开。煤矿安全监察机构不承担煤矿安全管理职责，只实行对煤矿安全的监察职责，煤矿安全管理的政府职责由省（自治区、直辖市）人民政府有关部门承担。

3）分区监察。煤矿安全监察分局的设置不是以现有行政区域为基础，而是根据煤矿安全工作的重点，在大中型矿区和煤矿比较集中的地区，往往一个煤矿安全监察分局的监察范围包括多个行政地市和县。它不同于质检和工商的行政执法，不以现有行政区域划分为依据。

4）国家监察。正是基于煤矿安全监察机构实行上下垂直的管理体制，与地方政府没有人、财、物的关系，它是代表国家行使对煤矿安全的监察职能。

（3）国家煤矿安全监察的主要职责

根据《国务院关于部委管理的国家局设置的通知》（国发〔2008〕12号），国家煤矿安全监察局的主要职责如下：

1）拟订煤矿安全生产政策，参与起草有关煤矿安全生产的法律、法规草案，拟订相关规章、规程、安全标准，按规定拟订煤炭行业规范和标准，提出煤矿安全生产规划。

2）承担国家煤矿安全监察责任，检查指导地方政府煤矿安全监督管理工作。对地方政府贯彻落实煤矿安全生产法律、法规、标准，煤矿整顿关闭，煤矿安全监督检查执法，煤矿安全生产专项整治、事故隐患整改及复查，煤矿事故责任人的责任追究落实等情况进行监督检查，并向地方政府及其有关部门提出意见和建议。

3）承担煤矿安全生产准入监督管理责任，依法组织实施煤矿安全生产准入制度，指导和管理煤矿有关资格证的考核颁发工作并监督检查，指导和监督相关安全培训工作。

4）承担煤矿作业场所职业卫生监督检查责任，负责职业卫生安全许可证的颁发管理工作，监督检查煤矿作业场所职业卫生情况，组织查处煤矿职业危害事故和违法违规行为。

5）负责对煤矿企业安全生产实施重点监察、专项监察和定期监察，依法监察煤矿企业贯彻执行安全生产法律、法规情况及其安全生产条件、设备设施安全情况，对煤矿违法违规行为依法做出现场处理或实施行政处罚。

6）负责发布全国煤矿安全生产信息，统计分析全国煤矿生产安全事故与职业危害情况，组织或参与煤矿生产安全事故调查处理，监督事故查处的落实情况。

7）负责煤炭重大建设项目安全核准工作，组织煤矿建设工程安全设施的设计审查和竣工验收，查处不符合安全生产标准的煤矿企业。

8）负责组织指导和协调煤矿事故应急救援工作。

9）指导煤矿安全生产科研工作，组织对煤矿使用的设备、材料、仪器仪表的安全监察工作。

10）指导煤炭企业安全基础管理工作，会同有关部门指导和监督煤矿生产能力核定和煤矿整顿关闭工作，对煤矿安全技术改造和瓦斯综合治理与利用项目提出审核意见。

11）承办国务院及应急管理部交办的其他事项。

（4）煤矿安全监察的方式

煤矿安全监察机构依法履行国家煤矿安全监察职责，实施煤矿安全监察行政执法，对煤矿安全进行重点监察、专项监察和定期监察。

1）重点监察。重点监察指对重点事项的监察，如对安全生产许可证的监察，对安全管理机构设置和安全管理人员安全资格的监察等。

2）专项监察。专项监察指针对某一时期的煤矿安全工作重点组织的专项监察。如果煤矿专项监察的重点是瓦斯治理和整顿关闭，则专项监察高瓦斯和突出矿井是否按照规定进行瓦斯抽放，是否安装监测系统，该停产整顿的矿井是否已停产，该关闭的是否已关闭。

3）定期监察。定期监察指根据煤矿安全工作的重点时期定期组织的监察。例如，年初春节后，矿井恢复生产，以及年底突击生产都容易发生事故。在实践中，煤矿安全监察机构坚持从实际出发，不断创新监察执法方式方法，探索实施了不少行之有效的执法方式，具有代表性的有联合执法、交叉执法、集中执法、示范式执法、驻矿式执法等。这些执法方式各有特点，结合各地的具体情况，解决了很多实际问题。例如，集中执法由于人员投入多、覆盖面广、时间充足，监察执法做到了查深、查透，提高了执法效力，对执法对象起到了较大震慑作用，达到了“监察一个点、触动一条线、带动一个面”的目的。

（5）煤矿安全监察执法的主要内容和方式

1）主要内容。重点检查煤矿企业贯彻落实有关煤矿安全生产的法律、法规、规章和标准情况；履行安全生产主体责任，建立、健全并落实安全管理制度和安全生产责任制情况；贯彻落实各级政府各有关部门关于煤矿安全生产工作安排部署情况；安全生产费用提取和使用情况；煤矿各生产安全系统完善可靠、重大灾害有效防治、事故隐患及时消除情况；健全完善风险分级管控、隐患排查治理和安全质量达标“三位一体”的安全生产标准化体系，强化“四化”建设和“一优三减”工作情况；煤矿企业主要负责人、安全管理人员、职工安全教育培训情况等。依法组织关闭不具备安全生产条件的煤矿，推动煤炭行业落后产能淘汰退出。

2）实行分类监管。按照《国家煤矿安监局关于煤矿分类监管监察工作的指导意见》（煤安监监察〔2018〕15号）有关要求，以安全风险管控为主线，综合考虑煤矿安全管理、灾害程度、生产布局等因素，对辖区煤矿进行分类，确定不同类别煤矿的监管周期，实施分类监管。把安全保障程度较低的C类煤矿作为重点监管对象，加大检查频次；对安全保障程度一般的B类煤矿，保持一定的检查频次，防止安全管理滑坡；对安全保障程度较高的A类煤矿，可适当降低检查频次；对长期停产停工的D类煤矿，安排驻矿盯守或定期巡查。

3）推行分级监管。落实《中共中央 国务院关于推进安全生产领域改革发展的意见》《国务院办公厅关于进一步加强煤矿安全生产工作的意见》（国办发〔2013〕99号）要求，进一步完善煤矿安全监管执法制度，按照分级属地监管原则，确定省、市、县三级煤矿安全监管部门负责监管的煤矿名单，明确每一处煤矿企业的安全监管主体。上级煤矿安全监管部门应通过安全生产督查检查、随机抽查、示范性执法等，对下级煤矿安全监管部门的日常安全监管工作进行监督检查和指导。

4）实施计划执法。各级地方煤矿安全监管部门及其所属专门的执法队伍都应制订年度及月度监管执法计划，并按照监管执法计划对煤矿企业开展监督检查。年度监管执法计划制订完成后，报送同级人民政府批准或备案，经批准或备案后报上一级煤矿安全监管部门备案，并抄送驻地煤矿安全监察机构。各级煤矿安全监管部门编制的执法计划应相互衔接，避免监管重复或缺位。

5）突出重点，提高针对性。按照执法计划确定的执法工作量和原则，结合当地煤矿安全实际，随机确定检查煤矿和检查时间。对煤矿开展的现场检查可根据实际，对一个或多个专项进行检查，但以强化和落实企业主体责任为重点，以事故预防为目的。对直接监管的正常生产建设煤矿，每年至少开展1次系统性的监督检查，推进煤矿提升安全管理水平。对煤矿的上级公司，每年至少开展1次监督检查，主要检查其是否落实公司管理层和有关部门安全生产责任制，是否落实对所属煤矿的安全管理责任，是否保证所属煤矿的安全投入，是否超能力下达生产经营指标。

6）推进执法创新。坚持问题导向，创新监管方式，用好“双随机”抽查、联合执法、委托执法、专家会诊、联合惩戒、“黑名单”管理、执法信息公开与信息共享等方式方法，发挥警示教育作用。运用科技和信息手段，实施远程监管，发挥隐患排查治理、安全监控、预报预警等系统联网的作用，提高监管执法效能。加强执法管理，推进实现执法信息网上录入、执法程序网上流转、执法过程网上监督、执法数据网上统计和分析。

5.2.2 特种设备安全监察

(1) 特种设备安全监察体制

根据《特种设备安全法》，特种设备是指对人身和财产安全有较大危险性的锅炉、压力容器（含气瓶）、压力管道、电梯、起重机械、客运索道、大型游乐设施、场（厂）内专用机动车辆，以及法律、行政法规规定适用《特种设备安全法》的其他特种设备。

国家对特种设备实行目录管理。特种设备目录由国务院负责特种设备安全监督管理的部门（现为国家市场监督管理总局）制定，报国务院批准后执行。

《特种设备安全监察条例》规定，国务院特种设备安全监督管理部门负责全国特种设备的安全监察工作，县以上地方负责特种设备安全监督管理的部门对本行政区域内特种设备实施安全监察。特种设备实行安全监察具有强制性、体系性及责任追究性的特点，主要包括特种设备安全监察管理体制、行政许可、监督检查、事故处理和责任追究等内容。

2013年6月29日，《特种设备安全法》经第十二届全国人大常委会第三次会议通过，2014年1月1日起正式施行，标志着特种设备安全监察领域进入了新的历史发展时期。

目前，国家对特种设备实行专项安全监察体制。国务院、省(自治区、直辖市)、市（地）以及经济发达县的市场监督管理部门设立特种设备安全监察机构。根据《特种设备安全法》《特种设备安全监察条例》的规定，国务院负责特种设备安全的部门是国家市场监督管理总局下设的特种设备安全监察局，地方负责特种设备安全的部门是各级地方人民政府市场监督管理部门及其下设的安全监察部门。

国家市场监督管理总局特种设备安全监察局的主要职责如下：拟订特种设备目录和安全技术规范；监督检查特种设备的生产、经营、使用、检验检测和进出口，以及高耗能特种设备节能标准、锅炉环境保护标准的执行情况；按规定权限组织调查处理特种设备事故并进行统计分析；查处相关重大违法行为；监督管理特种设备检验检测机构和检验检测人员、作业人员；推动特种设备安全科技研究并推广应用。

特种设备安全监察人员是指代表县级以上特种设备安全监督管理部门执行安全监察任务的特种设备安全监察机构工作人员。特种设备安全监察人员在其获批准的专业监察范围和法定的区域或场所内，履行的职责如下：

1）积极宣传安全生产的方针、政策和特种设备安全法规，督促有关单位贯彻执行。

2）对特种设备设计、制造、安装、充装、检验、修理、改造、使用、维修保养、化学清洗单位进行监督检查，发现有违反设备安全法律、法规行为时，有权通知违规单位予以纠正。

3）对特种设备的制造、安装、充装、检验、修理、改造、使用、维修保养、化学清洗活动进行检查，有权制止无资质或违章作业行为，发现安全质量不符合要求的，可以报告监察机构发出“安全监察指令书”，要求相关单位限期解决；逾期不解决，有权通知停止设备的制造和使用。

4）监督有关单位对司炉工、焊工、压力容器操作人员、医用氧舱维护人员、水处理人员、电梯操作人员、起重机械操作人员、客运索道管理人员、充装人员等特种作业人员的培训考核，有权制止非持证人员上岗作业。

5）制定或参与审定有关特种设备安全技术规程、标准。

6）参加特种设备事故的调查，提出处理意见。

（2）特种设备安全监察法规体系

特种设备安全监察法规体系是保证特种设备安全运行的法律保障。目前，我国制定了一系列特种设备安全监察方面的规章和规范性文件，基本形成了“法律、行政法规、部门规章、规范性文件、相关标准及技术规定”5个层次的特种设备安全监察法规体系结构。其中法律层次主要包括《特种设备安全法》《安全生产法》《劳动法》《中华人民共和国产品质量法》《行政处罚法》和《中华人民共和国行政许可法》等，行政法规层次主要包括《特种设备安全监察条例》《危险化学品安全管理条例》和《生产安全事故报告和调查处理条例》等，部门规章主要是以国家市场监督管理总局局长令形式发布的办法、规定、规则，规范性文件主要由各类安全监察规程、管理规定、考核细则、检验规则构成，相关标准则是指技术法规中引用的各类标准。

（3）特种设备安全监察的方式

按照设计、制造、安装、使用、检验、修理、改造及进出口等环节，国家对锅炉、压力容器的安全实施全过程一体化的安全监察。

1）行政许可，包括对特种设备实施市场准入制度和设备准用制度。市场准入制度主要是对从事特种设备设计、制造、安装、修理、维护保养、改造的单位实施资格许可，并对部分产品出厂实施安全性能监督检验。对在用的特种设备通过实施定期检验，注册登记，施行准用制度。

2）监督检查。监督检查的目的是预防事故的发生，其实现手段：一是通过检验发现特种设备在设计、制造、安装、维修、改造中影响产品安全性能的质量问题；二是通过分析事故发生的情况和定期检查，用行政执法的手段纠正违法违规行为；三是通过广泛宣传，提高全社会的安全意识和法规意识；四是发挥群众监督和舆论监督的作用，加大对各类违法违规行为的查处力度。

3）事故应对和调查处理。特种设备安全监察机构在做好事故预防工作的同时，要将危机处理机制的建立作为安全监察工作的重要内容。危机处理机制应包括事故应急处理预案、组织和物资保证、技术支撑、人员的救援、后勤保障、建立与舆论界可控的互动关系等。事故发生后，组织调查处理，按照“四不放过”原则，严肃处理事故。

（4）特种设备安全监察的内容

1）特种设备设计、制造、安装、充装、检验、修理及使用单位贯彻执行国家法律、法规、标准和有关规定的情况。

2）特种设备操作人员及其他相应人员的持证上岗情况。

3）建立相应的安全生产责任制情况。

4）特种设备设计、制造、安装、充装、检验、修理、使用、维修保养、化学清洗是否遵守有关法律、法规和标准的规定。

5）参加或进行特种设备的事故调查。

第 6 讲

安全管理基本知识

安全管理是全面落实科学发展观、实施依法治安的必然要求，是各级政府和企业做好安全生产工作的基础，是有效遏制各类事故特别是重特大事故的有力手段。安全管理不仅具有一般管理的规律和特点，还具有自身的系统化特征和方法。具体到方式方法上，安全管理就是要找到事故致因，明确“人、机、环、管”等的不安全关键因素，通过技术、行为、理念和文化等各方面的投入与建设，预防和处理事故，使之不再重复发生。

安全管理是管理学的重要组成部分，是安全科学的一个分支。安全管理是企业管理的一个重要方面，工业企业安全管理的主要任务是在国家安全生产方针的指导下，分析和研究生产过程中存在的各种不安全因素，从技术、组织和管理上采取有效措施，解决和消除不安全因素，防止事故发生，保障从业人员的人身安全和健康以及国家财产安全，保证生产顺利进行。

6.1 安全管理的含义

本书所讲内容，基本目标最终围绕着企业（书中也有称为“生产经营单位”，基本概念不做区分）安全管理。企业管理系统包含多个具有某种特定功能的子系统，安全管理就是其中一个，这个子系统是由企业有关部门的响应人员组成的。安全管理这个子系统的主要目的是通过管理手段，实现控制事故、消除隐患、减少损失的目的，使整个企业达到最佳的安全水平，为从业人员创造安全舒适的工作环境。

6.1.1 安全管理的定义

安全管理就是针对人们在生产过程中的安全问题，运用有效的资源，发挥人们的智慧，通过人们的努力，进行有关决策、计划、组织和控制等活动，实现生产过程中人与设备、物料、环境的和谐，达到安全生产的目的。

安全管理的基本对象是企业的从业人员（企业所有人员）、设备设施、物料、环境、财务、信息等各个方面。安全管理包括安全生产行政管理、监督管理、工艺技术管理、设备设施管理、作业环境和条件管理等方面。安全管理的目标是减少和控制危害事故，尽量避免生产过程中所造成的人身伤害、财产损失、环境污染以及其他损失。

6.1.2 安全管理的分类

可以从宏观和微观、狭义和广义等方面，对安全管理加以分类。

从宏观上看，凡是保障和推进安全生产的一切管理措施和活动都属于安全管理的范畴，泛指国家从政治、经济、法律、体制、组织等各方面所采取的措施和进行的活动。安全管理人员应对国家有关安全生产的方针、政策、法规、标准、体制、组织结构以及经济措施等有深刻的理解和全面的掌握。

从微观上看，安全管理指经济和生产管理部门以及企事业单位所进行的具体的安全管理活动。

狭义的安全管理是指在生产过程或与生产有直接关系的活动中，防止意外伤害和财产损失的管理活动。

广义的安全管理泛指一切保护从业人员安全健康、防止国家财产受到损失的管理活动。从这个意义上讲，安全管理不但要防止劳动中的意外伤亡，也要防止危害从业人员健康的一切因素产生（如防止尘毒、噪声、辐射等物理化学危害，以及对女工的特殊保护等）。

6.2 现代安全管理理论简介

6.2.1 安全管理原理与原则

安全管理作为管理的主要组成部分，遵循管理的普遍规律，它既服从管理的基本原理与原则，也有其自身特殊性。

（1）系统原理

安全管理是生产管理的一个子系统，它包含各级安全管理人员、安全防护设备与设施、安全管理规章制度、安全生产操作规范和规程以及安全管理信息等。安全贯穿生产活动的各个方面，安全管理是全方位、全天候和涉及全体人员的管理。系统原理是运用系统观点、理论和方法，对管理活动进行充分的系统分析，以达到优化管理的目标，即用系统论的观点、理论和方法来认识和处理管理中出现的问题。

运用系统原理时应遵循的原则如下：

1）动态相关性原则。构成管理系统的各要素是运动和发展的，它们相互联系、相互制约。

2）整分合原则。在整体规划下明确分工，在分工基础上有效综合。

3）反馈原则。成功的高效管理，离不开灵活、准确、快速的反馈。

4）封闭原则。在任何一个管理系统内部，管理手段、管理过程等必须构成一个连续封闭的回路，才能形成有效的管理活动。

（2）人本原理

人本原理是指在管理中必须把人的因素放在首位，体现以人民为中心的指导思想。以人民为中心有两层含义：其一是一切管理活动都是以人为根本而展开的，人既是管理的主体，又是管理的客体；其二是在管理活动中，作为管理对象的各要素和管理系统各环节，都需要人掌握、运作、推动和实施。

运用人本原理时应遵循的原则如下：

1）动力原则。推动管理活动的基本力量是人，管理必须有能够激发人工作能力的动力（管理系统有3种动力，即物质动力、精神动力和信息动力）。

2）能级原则。在管理系统中，建立一套合理能级，根据单位和个人能量的大小安排其工作，才能发挥不同能级的能量，保证结构的稳定性和管理的有效性。

3）激励原则。以科学的手段，激发人的内在潜力，使其充分发挥积极性、主动性和创造性。

（3）预防原理

预防原理是指安全管理应以预防为主，通过有效的管理和技术手段，减少和防止人的不安全行为和物的不安全状态。

运用预防原理时应遵循的原则如下：

1）偶然损失原则。反复发生的同类事故，并不一定产生完全相同的后果。

2）因果关系原则。事故的发生是许多因素互为因果连续发生的最终结果，只要导致事故的因素存在，发生事故是必然的，只是时间或迟或早而已。

3）3E（Engineering——工程技术，Education——教育，Enforcement——强制）原则。针对造成人和物不安全因素的4方面原因——技术原因、教育原因、身体和态度原因以及管理原因，采取3种防治对策，即工程技术对策、教育对策和法制对策。

4）本质安全化原则。从一开始和从本质上实现安全化，从根本上消除事故发生的可能性。

（4）强制原理

强制原理是指采取强制管理的手段控制人的意愿和行为，使个人的活动、行为等受到安全生产要求的约束。

运用强制原理时应遵循的原则如下：

1）安全第一原则。在进行生产和其他活动时把安全工作放在一切工作的首要位置。生产或其他工作与安全发生矛盾时，要服从安全。

2）监督原则。为了使安全生产法律、法规得到落实，设立安全生产监督管理部门，对企业生产中的守法和执法情况进行监督。

6.2.2 事故致因理论

事故发生有其自身的发展规律和特点，只有掌握了事故发生的规律，才能保证生产系统处于安全状态。科技工作者们站在不同的角度，对事故进行研究，给出了很多事故致因理论，下面简要介绍几种。

（1）事故频发倾向理论

1939 年，相关学者提出了事故频发倾向理论。事故频发倾向是指个别容易发生事故的稳定的个人的内在倾向。事故频发倾向者的存在是工业事故发生的主要原因，即少数具有事故频发倾向的从业人员是事故频发倾向者，他们的存在是工业事故发生的原因。如果企业中减少了事故频发倾向者，就可以减少工业事故。

（2）海因里希因果连锁理论

美国安全工程师海因里希把工业伤害事故的发生发展过程描述为具有一定因果关系事件的连锁，即人员伤亡的发生是事故的结果，事故发生的原因是人的不安全行为或物的不安全状态，人的不安全行为或物的不安全状态是由人的缺点造成的，人的缺点是由不良环境诱发或由先天遗传因素造成的。

海因里希将事故因果连锁过程概括为以下 5 个因素：遗传及社

会环境、人的缺点、人的不安全行为或物的不安全状态、事故、伤害。海因里希用多米诺骨牌来形象地描述事故的这种因果连锁关系。在多米诺骨牌系列中，一枚骨牌被碰倒后，则将发生连锁反应，其余几枚骨牌相继被碰倒。如果移去中间的一枚骨牌，则连锁被破坏，事故过程被中止。他认为，企业安全工作的中心就是防止人的不安全行为，消除机械的或物质的不安全状态，中断事故连锁的进程，从而避免事故发生。

（3）能量意外释放理论

1961年，美国的吉布森提出，事故是一种不正常的或不希望的能量释放，各种形式的能量是构成伤害的直接原因，因此应该通过控制能量或能量载体（即能量触及人体的媒介）来预防伤害事故。

1966年，在吉布森的研究基础上，美国运输安全局局长哈登完善了能量意外释放理论，提出“人受伤害的原因只能是某种能量的转移”，并提出了能量逆流于人体造成伤害的分类方法，将伤害分为两类：第一类伤害是由施加了局部或全身性损伤阈值的能量引起的；第二类伤害是由影响了局部或全身性能量交换引起的，主要指中毒、窒息和冻伤。哈登认为，在一定条件下，某种形式的能量能否对人体造成伤害，取决于能量大小、人体接触能量的时间和频率以及力的集中程度。根据能量意外释放理论，可以利用各种屏蔽来防止能量意外转移，从而防止事故发生。

（4）系统安全理论

在20世纪50年代到60年代，在美国研制洲际导弹的过程中，系统安全理论应运而生。系统安全理论包括很多区别于传统安全理论的创新概念，具体如下：

1）在事故致因理论方面，改变了人们只注重操作人员的不安全行为，而忽略硬件故障在事故致因中作用的传统观念，开始考虑如何通过改善物的系统可靠性来提高复杂系统的安全性，从而避免事故。

2）没有任何一种事物是绝对安全的，任何事物中都潜伏着危险因素。通常所说的安全或危险只不过是一种主观的判断。

3）不可能根除一切危险源，但可以减少现有危险源的危险性。应减少总的危险性，而不是只彻底消除几种选定的风险。

4）由于人的认识能力有限，有时不能完全认识危险源及其风险。即使认识了现有的危险源，随着生产技术的发展，以及新技术、新工艺、新材料和新能源的出现，又会产生新的危险源。

6.3 生产安全事故概述

6.3.1 事故的定义及其特征

（1）事故的定义

在生产过程中，事故是指造成人员死亡、伤害、职业病、财产损失或其他损失的意外事件。从这个解释可以看出，事故是意外的事件，而不是预谋的事件；该事件是违背了人们的意愿而发生的，也就是人们不希望看到的；同时该事件产生了违背人们意愿的后果。如果事件的后果是人员死亡、受伤或身体的损害，就称为人员伤亡事故；如果没有造成人员伤亡，就是非人员伤亡事故。

在生产过程中发生的事故或与生产过程有关的事故，称为生产事故。按照安全系统工程的观点，首先，生产事故是发生在生产过程中的意外事件，该事件破坏了正常的生产过程。任何生产过程都可能发生生产事故，因此要想保持正常的生产过程，就必须采取措施防止事故发生。其次，生产事故是突然发生的、出乎人们意料的事件。导致事故发生的原因非常复杂，因而事故具有随机性，事故的随机性使得对事故发生规律的认识和事故预防变得更加困难。最后，生产事故会造成人员伤亡、财产损失或其他损失，因此在生产过程中，不仅要采取措施预防事故发生，还要采取措施减少事故造成的人员伤亡和各类损失。

根据该事故定义，事故有以下3个特征：

1）事故来源于目标的行动过程。

2）事故表现为与人的意志相反的意外事件。

3）事故的结果为目标行动停止。

（2）事故的特性

事故表面现象是千变万化的，并且渗透到了人们的生活和每一个生产领域，可以说是无所不在的，同时事故结果又各不相同，所以说事故是复杂的。但是事故是客观存在的，客观存在的事物发展本身就有一定的规律性，这是客观事物本身所固有的本质联系，因此事故必然有其本身固有的发展规律，这是不以人的意志为转移的。对事故的研究不能只从事故的表面出发，而必须对事故进行深入调查和分析，由事故特性入手，寻找根本原因和发展规律。大量的事故统计结果表明，事故主要具有以下几个特性：

1）普遍性。各类事故的发生具有普遍性，从更广泛的意义上讲，世界上没有绝对的安全。从事故统计资料可以知道，各类事故的发生从时间上看是基本均匀的，也就是说，事故可能在任何一个时间点发生；从地点的分布上看，每个地方或企业都会发生事故，不存在事故的“禁区”或者安全生产的“福地”；从事故的类型上看，每一类事故都有血的教训。这说明安全生产工作必须时刻面对事故的挑战，任何时间、任何场合都不能放松对安全生产的要求，而且针对那些事故发生较少的地区和单位，更要明确事故的普遍性这一特点，避免麻痹大意的思想，争取从源头上杜绝事故的发生。

2）偶然性和必然性。偶然性是指事物发展过程中呈现出来的某种摇摆、偏离，是可以出现或不出现、可以这样出现或那样出现的不确定的趋势。必然性是客观事物联系和发展的合乎规律的、确定不移的趋势，是在一定条件下的不可避免性。事故的发生是随机的，同样的前因事件随时间的进程导致的后果不一定完全相同，但偶然中有必然，必然性存在于偶然性之中。随机事件服从统计规律，可用数理统计方法对事故进行统计分析，从中找出事故发生、发展的规律，从而为预防事故提供依据。

3）因果性。事故因果性是指一切事故的发生都是由一定原因引起的，这些原因就是潜在的危险因素，事故本身只是所有潜在危险因素或显性危险因素共同作用的结果。在生产过程中存在着许多危险因素，不但有人的因素（包括人的不安全行为和管理缺陷），而且也有物的因素（包括物本身存在的不安全因素以及环境存在的不安全条件等）。这些危险因素在生产过程中通常被称为隐患，它们在一定的时间和地点下相互作用就可能导致事故的发生。事故的因果性也是事故必然性的反映，若生产过程中存在隐患，则迟早会导致事故的发生。

4）潜伏性。事故的潜伏性是指事故在尚未发生或还未造成后果之时，是不会显现出来的，好像一切还处在“正常”和“平静”状态。但生产中的危险因素是客观存在的，只要这些危险因素未被消除，事故总会发生，只是时间的早晚而已。

5）可预防性。事故的发生、发展都是有规律的，只要按照科学的方法和严谨的态度进行分析并积极做好有关预防工作，事故是完全可以预防的。人类对于事故预防措施的研究一直没有停止过，而且随着人类认识水平的不断提升，各种类型的事故都已经找到了比较有效的预防方法。可以说，人类已经基本掌握绝大多数事故发生、发展的规律，关键的问题是如何将其用于企业和从业人员的生产实践，这是目前安全生产技术问题的关键所在。

6）低频性。一般情况下，事故（特别是重特大事故）发生的频率比较低。美国安全工程师海因里希通过对55万余件机械伤害事故进行研究，表明事故与伤害程度之间存在着一定的比例关系。对于反复发生的同一类型事故，遵守下面的比例关系：在330次事故当中，无伤害事故大约有300次，轻微伤害事故大约为29次，严重伤害事故大约是1次，即“1：29：300法则”。国际上将此比例关系称为“事故法则”，也称“海因里希法则”。很明显，“事故法则”也就是事故低频性的最好注解。

6.3.2 事故分类

根据《企业职工伤亡事故分类》（GB 6441—1986），事故分为20类。

1）物体打击：失控物体由于惯性造成的人身伤害事故。

2）车辆伤害：机动车辆引起的机械伤害事故。

3）机械伤害：机械设备与工具引起的绞、碾、碰、割、戳、切等伤害。

4）起重伤害：从事起重作业时引起的机械伤害事故，它适用各种起重作业。

5）触电：电流流经人体，造成生理伤害的事故。

6）淹溺：因大量水经口、鼻进入肺内，造成呼吸道阻塞，发生急性缺氧窒息的伤亡事故。

7）灼烫：强酸、强碱等物质溅到身上引起的化学灼伤，因火焰引起的烧伤，高温物体引起的烫伤，放射线引起的皮肤损伤等事故。

8）火灾：造成人身伤亡的企业火灾事故。

9）高处坠落：由于危险重力势能差引起的伤害事故。

10）坍塌：建筑物、构筑物、堆置物等倒塌以及土石塌方引起的事故。

11）冒顶片帮：适用于矿山、地下开采、掘进及其他坑道作业发生的坍塌事故。

12）透水：矿山、地下开采或其他坑道作业时，意外水源带来的伤亡事故。

13）放炮：施工时由于放炮作业造成的伤亡事故。

14）火药爆炸：火药与炸药在生产、运输、储藏的过程中发生的爆炸事故。

15）瓦斯爆炸：可燃性气体瓦斯、煤尘与空气混合，浓度达到爆炸极限，接触点火源而引起的化学性爆炸事故。

16）锅炉爆炸：各种锅炉的物理性爆炸事故。

17）容器爆炸：盛装气体或液体，承载一定压力的密闭设备发生的爆炸事故。

18）其他爆炸：不属于瓦斯爆炸、锅炉爆炸和容器爆炸的爆炸。

19）中毒和窒息：中毒指人接触有毒物质出现的各种生理现象的总称；窒息指因为氧气缺乏，发生的晕倒甚至死亡的事故。

20）其他伤害：凡不属于上述伤害的事故均称为其他伤害。

6.3.3 事故分级

根据生产安全事故造成的人员伤亡或者直接经济损失，事故一般分为以下等级：

1）特别重大事故，是指造成30人以上死亡，或者100人以上重伤（包括急性工业中毒，下同），或者1亿元以上直接经济损失的事故。

2）重大事故，是指造成10人以上30人以下死亡，或者50人以上100人以下重伤，或者5 000万元以上1亿元以下直接经济损失的事故。

3）较大事故，是指造成3人以上10人以下死亡，或者10人以上50人以下重伤，或者1 000万元以上5 000万元以下直接经济损失的事故。

4）一般事故，是指造成3人以下死亡，或者10人以下重伤，或者1 000万元以下直接经济损失的事故。

该分级方法所称的“以上”包括本数，所称的“以下”不包括本数。

第 7 讲

安全管理常用术语

术语是安全生产和安全管理工作，以及安全科技研究的重要基础，是安全管理、信息交流和经验分享的载体。在安全管理实践中，人们将一些重要的工作要求、优秀的工作经验总结成朗朗上口的一系列缩略语或术语，不仅方便大家传诵和使用，而且这些缩略语或术语本身都是中国特色安全管理实践的结晶，是安全文化的重要组成部分。

7.1　职业安全基本术语

7.1.1　职业安全和事故

（1）职业安全卫生

以保障从业人员在职业活动过程中的安全与健康为目的，在工作领域及在法律、技术、设备、组织制度和教育等方面所采取的相应措施。

（2）职业安全

以防止从业人员在职业活动过程中发生各种伤亡事故为目的，在工作领域及在法律、技术、设备、组织制度和教育等方面所采取的相应措施。

（3）安全生产

通过“人、机、环”的和谐运作，使社会生产活动中危及从业人员生命和健康的各种事故风险和伤害因素始终处于有效控制的状态。

(4) 本质安全

通过设计等手段使生产设备或生产系统本身具有安全性，即使在误操作或发生故障的情况下也不会造成事故。

(5) 事故

造成死亡、疾病、伤害、损伤或其他损失的意外情况。

(6) 伤亡事故经济损失

从业人员在劳动生产过程中发生伤亡事故所引起的一切经济损失，包括直接经济损失和间接经济损失。

(7) 直接经济损失

因事故造成人身伤亡及善后处理支出的费用和毁坏财产的价值。

(8) 间接经济损失

因事故导致产值减少、资源破坏和受事故影响而造成其他损失的价值。

7.1.2 风险与评估

(1) 职业性危害因素

在职业活动中产生的可直接危害从业人员身体健康的因素，按其性质分为物理性危害因素、化学性危害因素和生物性危害因素。

(2) 职业接触限值

职业性危害因素的接触限制量值，指从业人员在职业活动过程中长期反复接触，对绝大多数接触者的健康不引起有害作用的容许接触水平。

(3) 最高容许浓度

指工作地点、在一个工作日内、任何时间均不应超过的有毒化学物质的浓度。

(4) 短时间接触容许浓度

在遵守 PC-TWA（时间加权平均容许浓度）前提下容许短时间

（15 min）接触的浓度。

（5）安全评价

以实现安全为目的，应用安全系统工程原理和方法，辨识与分析工程、系统、生产经营活动中的危险、有害因素，预测发生事故或造成职业危害的可能性及其严重程度，提出科学、合理、可行的安全对策措施建议，得出评价结论的活动。安全评价可针对一个特定的对象，也可针对一定的区域范围。安全评价按照实施阶段的不同分为3类，即安全预评价、安全验收评价和安全现状评价。

（6）安全预评价

在建设项目可行性研究阶段、工业园区规划阶段或生产经营活动组织实施之前，根据相关的基础资料，辨识与分析建设项目、工业园区、生产经营活动潜在的危险、有害因素，确定其与安全生产法律、法规、规章、标准、规范的符合性，预测发生事故的可能性及其严重程度，提出科学、合理、可行的安全对策措施建议，得出安全评价结论的活动。

（7）安全验收评价

在建设项目竣工后正式生产运行前或工业园区建设完成后，通过检查建设项目安全设施与主体工程同时设计、同时施工、同时投入生产和使用的情况或工业园区内的安全设施、设备、装置投入生产和使用的情况，检查安全管理措施到位情况，检查安全生产规章制度健全情况，检查事故应急救援预案建立情况，审查确定建设项目、工业园区建设满足安全生产法律、法规、规章、标准、规范要求的符合性，从整体上确定建设项目、工业园区的运行状况和安全管理情况，得出安全验收评价结论的活动。

（8）安全现状评价

针对生产经营活动或工业园区内的事故风险、安全管理等情况，辨识与分析其存在的危险、有害因素，审查确定其与安全生产法律、法规、规章、标准、规范要求的符合性，预测发生事故或造成职业危害的可能性及其严重程度，提出科学、合理、可行的安全对策措施建议，得出安全现状评价结论的活动。安全现状评价既适用于对一个企业或一个工业园区的评价，也适用于某一特定的生产方式、生产工艺、生产装置或作业场所的评价。

(9) 职业病危害预评价

对可能产生职业病危害的建设项目，在可行性论证阶段，对建设项目可能产生的职业病危害因素、危害程度、对从业人员健康影响、防护措施等进行预测性卫生学分析与评价，确定建设项目在职业病防治方面的可行性，为职业病危害分类管理提供科学依据。

(10) 职业病危害控制效果评价

建设项目在竣工验收前，对工作场所职业病危害因素、职业病危害程度、职业病防护措施及效果、健康影响等进行综合评价。

(11) 风险评估

评估风险大小以及确定风险是否可容许的全过程。

7.2 应急救援与安全管理工作常用术语

7.2.1 应急与防护措施

(1) 应急预案

针对可能发生的事故，为迅速、有序地开展应急行动而预先制定的行动方案。

(2) 应急准备

针对可能发生的事故，为迅速、有序地开展应急行动而预先进行的组织准备和应急保障。

(3) 应急响应

事故发生后，有关组织或人员采取的应急行动。

（4）应急救援

在应急响应过程中，为消除、减少事故危害，防止事故扩大或恶化，最大限度地降低事故造成的损失或危害而采取的救援措施或行动。

（5）防护措施

为避免从业人员在作业时身体的某部位误入危险区域或接触有害物质而采取的隔离、屏蔽、安全距离、个人防护、通风等措施或手段。

（6）职业病防护设施

消除或者降低工作场所的职业病危害因素浓度或强度，减少职业病危害因素对从业人员健康的损害或影响，达到保护从业人员健康目的的装置。

（7）个人防护用品

为使从业人员在职业活动过程中免遭或减轻事故和职业性危害因素的伤害而提供的个人穿戴用品，又称劳动防护用品。

（8）应急救援设施

在工作场所设置的报警装置、现场急救用品、洗眼器、喷淋装置等冲洗设备和强制通风设备，以及应急救援使用的通信、运输设备等。

7.2.2 安全管理工作

（1）“一岗双责”

一岗：各级人民政府及其有关部门的主要负责人是本行政区域和本行业领域安全生产的第一责任人，对安全生产工作承担全面领导责任。

双责：分管安全生产的负责人是安全生产工作综合监督管理的责任人，对安全生产工作负组织领导和综合监督管理领导责任；其他负责人对各自分管工作范围内的安全生产工作负直接领导责任。

（2）一个方针

安全第一、预防为主、综合治理。

（3）一法两条例

一法：《安全生产法》。

两条例：《安全生产许可证条例》《建设工程安全生产管理条例》。

（4）矿山“一通三防”

一通：通风。

三防：防瓦斯、防火、防尘。

（5）应急预案“一案一卡”

“一案一卡”即现场处置方案和重点岗位应急处置卡，用于指导基层和岗位从业人员应对现场高风险突发事件。应以“情景、任务、能力”为技术路线，以风险评估结果为出发点，强调突发事件情景构建，分析在应对这些突发事件时各任务层次的能力，打造点（应急处置措施）、线（应急专项预案）、面（综合应急预案）相结合的应急处置平台。

（6）“两书一表”

两书：作业指导书、作业计划书。

一表：安全检查表。

（7）“两个主体、两个负责制”

两个主体：政府是安全生产的监管主体，企业是安全生产的责任主体。

两个负责制：政府行政首长和企业法定代表人两个负责制，是我国安全生产工作的基本责任制度。

（8）“三同时”

安全生产“三同时”，即建设项目的安全设施，必须与主体工程同时设计、同时施工、同时投入生产和使用。

（9）“三级安全教育”

厂级安全教育、车间级安全教育、班组级安全教育。

（10）“三个百分百”

安全生产必须做到人员百分百、时间百分百、力量百分百。

（11）“三大安全规程”

安全操作规程、运行安全规程、设备检修规程。

（12）“三违”

违章指挥、违章操作、违反劳动纪律。

（13）“三源”

重大危险源、伤害源、隐患源。

（14）“三点”

危险点、危害点、事故多发点。

（15）“三非”

非法建设、非法生产、非法经营。

（16）“三超”

工矿企业超能力、超强度、超定员生产，交通运输单位超载、超限、超负荷运行。

（17）“三定”

定整改措施、定完成时间、定整改负责人。

（18）“三不生产”

不安全不生产、隐患不消除不生产、安全措施不落实不生产。

（19）“三查三找三整顿”

三查：查麻痹思想、查事故苗头、查事故隐患。

三找：找差距、找原因、找措施。

三整顿：整顿思想、整顿作风、整顿现场。

（20）安全“三宝”

安全帽、安全网、安全带。

（21）“三类整改”

按A、B、C进行排队梳理、汇总分析和登记造册，必须立即解决的列入A类，限期解决的列入B类，创造条件逐步解决的列入

C 类。

（22）“三同步”原则

安全生产与经济建设、企业深化改革、技术改造同步策划、同步发展、同步实施。

（23）“四个一律”

对非法生产经营建设和经停产整顿仍未达到要求的，一律关闭取缔；对非法生产经营建设的有关单位和责任人，一律按规定上限予以处罚；对存在非法生产经营建设的单位，一律责令停产整顿，并严格落实监管措施；对触犯法律的有关单位和人员，一律依法严格追究法律责任。

（24）“四不放过”

事故原因不清楚不放过，事故责任者和应受到教育者没有受到教育不放过，没有采取防范措施不放过，事故责任者没有受到处理不放过。

（25）“四个凡事”

凡事有人负责，凡事有章可循，凡事有据可查，凡事有人监督。

（26）“四不两直”

四不：不用陪同、不打招呼、不发通知、不听汇报。

两直：直奔基层、直查现场。

（27）“四个缺失”

社会道德缺失、政府责任缺失、企业标准缺失、全民意识缺失。

7.3 职业病防治相关术语

7.3.1 职业病

（1）职业医学

以从业人员为主要对象，旨在对受到职业性危害因素损害或存在潜在健康危险的从业人员进行早期健康检查、诊断、治疗和康复处理。

（2）职业病

从业人员在职业活动中接触职业性危害因素所直接引起的疾病。

（3）法定职业病

国家根据社会制度、经济条件和诊断技术水平，以法规形式规定的职业病。

（4）职业性中毒

从业人员在职业活动中组织器官受到工作场所毒物的毒作用而引起的功能性和器质性疾病。

（5）职业性急性中毒

短时间内吸收大剂量毒物所引起的职业性中毒。

（6）职业性慢性中毒

长期吸收较小剂量毒物所引起的职业性中毒。

（7）职业健康监护

以预防为目的，根据从业人员的职业接触史，通过定期或不定期的医学健康检查和健康相关资料的收集，连续性地监测从业人员的健康状况，分析从业人员健康变化与所接触的职业病危害因素的关系，并及时地将健康检查和资料分析结果报告给企业和从业人员本人，以便及时采取干预措施，保护从业人员健康。职业健康监护主要包括职业健康检查和职业健康监护档案管理等内容。

（8）职业健康检查

一次性应用医学方法对从业人员进行的健康检查，检查的主要目的是发现有无职业性危害因素引起的健康损害或职业禁忌证。《职业健康监护技术规范》（GBZ 188—2014）规定，职业健康检查包括上岗前、在岗期间、离岗时和离岗后医学随访以及应急健康检查。

（9）职业禁忌证

不宜从事某种作业的疾病或解剖、生理等状态。因在该状态下接触某些职业性危害因素时，可能导致以下情况：原有疾病病情加重，诱发潜在的疾病，对某种职业性危害因素易感，影响子代健康。

（10）职业病报告

为加强职业病信息报告管理工作，准确掌握职业病发病情况，为预防职业病提供依据，由国家政府主管部门制定的职业病报告。

（11）职业病诊断

根据从业人员职业病危害接触史及患者的临床表现和医学检查结果，参考作业场所职业病有害因素检测和流行病学资料，依据职业病诊断标准进行综合分析，做出健康损害和职业接触之间关系的临床推理判断过程。

（12）职业病诊断鉴定

对职业病诊断结果有争议时，由卫生行政部门组织对原诊断结论进一步审核诊断。

7.3.2 工作条件与人机工程

（1）工作场所设计

按生产任务和人机工程学的要求，对工作地点和作业区域进行规划和布置。

（2）微小气候

在特定空间范围内，温度、湿度、气流速度和气压等气候因素的综合。

（3）工作条件

工作人员在工作中的设施条件、工作环境、劳动强度和工作时间的总和。

（4）工作环境

在工作空间中，人周围的物理的、化学的、生物学的、社会的和文化的因素。

（5）人机工程学

研究各种工作环境中人的因素，研究人和机器以及环境的相互作用，以及研究人在工作、生活中怎样才会考虑工作效率、人的健康、安全和舒适等问题的学科。

（6）安全人机工程学

从安全的角度出发，以安全科学、系统科学与行为科学为基础，运用安全原理以及系统工程的方法，研究在人、机、环境的系统中人与机以及人与环境保持什么样的关系才能保障人的安全的学科。

（7）人体测量

应用标准的测量仪器和测量方法对人体进行整体或局部的静态（线性、角度、内积、体积等）和动态（质心、重心、惯性、动作范围等）的测量。

（8）立姿

被测者挺胸直立，头部以法兰克福平面定位，眼睛平视前方，肩部放松，上肢自然下垂，手伸直，手掌朝向体侧，手指轻贴大腿侧面，自然伸直膝部，左、右足后跟并拢，前端分开，使两足大致成45°夹角，体重均匀分布于两足。

（9）坐姿

被测者挺胸坐在被调节到腓骨头高度的平面上，头部以法兰克福平面定位，眼睛平视前方，左、右大腿大致平行，膝弯曲大致成直角，足平放在地面上，手轻放在大腿上。坐姿一般分为正直坐姿、后倾坐姿、前倾坐姿。

第8讲

安全生产责任制

安全生产责任制是根据我国的安全生产方针和安全生产法律、法规建立的各级领导、职能部门、工程技术人员、岗位操作人员在劳动生产过程中对安全生产层层负责的制度。建立、健全企业安全生产责任制是落实企业安全生产主体法律责任的重要内容之一，是企业岗位责任制的一个组成部分，是企业中最基本的一项安全制度，也是企业安全管理制度的核心。

实践证明，凡是建立、健全了安全生产责任制的企业，各级领导重视安全生产工作，切实贯彻执行党的安全生产方针、政策和国家的安全生产法规，在认真负责组织生产的同时，积极采取措施，改善劳动条件，生产安全事故和职业病就会减少。反之，就会职责不清、相互推诿，而使安全生产工作无人负责、无法进行，生产安全事故与职业病就会不断发生。

8.1 安全生产责任制及其发展

建立安全生产责任制的目的：一方面是增强企业各级负责人员、各职能部门及其工作人员和各岗位生产人员对安全生产的责任感；另一方面是明确企业各级负责人员、各职能部门及其工作人员和各岗位生产人员在安全生产中应履行的职责和承担的责任，以充分调动各级人员和各部门安全生产方面的积极性和主观能动性，确保安全生产。

建立安全生产责任制的重要意义主要体现在两方面。

一是落实我国安全生产方针和有关安全生产法规、政策的具体要求。例如,《安全生产法》明确规定:生产经营单位必须遵守本法和其他有关安全生产的法律、法规,加强安全生产管理,建立、健全安全生产责任制和安全生产规章制度,改善安全生产条件,推进安全生产标准化建设,提高安全生产水平,确保安全生产。《矿山安全法》明确规定:矿山企业必须建立、健全安全生产责任制。

二是通过明确责任,使各级各类人员真正重视安全生产工作,对预防事故和减少损失、进行事故调查和处理、建立和谐劳动关系等具有重要作用。

企业是安全生产的责任主体,必须建立、健全安全生产责任制,把"安全生产,人人有责"从制度上固定下来。企业主要负责人要切实履行本企业安全生产第一责任人的职责,把安全生产的责任落实到每个环节、每个岗位、每个人,从而增强各级管理人员的责任心,使安全管理工作既做到责任明确,又互相协调配合,共同努力把安全生产工作落到实处。

安全生产责任制是经长期的安全管理实践证明的成功制度与措施。这一制度与措施最早见于国务院1963年3月30日颁布的《关于加强企业生产中安全工作的几项规定》(即《五项规定》)。《五项规定》中要求,企业的各级领导、职能部门、有关工程技术人员和生产工人,各自在生产过程中应负的安全责任必须加以明确。《五项规定》还要求,企业的各级领导人员在管理生产的同时,必须负责管理安全工作,认真贯彻执行国家有关劳动保护的法令和制度,在计划、布置、检查、总结、评比生产的同时,计划、布置、检查、总结、评比安全工作(即"五同时"制度);企业中的生产、技术、设计、供销、运输、财务等各有关专职机构,都应在各自的业务范围内,对实现安全生产的要求负责;企业都应根据实际情况加强劳动保护机构或专职人员的工作;企业各生产小组都应设置不脱产的安全管理人员;企业各级各类人员应自觉遵守安全生产规章制度。

1978年，《中共中央关于认真做好劳动保护工作的通知》规定：一个企业发生重大伤亡责任事故，首先要追查厂长的责任，不能姑息迁就。企业采取的防止伤亡事故和职业病危害的措施，常常不是哪一个职能部门就能单独完成的，需要各有关职能部门和车间相互配合，因此，没有企业主要负责人对安全生产的全面负责，这些措施就难以实现。

安全生产责任制是企业岗位责任制的一个组成部分，根据“管生产经营必须管安全”的原则，安全生产责任制应综合各种安全管理、安全操作制度，对企业各级领导、各职能部门、有关工程技术人员和生产工人在生产中应负的安全责任加以明确。《安全生产法》把建立和健全安全生产责任制作为企业安全管理必须实行的一项基本制度，并作了明确规定，要求企业的主要负责人要建立、健全本单位安全生产责任制，并对其负责。

实践证明，实行安全生产责任制有利于增加企业从业人员的责任感，调动他们搞好安全生产的积极性。企业由各个行政部门、采区、车间、班组（工段）和个人组成，各自具有本职任务或生产任务。而安全不是离开生产而独立存在的，是贯穿于生产整个过程之中的。只有从上到下建立起严格的安全生产责任制，责任分明，各司其职，各负其责，将法规赋予企业的安全生产责任由大家来共同承担，安全工作才能形成一个整体，消除生产中的各类事故隐患，从而避免或减少事故的发生。因此，许多企业在实践中，按照责、权、利相结合的原则，对安全工作采用目标管理的方法，并与奖惩制度紧密结合，使企业的安全工作得到加强。这种做法是先制定生产安全所要达到的目标，并层层分解，落实到各部门、各班组，在规定的时间内完成或达到这个目标，在奖金或其他方面要给予奖励；若完不成目标，要扣罚奖金或给予其他处罚。在实行时，通常考虑了责、权、利统一的原则，即权力大，所应承担的责任就重，因此在奖惩方面也要重奖、重罚。按照法律、法规的规定，做到有权就要负责，责权统一。

8.2 安全生产相关法律责任

8.2.1 党政领导安全生产责任

2018年1月23日，习近平总书记主持召开中央全面深化改革领导小组全体会议，审议通过《地方党政领导干部安全生产责任制规定》，于4月8日以中共中央办公厅、国务院办公厅名义印发并全面实施。

《地方党政领导干部安全生产责任制规定》围绕地方党政领导干部这一“关键少数”，条分缕析，明确界定，既严格追责问责，又注重表彰奖励，构建了一个科学定位、合理分工、协同一体的安全生产责任制体系。

实行地方党政领导干部安全生产责任制，应当坚持“党政同责、一岗双责、齐抓共管、失职追责”，坚持“管行业必须管安全、管业务必须管安全、管生产经营必须管安全”。地方各级党委和政府主要负责人是本地区安全生产第一责任人，班子其他成员对分管范围内的安全生产工作负领导责任。

8.2.2 企业安全生产主体责任

本书中的安全管理内容主要针对企业，以下重点讲述企业的安全生产主体责任。

(1) 法律规定

如前所述，《安全生产法》对企业的安全生产责任制作出了明确的要求，并对各项违法行为应负的具体责任作了规定。

《职业病防治法》规定：用人单位应当建立、健全职业病防治责任制，加强对职业病防治的管理，提高职业病防治水平，对本单位产生的职业病危害承担责任。用人单位的主要负责人对本单位的职业病防治工作全面负责。

《矿山安全法》规定：矿山企业必须建立、健全安全生产责任制。矿长对本企业的安全生产工作负责。

（2）党和国家明确要求

《中共中央　国务院关于推进安全生产领域改革发展的意见》要求，企业对本单位安全生产和职业健康工作负全面责任，要严格履行安全生产法定责任，建立、健全自我约束、持续改进的内生机制。企业实行全员安全生产责任制度，法定代表人和实际控制人同为安全生产第一责任人，主要技术负责人负有安全生产技术决策和指挥权，强化部门安全生产职责，落实“一岗双责”。完善落实混合所有制企业以及跨地区、多层级和境外中资企业投资主体的安全生产责任。建立企业全过程安全生产和职业健康管理制度，做到安全责任、管理、投入、培训和应急救援“五到位”。国有企业要发挥安全生产工作示范带头作用，自觉接受属地监管。

《安全生产“十三五”规划》指出，落实企业主要负责人对本单位安全生产和职业健康工作的全面责任，完善落实混合所有制、境外中资企业安全生产责任。严格实行企业全员安全生产责任制，明确各岗位的责任人员、责任范围和考核标准，加强对安全生产责任制落实情况的监督考核。

2017 年 10 月 10 日，《国务院安委会办公室关于全面加强企业全员安全生产责任制工作的通知》（安委办〔2017〕29 号，以下简称《通知》），对建立、健全企业全员安全生产责任制、夯实企业安全生产主体责任、提升企业安全管理水平等作出全面部署和明确要求。

《通知》是推动企业落实主体责任的有力抓手。企业是生产的主体、内因和根本，企业的安全生产状况关系安全生产大局，安全生产整体水平提升的出发点和落脚点也都在企业。安全生产工作能否长治久安，关键看安全生产主体责任能否落实到位。企业安全生产主体责任是国家有关安全生产的法律、法规要求企业在安全生产保障方面应当执行的有关规定，应当履行的工作职责，应当具备的安全生产条件，应当执行的行业标准，应当承担的法律责任。落实企业主体责任，需要夯实从主要负责人到基层一线从业人员的安全生产责任，建立、健全全员安全生产责任制。只有明确责任体系划分，真正建立安全生产工作“层层负责、人人有责、各负其责”的工作体系并实现有效运转，才能真正解决好安全责任传递“上热、中温、下凉”问题，才能从源头上减少一线从业人员“三违”现象，从而有效降低因人的不安全行为造成的生产安全事故的发生，维护好广大从业人员的生命安全和职业健康。

《通知》紧紧围绕全员安全生产责任制，明确了企业在建立、健全企业全员安全生产责任制方面的主体责任和负有安全生产监督管理职责的部门在监督检查方面的工作任务。《通知》明确企业要依法依规从以下 3 个方面制定完善全员安全生产责任制：

一是明确了企业主要负责人负责建立、健全企业的全员安全生产责任制。这里的主要负责人，按照《中共中央　国务院关于推进安全生产领域改革发展的意见》中的要求，既包括法定代表人，又包括实际控制人，二者同为安全生产第一责任人。企业主要负责人在企业中处于决策者和领导者的地位，能够调动各方资源，协调各方关系，而全员安全生产责任制涉及企业的各个岗位和全体人员，需要进行统一部署和推动。因此，抓住了企业的主要负责人，就抓住了问题的核心和关键。

二是提出了制定完善全员安全生产责任制的标准。即企业要按照《安全生产法》《职业病防治法》等法律、法规规定，参照《企业安全生产标准化基本规范》（GB/T 33000—2016）和《企业安全生产责任体系五落实五到位规定》（安监总办〔2015〕27 号，以下简称《五落实五到位规定》）等有关要求，结合企业自身实际，制定企业全员安全生产责任制。

三是明确了全员安全生产责任制的涵盖范围。企业要建立、健全从主要负责人到一线从业人员（含劳务派遣人员、实习学生等）的安全生产责任、责任范围和考核标准。安全生产责任制应覆盖本企业所有组织和岗位，其责任内容、范围、考核标准要简明扼要、清晰明确、便于操作、适时更新。考虑到不少企业一线从业人员的实际，为便于操作，《通知》要求，针对企业一线从业人员的安全生产责任制相关材料内容，要力求通俗易懂。

《通知》还提出了落实企业全员安全生产责任制的公示、教育培训和考核管理等配套措施的具体要求。

（3）五落实五到位

2015 年 3 月 16 日，国家安全生产监督管理总局印发《五落实五到位规定》。

企业是生产经营建设活动的市场主体，承担安全生产主体责任，是保障安全生产的根本和关键所在，其中企业领导责任则是关键中的关键。分析近年来的事故可以发现，大部分事故的发生是企业安全生产主体责任不落实、企业领导不重视、安全管理薄弱等造成的。只有进一步强化企业安全生产主体责任，落实企业领导责任，从源头上把关，才能从根本上防止和减少生产安全事故的发生。

制定《五落实五到位规定》，是贯彻落实习近平总书记关于安全生产工作的重要指示和《安全生产法》的必然要求。习近平总书记强调，要抓紧建立、健全“党政同责、一岗双责、齐抓共管”的安全生产责任体系，把安全责任落实到岗位、落实到人头，坚持“管行业必须管安全、管业务必须管安全、管生产经营必须管安全”；所有企业必须认真履行安全生产主体责任，做到安全投入到位、安全培训到位、基础管理到位、应急救援到位。

1）《五落实五到位规定》内容共分为 6 条，逐条解释如下：

第一条：必须落实“党政同责”要求，董事长、党组织书记、总经理对本企业安全生产工作共同承担领导责任。

企业的安全生产工作能不能做好，关键在于主要负责人。实践也表明，凡是企业主要负责人高度重视、亲自动手抓的，安全生产工作就能够得到切实有效的加强和改进，反之就不可能搞好。因此，必须明确企业主要负责人的安全生产责任，促使其高度重视安全生产工作，保证企业安全生产工作有人统一部署、指挥、推动、督促。《安全生产法》明确规定：生产经营单位的主要负责人对本单位的安全生产工作全面负责。企业主要负责人对安全生产工作负有的职责包括：建立、健全本单位安全生产责任制；组织制定本单位安全生产规章制度和操作规程；组织制订并实施本单位安全教育培训计划；保证本单位安全生产投入的有效实施；督促、检查本单位的安全生产工作，及时消除生产安全事故隐患；组织制定并实施本单位的生产安全事故应急救援预案；及时、如实报告生产安全事故等。

企业中的基层党组织是党在企业中的战斗堡垒，承担着引导和监督企业遵守国家法律和法规、参与企业重大问题决策、团结凝聚职工群众、维护各方合法权益、促进企业健康发展的重要职责。习近平总书记强调要落实安全生产“党政同责”；党委要管大事，发展是大事，安全生产也是大事；党政一把手必须亲力亲为、亲自动手抓。因此，各类企业必须要落实“党政同责”的要求，党组织书记要和董事长、总经理共同对本企业的安全生产工作承担领导责任，也要抓安全、管安全，发生事故要依法依规一并追责。

第二条：必须落实安全生产“一岗双责”，所有领导班子成员对分管范围内安全生产工作承担相应职责。

安全生产工作是企业管理工作的重要内容，涉及企业生产经营活动的各个方面、各个环节、各个岗位。安全生产人人有责、各负其责，这是做好企业安全生产工作的重要基础。抓好安全生产工作，企业必须要按照“一岗双责”“管业务必须管安全、管生产经营必须管安全”的原则，建立、健全覆盖所有管理和操作岗位的安全生产责任制，明确企业所有人员在安全生产方面所应承担的职责，并建立配套的考核机制，确保责任制落实到位。《安全生产法》明确规定：生产经营单位的安全生产责任制应当明确各个岗位的责任、责任范围和考核标准等内容。

企业领导班子成员中，主要负责人要对安全生产负总责，其他班子成员也必须落实安全生产“一岗双责”，既要对具体分管业务工作负责，也要对分管领域内的安全生产工作负责，始终做到把安全生产与其他业务工作同研究、同部署、同督促、同检查、同考核、同问责，真正做到“两手抓、两手硬”。这也是习近平总书记重要讲话所要求的，是增强各级领导干部责任意识的需要。所有领导干部，不管在什么岗位、分管什么工作，都必须在做好本职工作的同时，担负起相应的安全生产工作责任。

第三条：必须落实安全生产组织领导机构，成立安全生产委员会，由董事长或总经理担任主任。

企业安全生产工作涉及各个部门，协调任务重，难以由一个部门单独承担。因此，企业要成立安全生产委员会来加强对安全生产工作的统一领导和组织协调。企业安全生产委员会一般由企业主要负责人、分管负责人和各职能部门负责人组成，主要职责是定期分析企业安全生产形势，统筹、指导、督促企业安全生产工作，研究、协调、解决安全生产重大问题。安全生产委员会主任必须要由企业主要负责人（董事长或总经理）来担任，这有助于提高安全生产工作的执行力，有助于促进安全生产与企业其他各项工作同步协调进行，有助于提高安全生产工作的决策效率。另外，主要负责人担任安全生产委员会主任，也体现了对安全生产工作的重视，体现了对企业从业人员的感情，体现了勇于担当、敢于负责的精神。

第四条：必须落实安全管理力量，依法设置安全管理机构，配齐配强注册安全工程师等专业安全管理人员。

落实企业安全生产主体责任，需要企业在内部组织架构和人员配备上对安全生产工作予以保障。安全管理机构和安全管理人员，是企业开展安全管理工作的具体执行者，在企业安全生产中发挥着不可或缺的作用。分析近年来发生的事故，企业没有设置相应的安全管理机构或者配备必要的安全管理人员，是重要原因之一。因此，对一些危险性较大行业的企业或者从业人员较多的企业，必须设置专门的安全管理机构或配置专职安全管理人员，确保企业日常安全生产工作时时有人抓、事事有人管。

根据《安全生产法》的规定，矿山、金属冶炼、建筑施工、道路运输单位和危险物品的生产、经营、储存单位，应当设置安全管理机构或者配备专职安全管理人员。其他企业，从业人员超过 100 人的，应当设置安全管理机构或者配备专职安全管理人员；从业人员在 100 人以下的，应当配备专职或者兼职的安全管理人员。危险物品的生产、储存单位以及矿山、金属冶炼单位应当有注册安全工程师从事安全管理工作。鼓励其他生产经营单位聘用注册安全工程师从事安全管理工作。

第五条：必须落实安全生产报告制度，定期向董事会、业绩考核部门报告安全生产情况，并向社会公示。

企业安全生产责任制建立后，还必须建立相应的监督考核机制，强化安全生产目标管理，细化绩效考核标准，并严格履职考核和责任追究，来确保责任制的有效落实。《安全生产法》明确规定：生产经营单位应当建立相应的机制，加强对安全生产责任制落实情况的监督考核，保证安全生产责任制的落实。安全生产报告制度，是监督考核机制的重要内容。安全管理机构或专职安全管理人员要定期对企业安全生产情况进行监督考核，定期向董事会、业绩考核部门报告考核结果，并与业绩考核和奖惩、晋升制度挂钩。报告主要包括企业安全生产总体状况、安全生产责任制落实情况、隐患排查治理情况等内容。

第六条：必须做到安全责任到位、安全投入到位、安全培训到位、安全管理到位、应急救援到位（即“五个到位”）。

企业要保障生产经营建设活动安全进行，必须在安全生产责任制度和管理制度、生产经营设施设备、人员素质、采用的工艺技术等方面达到相应的要求，具备必要的安全生产条件。从实际情况看，许多事故发生的重要原因就是企业不具备基本的安全生产条件，为追求经济利益，冒险蛮干、违规违章，甚至非法违法生产经营建设。《安全生产法》明确规定：生产经营单位应当具备本法和有关法律、行政法规和国家标准或者行业标准规定的安全生产条件；不具备安全生产条件的，不得从事生产经营活动。生产经营单位必须遵守本法和其他有关安全生产的法律、法规，加强安全生产管理，建立、健全安全生产责任制和安全生产规章制度，改善安全生产条件，推进安全生产标准化建设，提高安全生产水平，确保安全生产。“五个到位”的要求在相关法律、法规、规章、标准中都有具体规定，是企业保障安全生产的前提和基础，是企业安全生产基层、基础、基本功“三基”建设的本质要求，必须认真落实到位。

2）《五落实五到位规定》主要内容就是要求企业必须做到“五个落实、五个到位”。其主要特点如下：

一是依法依规，言之有据。《五落实五到位规定》是以部门规范性文件发布的，但其中的每一个必须、每一项要求，都依据了安全生产相关法律、法规，都是有法可依的。违反了规定，就要依法进行处罚。

二是突出重点，切中要害。《五落实五到位规定》牢牢扣住了责任这个安全生产的灵魂，对如何落实企业安全生产责任特别是领导责任作出了明确规定，切中了企业安全生产工作的要害。如果企业把这几条规定真正落实到位了，就会大大提高安全生产水平，从根本上防止和减少生产安全事故发生。

三是简明扼要，便于操作。《五落实五到位规定》只有 226 个字，简明扼要，一目了然。其基本要求在相关法律、法规、规程中都有体现，但还不够清晰、具体，许多企业不够熟悉。《五落实五到位规定》把企业应该做的、必须做的基本要求都规定得非常清楚，便于记忆，便于操作。

8.3 建立安全生产责任制的要求

建立一个完善的安全生产责任制的总要求：横向到边、纵向到底，并由企业主要负责人组织建立。建立的安全生产责任制具体应满足如下要求：

1）必须符合国家安全生产法律、法规和方针、政策的要求。

2）与企业管理体制协调一致。

3）要根据本单位、部门、班组、岗位的实际情况制定，既明确、具体，又具有可操作性，防止形式主义。

4）有专门的人员与机构制定和落实，并应适时修订。

5）应有配套的监督、检查等制度，以保证安全生产责任制得到真正落实。

企业的主要负责人在管理生产的同时，必须负责管理事故预防工作。在计划、布置、检查、总结、评比生产的时候，同时计划、布置、检查、总结、评比事故预防工作（以下简称“五同时”）。事故预防工作必须由行政一把手负责，分公司、车间的各级一把手在安全管理上都负第一位责任。各级的副职根据各自分管业务工作范围负相应的责任。他们的主要任务是贯彻执行国家有关安全生产的法律、法规、制度和保证管辖范围内从业人员的安全和健康。凡是严格认真地贯彻了“五同时”，就是尽了责任，反之就是失职。如果因此而造成事故，那就要视事故后果的严重程度和失职程度，由行政以及司法机关追究法律责任。

8.4　安全生产责任制的主要内容

企业安全生产责任制的主要内容：厂长、经理是法人代表，是企业安全生产的第一责任人，对企业的安全生产负全面责任；企业的各级领导和生产管理人员，在管理生产的同时，必须负责管理安全工作，在计划、布置、检查、总结、评比生产的时候，必须同时计划、布置、检查、总结、评比安全生产工作；有关的职能机构和人员，必须在自己的业务工作范围内，对实现安全生产目标负责；从业人员必须遵守以岗位责任制为主的安全生产制度，严格遵守安全生产法规、制度，不违章作业，并有权拒绝违章指挥，险情严重时有权停止作业，采取紧急防范措施。

安全生产责任制的内容主要包括以下 2 个方面：

一是纵向方面，即从上到下所有类型人员的安全生产责任。在建立责任制时，可首先将本单位从主要负责人一直到基层岗位人员分成相应的层级；然后结合本单位的实际工作，对不同层级的人员在安全生产中应承担的责任作出规定。

二是横向方面，即各职能部门（包括党、政、工、团）的安全生产责任。在建立责任制时，可按照本单位职能部门的设置（如安全、设备、计划、技术、生产、基建、人事、财务、设计、档案、培训、党办、宣传、工会、团委等部门），分别对其在安全生产中应承担的责任作出规定。

企业在建立安全生产责任制时，在纵向方面至少应包括下列几类机构或人员：

（1）企业安全生产委员会

法律、法规没有强制要求企业成立安全生产委员会，但是安全生产工作涉及企业生产和管理各个环节，因此，企业有必要成立安全生产委员会，以协调和推进安全生产各项管理制度的建立和执行。

企业安全生产委员会是本企业安全生产的组织领导机构，应由企业主要负责人和分管安全生产的领导人担任领导层，成员包括企业其他部门分管领导和有关部门的主要负责人。企业安全生产委员会可设立办公室或办事机构，一般设立在企业安全管理机构内，负责处理安全生产委员会日常事务。

安全生产委员会主要职责：全面负责企业安全生产的管理工作，研究制定安全生产技术措施和劳动保护规划，实施安全检查和监督，调查处理生产安全事故等工作。

（2）企业工会组织

《安全生产法》规定：工会依法对安全生产工作进行监督。生产经营单位的工会依法组织职工参加本单位安全生产工作的民主管理和民主监督，维护职工在安全生产方面的合法权益。生产经营单位制定或者修改有关安全生产的规章制度，应当听取工会的意见。

工会有权对建设项目的安全设施与主体工程同时设计、同时施工、同时投入生产和使用进行监督，提出意见。工会对生产经营单位违反安全生产法律、法规，侵犯从业人员合法权益的行为，有权要求纠正；发现生产经营单位违章指挥、强令冒险作业或者发现事故隐患时，有权提出解决的建议，生产经营单位应当及时研究答复；发现危及从业人员生命安全的情况时，有权向生产经营单位建议组织从业人员撤离危险场所，生产经营单位必须立即作出处理。工会有权依法参加事故调查，向有关部门提出处理意见，并要求追究有关人员的责任。

（3）企业主要负责人

企业主要负责人是企业安全生产的第一责任者，对安全生产工作全面负责。《安全生产法》将企业主要负责人的安全生产责任定为以下内容：

1）建立、健全并落实本单位安全生产责任制。

2）组织制定并落实本单位安全生产规章制度和操作规程。

3）组织制订并实施本单位安全教育培训计划。

4）保证本单位安全生产投入的有效实施。

5）督促、检查本单位的安全生产工作，及时消除生产安全事故隐患。

6）组织制定并实施本单位的生产安全事故应急救援预案。

7）及时、如实报告生产安全事故。

企业可根据上述 7 个方面的内容，并结合本单位的实际情况对主要负责人的职责作出具体规定。

（4）企业其他负责人

企业其他负责人的职责是协助主要负责人搞好安全生产工作。不同的负责人分管的工作不同，应根据其具体分管工作，对其在安全生产方面应承担的具体职责作出规定。

（5）安全管理机构和人员

根据《安全生产法》规定，企业的安全管理机构以及安全管理人员履行下列职责：

1）组织或者参与拟订本单位安全生产规章制度、操作规程和生产安全事故应急救援预案。

2）组织或者参与本单位安全教育培训，如实记录安全教育培训情况。

3）督促落实本单位重大危险源的安全管理措施。

4）组织或者参与本单位应急救援演练。

5）检查本单位的安全生产状况，及时排查生产安全事故隐患，提出改进安全管理的建议。

6）制止和纠正违章指挥、强令冒险作业、违反操作规程的行为。

7）督促落实本单位安全生产整改措施。

企业的安全管理机构以及安全管理人员应当恪尽职守，依法履行职责。企业作出涉及安全生产的经营决策，应当听取安全管理机构以及安全管理人员的意见。企业不得因安全管理人员依法履行职责而降低其工资、福利等待遇或者解除与其订立的劳动合同。危险物品的生产、储存单位以及矿山、金属冶炼单位安全管理人员的任免，应当告知主管的负有安全生产监督管理职责的部门。

（6）企业职能管理机构负责人及其工作人员

各职能部门都会涉及安全生产职责，需根据各部门职责分工作出具体规定。各职能部门负责人的职责是按照本部门的安全生产职责，组织有关人员做好本部门安全生产责任制的落实，并对本部门职责范围内的安全生产工作负责；各职能部门的工作人员则是在各自职责范围内做好有关安全生产工作，并对自己职责范围内的安全生产工作负责。

（7）班组长

班组安全生产是搞好安全生产工作的关键。班组长全面负责本班组的安全生产，是安全生产法律、法规和规章、制度的直接执行者。班组长的主要职责是贯彻执行本单位对安全生产的规定和要求，督促本班组人员遵守有关安全生产规章制度和安全操作规程，切实做到不违章指挥，不违章作业，遵守劳动纪律。

（8）岗位从业人员

岗位从业人员对本岗位的安全生产负直接责任。《安全生产法》规定：从业人员在作业过程中，应当严格遵守本单位的安全生产规章制度和操作规程，服从管理，正确佩戴和使用劳动防护用品。从业人员应当接受安全教育培训，掌握本职工作所需的安全生产知识，提高安全生产技能，增强事故预防和应急处理能力。从业人员发现事故隐患或者其他不安全因素，应当立即向现场安全管理人员或者本单位负责人报告，接到报告的人员应当及时予以处理。

第 9 讲

安全生产标准化

安全生产标准化体现了“安全第一、预防为主、综合治理”的方针，是贯彻落实习近平新时代中国特色社会主义思想中“以人民为中心”重要内容的方式方法，是科学发展观在安全生产工作领域的具体体现，代表了现代安全管理的发展方向，是先进安全管理思想与我国传统安全管理方法、企业具体实际的有机结合。

开展安全生产标准化活动，能进一步落实企业安全生产主体责任，改善安全生产条件，提高管理水平，预防事故，对保障人民群众生命财产安全有着重大意义。

9.1 我国安全生产标准化工作的发展历程

安全生产标准化是指通过建立安全生产责任制，制定安全管理制度和操作规程，排查治理事故隐患和监控重大危险源，建立预防机制，规范生产行为，使各生产环节符合有关安全生产法律、法规和标准、规范的要求，“人、机、物、环”处于良好的生产状态，并持续改进，不断加强企业安全生产规范化建设。

2004 年，国家安全生产监督管理局下发了《关于开展安全质量标准化活动的指导意见》，煤矿、非煤矿山、危险化学品、烟花爆竹、冶金、机械等行业相继展开了安全质量标准化活动。近年，由于国家重视安全生产工作，通过原国家安全生产监督管理总局公告的安全生产标准化一级企业逐年增多，企业标准化建设取得了瞩目的成绩。

我国安全生产标准化工作的开展大致经历了以下4个阶段：

（1）第一阶段——煤矿质量标准化

第一阶段是从1964年开始的。原煤炭部首先提出了“煤矿质量标准化”的概念，重点是要抓好煤矿采掘工程质量。20世纪80年代初期，煤炭行业事故数量持续上升，为此，煤炭部于1986年在全国煤矿行业开展“质量标准化、安全创水平”活动，目的是通过质量标准化促进安全生产。有色、建材、电力、黄金等多个行业也相继开展了质量标准化创建活动，以提高企业安全生产水平。

（2）第二阶段——安全质量标准化

第二阶段是从2003年10月开始的。原国家安全生产监督管理局和中国煤炭工业协会在黑龙江省七台河市召开了全国煤矿安全质量标准化现场会，提出了新形势下煤矿安全质量标准化的内容，会后出台的《关于在全国煤矿深入开展安全质量标准化活动的指导意见》，提出了安全质量标准化的概念。

（3）第三阶段——安全生产标准化

20世纪80年代，冶金、机械、采矿等领域率先开展了企业安全生产标准化活动，先后推行了设备设施维护标准化、作业现场标准化和行为动作标准化。随着人们对安全生产标准化认识的提高，特别是在20世纪末，职业安全健康管理体系被引入我国，风险管理的方法逐渐被部分企业所接受，从此安全生产标准化不再停留在设备设施维护标准化、作业现场标准化、行为动作标准化，也开始了安全管理活动的标准化。

第三阶段是从2004年开始的。这一年，国务院发布的《关于进一步加强安全生产工作的决定》（国发〔2004〕2号，以下简称《决定》）提出了在全国所有的工矿、商贸、交通、建筑施工等企业普遍开展安全质量标准化活动的要求。原国家安全生产监督管理局印发了《关于开展安全质量标准化活动的指导意见》，煤矿、非煤矿山、危险化学品、烟花爆竹、冶金、机械等行业、领域均开展了安全质量标准化创建工作。随后，除煤炭行业强调了煤矿安全生产状况与质量管理相结合外，其他多数行业逐步弱化了涉及质量的内容，提出了安全生产标准化的概念。

《决定》进一步明确了安全生产工作的指导思想和目标，为加强和改善安全生产工作指明了方向。《决定》明确指出，要通过制定和颁布重点行业、领域安全生产技术规范和安全生产质量工作标准，在所有工矿等企业普遍开展安全质量标准化活动，使企业的生产经营活动和行为，符合安全生产有关法律、法规和安全生产技术规范的要求，做到规范化和标准化。2005 年至今，国家安全生产监督管理总局和有关部门先后在非煤矿山、危险化学品、冶金、电力、机械、道路和水上交通运输、建筑、旅游、烟花爆竹等领域修订完善了开展安全质量标准化工作的标准、规范、评分办法等一系列指导性文件，指导企业开展安全质量标准化建设的考评工作。

2010 年 4 月 15 日，国家安全生产监督管理总局发布了《企业安全生产标准化基本规范》（AQ/T 9006—2010），对安全生产标准化进行了定义，并对目标、组织机构和职责、安全生产投入、法律法规与安全管理制度、教育培训、生产设备设施、作业安全、隐患排查和治理、重大危险源监控、职业健康、应急救援、事故报告调查和处理、绩效评定和持续改进共 13 个方面的核心要求作了具体规定，标志着我国安全生产标准化建设进入了规范发展时期。2010 年 7 月，国务院印发《国务院关于进一步加强企业安全生产工作的通知》（国发〔2010〕23 号），提出要深入开展以岗位达标、专业达标和企业达标为内容的安全生产标准化建设，并提出了具体要求。

（4）第四阶段——全面推进和提升

2011 年 3 月 2 日，国务院办公厅下发了《关于继续深化“安全生产年”活动的通知》（国办发〔2011〕11 号），把安全生产标准化建设作为重要内容。2011 年 5 月，国务院安委会下发了《关于深入开展企业安全生产标准化建设的指导意见》（安委〔2011〕4 号），对深入开展企业安全生产标准化建设提出了指导意见。2011—2017年，国家安全生产监督管理总局等部门陆续下发全面推进全国各行业领域安全生产标准化建设的指导意见，其间还下发了评审工作管理办法。2014年8月，修订后的《安全生产法》将生产经营单位的安全生产标准化建设明确列入其中，标志着这一工作有了强有力的法律基础和责任。2017年4月1日，新版《企业安全生产标准化基本规范》（GB/T 33000—2017）正式发布，安全生产标准化建设有了国家标准，得到更进一步的规范。

9.2 安全生产标准化建设的目标和重要意义

9.2.1 企业安全生产标准化建设的目标

开展安全生产标准化活动，就是要引导和促进企业在全面贯彻落实现行的安全生产法律、法规、规程、规章和标准的同时，修订和完善原有的相关标准，建立全新的安全生产标准，形成较为完整的安全生产标准体系。

在此基础上，认真贯彻和执行安全生产标准，落实安全生产标准和其他各项规章制度，把企业的安全生产工作全部纳入安全生产标准化的轨道，让企业每位从业人员从事每项工作时，都按安全生产标准和制度办事，从而促进企业工作规范、管理规范、操作规范、行为规范、技术规范，全面改进和加强企业内部的安全管理。全面开展对标达标活动，在全面按标准办事，加强安全基础管理，落实责任、落实任务、落实措施，提高安全工作质量、安全管理质量的同时，尽快淘汰危及安全的落后技术、工艺和装备，广泛采用新技术、新设备、新材料、新工艺，提高安全装备和设施质量，不断改善安全生产条件，提高企业本质安全程度和水平，进而达到消除隐患、控制好危险源、消灭事故的目的。

根据国务院安委会印发的《关于深入开展企业安全生产标准化建设的指导意见》，我国企业安全生产标准化的总体要求和目标任务如下：

（1）总体要求

深入贯彻落实科学发展观，坚持“安全第一、预防为主、综合治理”的方针，牢固树立以人民为中心、安全发展理念，按照《企业安全生产标准化基本规范》和相关规定，制定完善安全生产标准和制度规范。严格落实企业安全生产责任制，加强安全科学管理，实现企业安全管理的规范化。加强安全教育培训，强化安全意识、技术操作和防范技能，杜绝“三违”。加大安全投入，提高专业技术装备水平，深化隐患排查治理，改进现场作业条件。通过安全生产标准化建设，实现岗位达标、专业达标和企业达标，企业的安全生产水平明显提高，安全管理和事故防范能力明显增强。

（2）目标任务

在工矿商贸和交通运输行业领域深入开展安全生产标准化建设，重点突出煤矿、非煤矿山、交通运输、建筑施工、危险化学品、烟花爆竹、民用爆炸物品、冶金等行业领域，并要求按照时间阶段性完成各项任务。要建立、健全各行业领域企业安全生产标准化评定标准和考评体系；进一步加强企业安全生产规范化管理，推进全员、全方位、全过程安全管理；加强安全生产科技装备，提高安全保障能力；严格把关，分行业领域开展达标考评验收；不断完善工作机制，将安全生产标准化建设纳入企业生产经营全过程，促进安全生产标准化建设的动态化、规范化和制度化，有效提高企业本质安全水平。

9.2.2 企业安全生产标准化建设的重要意义

实施安全生产标准化的重要意义，主要体现在以下几个方面：

（1）落实安全生产主体责任的基本手段

各行业安全生产标准化考评标准，无论从管理要素，还是从设备设施要求、现场条件等方面，均体现了法律、法规、规程、标准的具体要求，以管理标准化、操作标准化、现场标准化为核心，制定符合自身特点的各岗位、工种的安全生产规章制度和操作规程，形成安全管理有章可循、有据可依、照章办事的良好局面，规范和提高从业人员的安全操作技能。通过建立、健全企业主要负责人、管理人员、一线从业人员的安全生产责任制，将安全生产责任从企业法人落实到每位从业人员和每个操作岗位，强调了全员参与的重要意义。通过全员、全过程、全方位的梳理工作，全面细致地查找各种事故隐患和问题，以及与考评标准规定不符合的地方，制订切实可行的整改计划，落实各项整改措施，从而将安全生产主体责任落实到位，促使企业安全生产状况持续好转。

（2）建立安全生产长效机制的有效途径

开展安全生产标准化活动，重在基础、重在基层、重在落实、重在治本。安全生产标准化要求企业各个工作部门、生产岗位、作业环节的安全管理、规章制度和各种设备设施、作业环境，必须符合法律、法规、规程、标准等要求，是一项系统、全面、基础和长期的工作，必须克服工作的随意性、临时性和阶段性，做到用法规抓安全，用制度保安全，实现企业安全生产工作规范化、科学化。同时，安全生产标准化比传统的质量标准化具有更先进的理念和方法，比从国外引进的职业安全健康管理体系有更具体的实际内容，是现代安全管理思想和科学方法的中国化，有利于形成和促进企业安全文化建设，促进安全管理水平不断提升。

（3）提高安全生产监管水平的有力抓手

开展安全生产标准化工作，对于实行安全许可的矿山、危险化学品、烟花爆竹等行业，可以全面满足安全许可制度的要求，保证安全许可制度的有效实施，最终达到强化源头管理的目的；对于冶金、有色、机械等无行政许可的行业，可以完善监管手段，在一定程度上解决监管缺乏手段的问题，提高监管力度和监管水平。同时，实施安全生产标准化建设考评，将企业划分为不同等级，能够客观真实地反映出各地区企业安全生产状况和不同安全生产水平的企业数量，为加强安全监管提供有效的基础数据，为政府实施安全生产分类指导、分级监管提供重要依据。

（4）防范生产安全事故的有效办法

我国是世界制造大国，行业门类全、企业多，企业规模、装备水平、管理能力差异很大，特别是中小型企业的安全管理基础薄弱，生产工艺和装备水平较低，作业环境相对较差，事故隐患较多，伤亡事故时有发生。生产安全事故多发的原因之一就是安全生产责任落实不到位，基础工作薄弱，管理混乱，“三违”现象不断发生。安全生产标准化以隐患排查治理为基础，强调任何事故都是可以预防的理念，将传统的事后处理，转变为事前预防。开展安全生产标准化工作，就是要求企业加强安全生产基础工作，建立严密、完整、有序的安全管理体系和规章制度，完善安全生产技术规范，使安全生产工作经常化、规范化和标准化。安全生产标准化还要求企业建立、健全并严格执行岗位标准，杜绝违章指挥、违章作业和违反劳动纪律现象，切实保障广大人民群众生命财产安全。

9.3 企业安全生产标准化建设实施

9.3.1 企业安全生产标准化建设流程

企业安全生产标准化建设流程包括策划准备及制定目标、教育培训、现状梳理、管理文件制修订、实施运行及整改、企业自评、评审申请、外部评审 8 个阶段。

（1）策划准备及制定目标

策划准备阶段要成立领导小组，由企业主要负责人担任领导小组组长，所有相关职能部门的主要负责人作为成员，为安全生产标准化建设提供组织保障；成立执行小组，由各部门负责人、工作人员共同组成，负责处理安全生产标准化建设过程中的具体问题。

制定安全生产标准化建设目标，并根据目标来制定推进方案，分解落实达标建设责任，确保各部门在安全生产标准化建设过程中任务分工明确，顺利完成各阶段工作目标。

（2）教育培训

安全生产标准化建设需要全员参与。教育培训首先要解决企业领导层对安全生产标准化建设工作重要性的认识问题，加强其对安全生产标准化工作的理解，从而使企业领导层重视该项工作，加大推动力度，监督检查执行进度；其次要解决执行部门、人员操作的问题，培训内容包括评定标准的具体条款要求，本部门、本岗位、相关人员的具体工作，以及如何将安全生产标准化建设和企业日常安全管理工作相结合。

同时，要加大安全生产标准化工作的宣传力度，充分利用企业内部资源，广泛宣传安全生产标准化的相关文件和知识，加强全员参与度，解决安全生产标准化建设的思想认识和关键问题。

（3）现状梳理

对照相应专业评定标准（或评分细则），对企业各职能部门及下属各单位安全管理情况、现场设备设施状况进行现状摸底，摸清各单位存在的问题和缺陷。对于发现的问题，定责任部门、定措施、定时间、定资金，及时进行整改并验证整改效果。现状摸底的结果作为企业安全生产标准化建设各阶段任务的针对性依据。

企业要根据自身经营规模、行业地位、工艺特点及现状摸底结果等因素，及时调整达标目标，注重建设过程，确保真实、有效、可靠，不可盲目一味追求达标等级。

（4）管理文件制修订

安全生产标准化对安全管理制度、操作规程等的要求，核心在其内容的符合性和有效性，而不是对其名称和格式的要求。企业要对照评定标准，对主要安全管理文件进行梳理，结合现状摸底所发现的问题，准确判断管理文件亟待加强和改进的薄弱环节，提出有关文件的制修订计划。以各部门为主，自行对相关文件进行制修订，由标准化执行小组对管理文件进行把关。

（5）实施运行及整改

根据制修订后的安全管理文件，企业要在日常工作中进行实际运行。根据运行情况，对照评定标准的条款，按照有关程序，将发现的问题及时进行整改及完善。

（6）企业自评

企业在安全生产标准化系统运行一段时间后，依据评定标准，由标准化执行小组组织相关人员，开展自主评定工作。

企业对自主评定中发现的问题进行整改，整改完毕后，着手准备安全生产标准化评审申请材料。

（7）评审申请

企业要与相关安全生产监督管理部门或评审组织单位联系，严格按照相关行业规定的评审管理办法，完成评审申请工作。企业在自评材料中，应当将每项考评内容的得分及扣分原因进行详细描述，要通过申请材料反映企业工艺及安全管理情况；根据自评结果确定拟申请的等级，按相关规定到属地或上级安全生产监督管理部门办理外部评审推荐手续后，正式向相应的评审组织单位（承担评审组织职能的有关部门）递交评审申请。

（8）外部评审

在外部评审过程中，接受外部评审的单位应积极主动组织，由参与安全生产标准化建设执行部门的有关人员参加外部评审工作。企业应对评审报告中列举的全部问题，形成整改计划，及时进行整改，并配合评审单位上报有关评审材料。外部评审时，可邀请属地安全生产监督管理部门派员参加，便于安全生产监督管理部门监督评审工作，掌握评审情况，督促企业整改评审过程中发现的问题和隐患。

9.3.2 实施企业安全生产标准化的要素

安全生产标准化的具体实施有四大要素，即安全管理标准化、安全现场标准化、岗位安全操作标准化和过程控制标准化。

（1）安全管理标准化

安全管理标准化就是通过制定科学的管理标准来规范人的思想和行为，确定从业人员必须遵守的行为准则，要求企业的每一环节，都必须按一定的方法和标准来运行，实现管理的规范化。其主要内容：安全生产责任制，纵向到底、横向到边、不留死角；安全生产规章制度；安全管理网络，安全生产和职业卫生操作规程；建立安全教育培训、安全生产活动、安全检查、隐患整改指令台账及安全生产例会等各种会议记录；应急救援与伤亡事故调查处理等。

（2）安全现场标准化

安全现场标准化就是通过现场标准化的实施，来实现人、机、物、环境的合理匹配，使安全管理达到最佳状态。其内容主要包括现场安全装备系列化，生产场所安全化，管线吊装艺术化，现场定置科学化，作业牌板、安全标志规范化，文明生产管理标准化，要害部位管理标准化，现场应急有效等。

（3）岗位安全操作标准化

一是指人的操作应符合安全生产和职业卫生操作规程，以保证在生产操作中不受伤害；二是作业姿势、作业方法要保证健康；三是在作业环境中存在各种有毒有害因素时，从业人员必须穿戴劳动防护用品，并采取相应的处置办法。其内容主要包括现场作业人、岗、证“三对口”，现场作业反“三违”，正确使用安全设备、劳动防护用品，特殊作业管理，岗位作业标准等。

（4）过程控制标准化

从安全角度看，过程控制的核心是控制人的不安全行为和物的不安全状态，其控制方式有预防控制、更正性控制、行为过程控制和事故控制。其主要内容：一是过程的确认，首先应分析、确认过程中有没有危险或有害因素，应当采取怎样的措施。确认的内容一般应包括作业准备的确认、作业方法的确认、设备运行的确认、关闭设备的确认、多人作业的确认等。确认的方法，一般采用检查表、流程图、监护指挥、模拟操作等方法。二是程序的制定。过程控制必须通过程序来完成，如设计程序、项目审批程序、检查程序、监护程序、隐患查处程序、救护应急程序等。

9.3.3 安全生产标准化与职业安全健康管理体系的关系

（1）安全生产标准化与职业安全健康管理体系的不同点

1）职业安全健康管理体系采取自愿原则，安全生产标准化采取强制原则。

职业安全健康管理体系是通过周而复始地进行PDCA（“计划、行动、监察、改进”活动）循环，使体系功能不断加强。企业在实施管理时必须始终保持持续改进意识，对职业安全健康管理体系进行不断修正和完善，最终实现预防、控制人身及健康伤害的目标。企业是否实施《职业健康安全管理体系　要求及使用指南》（GB/T 45001—2020），是否进行职业安全健康管理体系认证，取决于企业自身意愿。

安全生产标准化要求企业具有健全、科学的安全生产责任制、规章制度与操作规程，并通过实施严格管理，使企业各个生产岗位、生产环节的安全质量工作符合有关安全生产法律、法规、标准、规范要求，使生产始终处于安全状态，以适应企业发展的需要，满足广大从业人员对自身安全和文明生产的愿望。《国务院关于进一步加强企业安全生产工作的通知》明确指出：“全面开展安全达标。深入开展以岗位达标、专业达标和企业达标为内容的安全生产标准化建设，凡在规定时间内未实现达标的企业要依法暂扣其生产许可证、安全生产许可证，责令停产整顿；对整改逾期未达标的，地方政府要依法予以关闭。”

2）职业安全健康管理体系是管理方法，安全生产标准化是管理标准。

职业安全健康管理体系是一套企业管理的行为和程序，表达了企业对职业安全健康进行管理的思想和规范。职业安全健康管理体系主要强调系统化的安全健康管理思想，通过建立一整套职业安全健康保障机制，控制和降低职业安全健康风险，最大限度地减少生产安全事故和职业危害的发生，是与质量管理体系、环境管理体系并列的管理体系之一，与企业的其他活动及整体的管理是相容的。

安全生产标准化是一项标准，分为基础管理评审、现场设备设施安全评审、作业环境与职业健康评审3部分，对每项管理活动、每台设备、每个作业环境的评审都有明确的量值规定，据此判定企业是否达到安全生产标准。

3）职业安全健康管理体系对认证没有强制要求，安全生产标准化对认证有强制要求。

职业安全健康管理体系适用于所有行业，旨在使企业能够控制职业安全健康风险并提升绩效，但并未提出具体的绩效准则，也未作出涉及管理体系的具体规定，即无论这个企业是否事故多发、频发，都可以建立职业安全健康管理体系。进行职业安全健康管理体系认证的主体可以是企业或企业中的某个单元，并未强制要求认证主体在法律上是一个独立的主体。职业安全健康管理体系认证是在中国国家认证认可监督管理委员会监督下进行的，若企业不需要获得第三方评审认证，可以依据《职业安全健康管理体系　要求及使用指南》（GB/T 45001—2020）建立职业安全健康管理体系并进行自我评价，而不一定获取认证证书。当然，在实际工作中，大部分企业的职业安全健康管理体系是由第三方评审认证的。

安全生产标准化制定了适用于各类型企业的行业标准，从开始的基础行业标准，逐渐补充、完善、延伸到各行各业。安全生产标准化采用百分制考核，分为 3 个等级：得分 ≥90 分的，为一级；75 分 ≤ 得分 <90 分的，为二级；60 分 ≤ 得分 <75 分的，为三级。安全生产标准化是强制性的标准，要求企业必须在一定时间内通过该行业的安全生产标准化评审，并经专门机构评审和相关部门批准，方可通过。

4）职业安全健康管理体系侧重体系文件建设，安全生产标准化侧重现场设备设施达标。

职业安全健康管理体系需要体系文件进行支撑，体系中各个要素需要体系文件作为管理和支撑基础，如危险源辨识与评价、法律法规的识别与获取等。需要建立职业安全健康管理体系的企业应在内部建立一套相对完整的体系文件，包括管理手册、程序文件、三级文件（包括作业指导书等）3 个层级，而且对文件管理和记录管理也有一定的要求。虽然职业安全健康管理体系没有对管理手册的编制进行强制要求，但是关于职能的归属、管理者代表的任命、各要素之间的关系等都需要管理手册来描述。因此，体系文件的建设非常关键，也体现了企业对职业安全健康管理所要达到绩效的期望值。

安全生产标准化注重的是现场设备设施的达标，体系文件建设虽然是达标的一部分，但占比很小。

5）职业安全健康管理体系重点关注人的安全和健康，安全生产标准化关注的是与安全有关的人、财、物。

对人的安全和健康的关注是职业安全健康管理体系的目标和重点，从关注人的安全扩展到关注人的健康，即从关注职业病发展到关注职业伤害，从关注人的行为健康发展到关注人的心理健康。

安全生产标准化关注安全的各个方面，如人的伤害、物的损耗、财产的损失，只要是与安全相关的损害，都是安全生产标准化所关注的。

（2）安全生产标准化与职业安全健康管理体系的相同点

1）两者都强调预防为主、持续改进以及动态管理。

建立职业安全健康管理体系，是企业安全管理从传统的经验型管理向现代化管理转变的具体体现，是安全管理从事后查处的被动型管理向事前预防的主动型管理转变的重要途径。通过建立职业安全健康管理体系，利用危险源辨识、风险评价、风险控制的科学方法和动态管理，可进一步明确重大事故隐患和重大危险源。通过持续改进，加强对重大事故隐患和重大危险源的治理和整改，可降低职业安全风险，不断改善生产现场作业环境，将企业的有限资源合理利用在风险高、较高的地方。

安全生产标准化通过开展危险源辨识、评价与管理，以及对重要危险源制定应急预案，从源头上加强对职业风险的管理，采用动态管理方式，降低事故的发生概率，体现了“安全第一、预防为主、综合治理”的方针。安全生产标准化侧重现场设备设施达标，依照法律、法规和标准、规范，针对安全生产的所有方面提出了具体和翔实的数量和质量要求，为安全管理设定了清晰的界限和严格的标准。

2）两者都强调遵守法律、法规和标准、规范。我国已建成完善的安全生产法律体系，对强化安全生产监督管理，规范企业和从业人员的安全生产行为，维护人民群众的生命安全，保障生产经营活动顺利进行，促进经济发展和社会稳定具有重大而深远的意义。

安全生产标准化的考评条款根据相关法律、法规及标准、规范，以及与安全健康有关的规定编制。企业开展安全生产标准化活动，就是以法律、法规和标准、规范为基础，把安全生产工作纳入法制范畴。法律、法规和标准、规范是预测、衡量生产活动安全性、规范性、科学性的依据，是实现安全生产标准化的最基本保障。

遵守法律、法规和标准、规范也是职业安全健康管理体系的基本要求，企业通过管理、运行控制等活动确保满足法律、法规和标准、规范要求，并对遵守情况进行监督，这与安全生产标准化活动的意图完全吻合。

(3) 安全生产标准化与职业安全健康管理体系的联系

1) 适用范围不断融合和补充。职业安全健康管理体系是以 ISO (国际标准化组织) 9000 系列标准为基础制定的，具有国际性，自愿性强，适用于各个行业，是一种职业安全健康管理模式和方法，更加强调事前控制和过程管理，对效果并没有具体要求，开放程度更高，适用范围更广。

安全生产标准化是我国经过不断补充和完善形成的成熟的安全管理手段，具有中国特色，符合我国国情，对安全生产具有实际指导意义。根据行业特点，不同行业制定了不同的安全标准，具有很强的针对性，跨行业进行评审的难度较大。在基础管理评审、现场设备设施安全评审、作业环境与职业健康评审 3 部分中，基础管理评审是较为通用的部分，而其他两项评审的行业差别比较大。因此，在安全生产标准化评审中，应聘请行业专家参与。当跨行业评审认证时，对专家的经验和安全技术水平要求更高。安全生产标准化更多地注重结论和结果，以最终实际情况判定是否达标，各行业之间兼容性小。

相比之下，安全生产标准化比较严格，具有强制性，更加注重实际效果。职业安全健康管理体系比较灵活、开放、非强制，注重过程。职业安全健康管理体系与安全生产标准化互相补充、相互融合，可以更好地弥补各自的缺陷，发挥优势，为现代企业不断提升安全管理水平开拓思路。

安全生产标准化是建立职业安全健康管理体系的核心和基础，安全生产标准化相当于职业安全健康管理体系运行中的作业指导书，可以为危险源辨识、运行控制、绩效提升提供方法和手段，使职业安全健康管理体系更有可操作性和实效性，有利于职业安全健康管理体系的有效运行。

2）主动和被动相互依存，是一个事物的两个方面。在彼得·德鲁克的现代管理学理论中，常将被管理人分为两种：理想化的人、需要被动约束的非理想化的人。理想化的人个人能动性比较高，能自觉自愿完成任务；非理想化的人需要法律和制度约束，不加强管理就会出现违规行为。职业安全健康管理体系与安全生产标准化也体现了这两种特征。

职业安全健康管理体系需要企业从业人员具有较高的安全、管理素质，以法律、法规和标准、规范为基础，把体系要求自觉与实际工作进行衔接，以保证体系的正常运行。职业安全健康管理体系的运行，是主动积极地不断寻找最佳的安全管理手段，实现安全最优的过程，这个过程是无止境的。并且在这个过程中，没有外部因素的干预和压力，完全是一种自觉自愿的行为。

安全生产标准化被动性强，以法律、法规和标准、规范为约束来加强企业的安全管理，在某个区域或评价范围甚至可以达到相对的满分。但是一旦不达标，就会被一票否决，导致停业或停产。

企业应首先满足安全生产标准化这一基础性要求，在这个基础上，采用职业安全健康管理体系进一步提升安全管理水平，最终实现动态的安全管理，主动控制现有及未来的隐患，实现真正的安全无忧，这才是安全管理的最终目标。

3）各有侧重，相互补充。安全生产标准化与职业安全健康管理体系工作内容大部分是相通的。例如，针对危险化学品企业，安全生产标准化是强制实施的，而职业安全健康管理体系是推荐实施的。因此，危险化学品企业必须按照安全生产标准化开展工作并接受评审，若该危险化学品企业还通过了职业安全健康管理体系的第三方评审认证，可将两者进行有效整合管理，相互补充。

对于一些相冲突的内容，应以安全生产标准化要求为准。例如，在安全生产标准化中危险源辨识、评价是通过风险发生的可能性和严重程度进行衡量的，而在职业安全健康管理体系中是通过风险发生的可能性、严重程度及暴露在危险环境的频繁程度评价的。安全生产标准化与职业安全健康管理体系并不矛盾，都是事先识别危害并加以评价，提前制定预防措施达到事前预防的目的，只不过辨识、评价方法略有不同，实践中可直接采用安全生产标准化的评价方法。因此，无论企业是否建立了职业安全健康管理体系，都应进行安全生产标准化建设。

在实际操作中，特别是一些已经建立了职业安全健康管理体系并运行多年的企业，有些安全管理手段并未有效运行，出现了认证与实际运行“两层皮”现象。究其原因，一是为认证而认证，二是人员能力和素质还不能满足职业安全健康管理体系的要求。真正做到职业安全健康管理体系有效运行的企业，其安全管理水平应能满足安全生产标准化的要求，即能达到可直接进行安全生产标准化评审申请的安全管理水平。否则，应有针对性地解决“两层皮”问题。具体做法：在安全管理制度等方面，可以在职业安全健康管理体系原有管理体系文件的基础上，进行查漏补缺，做到管理标准化；在现场运行方面，对照相应专业评定标准，进一步达到操作标准化、现场标准化的要求，使安全生产标准化建设与职业安全健康管理体系有效融合，形成一套企业安全管理行之有效的方法和系统。

对于管理标准较多的企业，要注意各类标准的相互融合和相互弥补，尽量减少多体系形成大量文件和流程的情况，厘清脉络，取长补短，既做到全面系统，又要互相兼顾，有效地避免“两层皮”现象。

第 10 讲

安全评价

10.1 安全评价的法律基础

自20世纪80年代以来，我国开始在企业安全管理中应用安全系统工程，并取得了丰硕成果，安全管理水平不断提高，加快了安全管理向科学化、现代化方向的发展速度。在此期间，安全工作的特点主要是系统安全分析方法得到应用，基本上解决了系统的局部安全问题。随着对安全系统工程的认识逐步提高，人们意识到要想全面了解和掌握整个系统的安全状况，客观、科学地衡量企业的事故风险大小，区别轻重缓急，有针对性地采取相应对策，真正落实“安全第一、预防为主、综合治理”的安全生产方针，必须进行系统安全评价。1984年以后，我国开始研究安全评价理论和方法，在小范围内进行系统安全评价尝试。1987年，机械电子工业部首先提出对整个系统内的企业进行安全评价，利用安全系统工程原理开展安全管理工作，并制定部颁标准。1988年，机械电子工业部颁发了《机械工厂安全评价标准》，受到企业的普遍欢迎，收到了非常好的效果。之后许多企业和部门都开始进行安全评价理论、评价方法的研究与应用。

《安全生产法》规定：矿山、金属冶炼建设项目和用于生产、储存、装卸危险物品的建设项目，应当按照国家有关规定进行安全评价。未按照规定对矿山、金属冶炼建设项目或者用于生产、储存、装卸危险物品的建设项目进行安全评价的，责令停止建设或者停产停业整顿，限期改正；逾期未改正的，处50万元以上100万元以下的罚款，对其直接负责的主管人员和其他直接责任人员处2万元以上5万元以下的罚款；构成犯罪的，依照刑法有关规定追究刑事责任。

《职业病防治法》规定：新建、扩建、改建建设项目和技术改造、技术引进项目（以下统称建设项目）可能产生职业病危害的，建设单位在可行性论证阶段应当进行职业病危害预评价。建设项目在竣工验收前，建设单位应当进行职业病危害控制效果评价。用人单位应当建立、健全工作场所职业病危害因素监测及评价制度，依法实施职业病防治管理措施。

《国务院关于进一步加强企业安全生产工作的通知》规定：严格安全生产准入前置条件。把符合安全生产标准作为高危行业企业准入的前置条件，实行严格的安全标准核准制度。矿山建设项目和用于生产、储存危险物品的建设项目，应当分别按照国家有关规定进行安全条件论证和安全评价，严把安全生产准入关。凡不符合安全生产条件违规建设的，要立即停止建设，情节严重的由本级人民政府或主管部门实施关闭取缔。降低标准造成隐患的，要追究相关人员和负责人的责任。

《危险化学品安全管理条例》规定：生产、储存、使用剧毒化学品的单位，应当对本单位的生产、储存装置每年进行一次安全评价；生产、储存、使用其他危险化学品的单位，应当对本单位的生产、储存装置每2年进行一次安全评价。《危险化学品经营许可证管理办法》规定：申请经营许可证的单位自主选择具有资质的安全评价机构，对本单位的经营条件进行安全评价。

为了规范安全评价及其相关工作职责，原国家安全生产监督管理总局颁发了一系列安全评价相关的部门规章和标准。2007年1月4日批准颁布了《安全评价通则》（AQ 8001—2007）、《安全预评价导则》（AQ 8002—2007）、《安全验收评价导则》（AQ 8003—

2007)，自2007年4月1日起施行。

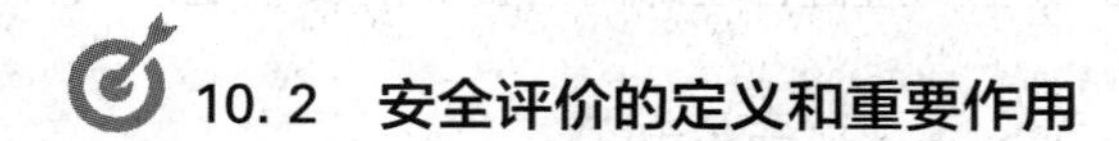

10.2 安全评价的定义和重要作用

10.2.1 安全评价的定义

安全评价也称风险评价，是应用安全系统工程的原理和方法，对系统存在的危险性进行定性和定量分析，得出系统发生危险的可能性及其严重程度的评价，以寻求最低事故率、最少的损失和最优的安全投资效益。

安全评价的定义可以理解如下：

1）对系统存在的危险性进行定性和定量分析是安全评价的核心，是系统评价过程中的一个中间环节，起承上启下的纽带作用。全面、系统地对评价对象的功能及潜在危险性进行分析和确定，是必不可少的安全评价手段。

2）得出系统发生危险的可能性及其严重程度的评价是安全评价的结果。在上述分析的基础上，考虑各种危险因素对系统的危险程度，用安全评价标准来衡量。即从数量上说明分析对象安全性的程度，得出能够进行比较的结果。

3）寻求最低的事故率、最少的损失、最优的安全投资效益，即提高生产安全管理效率和经济效益，这是安全评价的目的。这一目的包括两方面：确保安全生产和尽可能少受损失。要达到这个目的，必须优选措施方案，提高安全生产水平。

10.2.2 安全评价的重要作用

安全评价的目的是查找、分析和预测工程、系统中存在的危险、有害因素及危险程度，提出合理可行的安全对策措施，指导危险源监控和事故预防，实现安全生产。安全评价是安全管理的重要组成部分，其作用主要如下：

1）有助于政府安全生产监督管理部门对企业的安全生产实行宏观控制。

2）有助于提高企业的安全管理水平。

3）有助于安全投资的合理选择。

4）有助于企业提高经济效益、社会效益。

我国开展安全系统工程的管理工作已取得了一定成绩，不少企业采用了安全检查表、预先危险性分析、事故树分析等系统安全分析方法，这对于查明危险、防患于未然起到了积极作用。但要真正了解整个系统的安全性，正确估计人员伤害和财产损失，确定如何以较小的投资获得最大的安全效益，必须进行安全评价。

对于新建企业，在进行可行性研究的同时，应该进行安全评价，做好事故预防工作，将事故风险减少到最低程度。对现有工矿企业，也可以通过安全评价，增加防范措施，提高企业对灾害事故的应变能力，减少事故的发生及事故造成的损失。

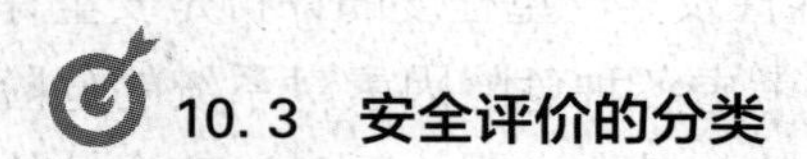

10.3 安全评价的分类

10.3.1 安全预评价

（1）定义

安全预评价是根据建设项目可行性研究报告的内容，分析和预测该建设项目可能存在的危险、有害因素的种类和程度，提出合理可行的安全对策措施及建议。安全预评价实际上就是在项目建设前应用安全评价的原理和方法对系统（工程、项目）的危险性、危害性进行预测性评价。安全预评价可概括为以下4点：

1）安全预评价是一种有目的的行为，它是在研究事故和危害为什么会发生、是怎样发生的和如何防止发生等问题的基础上，回答建设项目依据设计方案建成后的安全性如何、是否能达到安全标准的要求及如何达到安全标准、安全保障体系的可靠性如何等至关重要的问题。

2）安全预评价的核心是对系统存在的危险、有害因素进行定性、定量分析，即针对特定的系统范围，对发生事故、危害的可能性及其危险、危害的严重程度进行评价。

3）安全预评价用有关标准对系统进行衡量，分析、说明系统的安全性。

4）安全预评价的最终目的是确定采取哪些优化的技术、管理措施，使各子系统及建设项目整体达到安全标准的要求。

（2）目的

安全预评价的目的是贯彻“安全第一、预防为主、综合治理”的安全生产方针，为建设项目初步设计提供科学依据，以利于提高建设项目本质安全程度。

（3）对象

安全预评价以拟建项目作为研究对象，根据建设项目可行性研究报告提供的生产工艺过程、使用和产出的物质、主要设备和操作条件等，研究系统固有的危险、有害因素，应用安全系统工程的方法，对系统的危险度和危害性进行定性、定量分析，确定系统的危险、有害因素及其危险、危害程度；针对主要危险、有害因素及其可能产生的危险、危害后果提出消除、预防和降低的对策措施；评价采取措施后的系统是否能满足规定的安全要求，从而得出建设项目应如何设计、管理才能达到安全指标要求的结论。

（4）内容

安全预评价主要包括危险及有害因素识别、危险度评价和安全对策措施及建议。

（5）程序

安全预评价程序如图10-1所示。

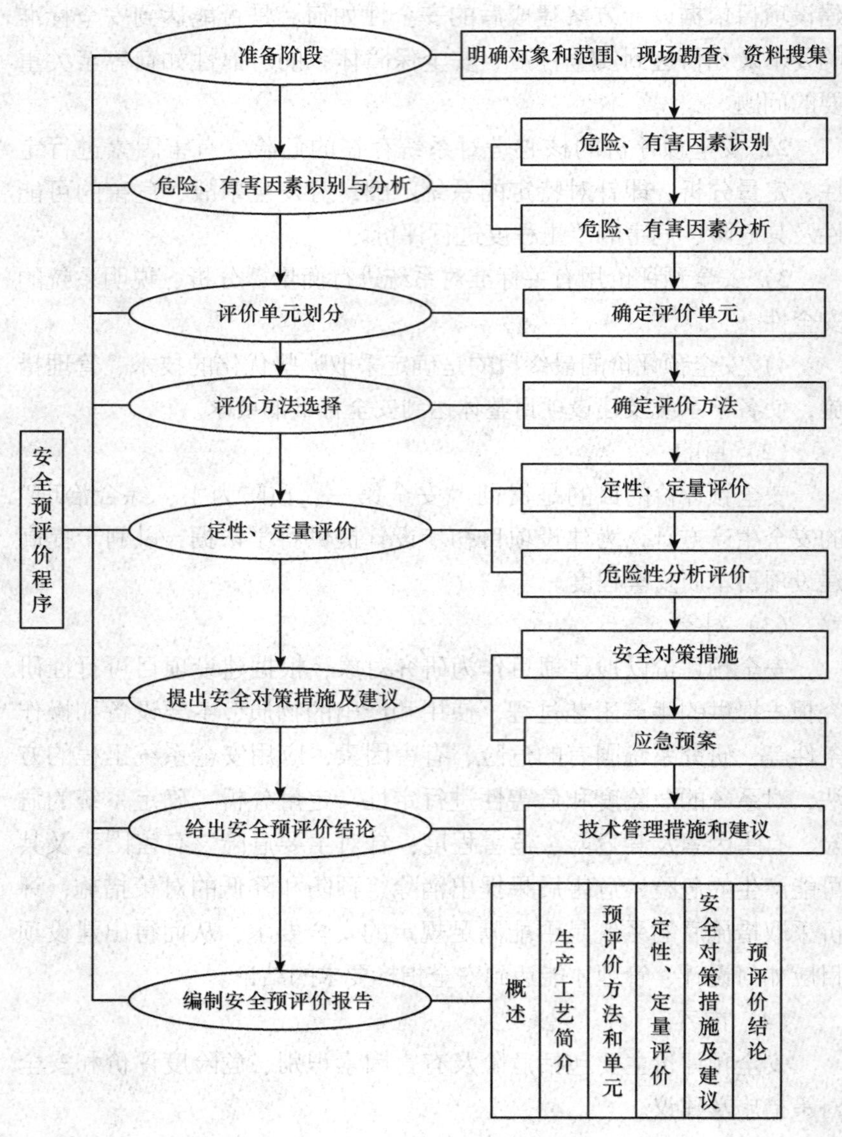

图 10-1　安全预评价程序

1）准备阶段。明确被评价对象和范围，进行现场调查，收集国内外相关法律、法规、技术标准及建设项目资料。

2）危险、有害因素识别与分析。根据被评价的工程、系统的情况，识别和分析危险、有害因素，确定危险、有害因素存在的部位、存在的方式、事故发生的途径及其变化的规律。

3）评价单元划分。在危险、有害因素识别和分析基础上，根据评价的需要，将建设项目分成若干个评价单元。划分评价单元的一般性原则：应按生产工艺功能、生产设施设备相对空间位置、危险有害因素类别及事故范围划分，使评价单元相对独立，具有明显的特征界限。

4）评价方法选择。根据被评价对象的特点，选择科学、合理、适用的定性、定量评价方法。

5）定性、定量评价。根据选择的评价方法，对危险、有害因素导致事故发生的可能性和严重程度进行定性、定量评价，以确定事故可能发生的部位、频次、严重程度的等级及相关结果，为制定安全对策措施提供科学依据。

6）提出安全对策措施及建议。根据定性、定量评价结果，提出消除或减弱危险、有害因素的技术和管理措施及建议。

安全对策措施应包括以下几个方面：①总图布置和建筑方面安全措施；②工艺和设备、装置方面安全措施；③安全工程设计方面对策措施；④安全管理方面对策措施；⑤应采取的其他综合措施。

7）给出安全预评价结论。

8）编制安全预评价报告。

（6）评审

建设单位按有关要求将安全预评价报告交由具备能力的行业组织或具备相应资质条件的中介机构组织专家进行技术评审，并由专家评审组提出评审意见。预评价单位根据评审意见，修改、完善预评价报告后，由建设单位按规定报有关安全生产监督管理部门备案。

10.3.2　安全验收评价

（1）定义

安全验收评价是在建设项目竣工验收之前、试运行正常后，通过对建设项目的设施、设备、装置实际运行状况及管理状况的安全评价，查找该建设项目投产后存在的危险、有害因素，确定其严重程度并提出合理可行的安全对策措施及建议。

（2）目的

安全验收评价的目的是贯彻“安全第一、预防为主、综合治理”的安全生产方针，为建设项目安全验收提供科学依据，对未达到安全目标的系统或单元提出安全补偿及补救措施，以利于提高建设项目本质安全程度，满足安全生产要求。

（3）对象

安全验收评价是为安全验收进行的技术准备工作，最终形成的安全验收评价报告将作为建设项目“三同时”安全验收审查的依据。在安全验收评价中，应再次检查安全预评价中提出的安全对策措施的可行性，保证这些对策措施在安全生产过程中的有效性以及在设计、施工和运行中的落实情况，包括各项安全措施落实情况，施工过程中的安全设施施工和监理情况，安全设施的调试、运行和检测情况以及各项安全管理制度的落实情况等。

（4）内容

安全验收评价工作主要内容包括：检查建设项目中安全设施是否已与主体工程同时设计、同时施工、同时投入生产和使用；评价建设项目及与之配套的安全设施是否符合国家有关安全生产的法律、法规和技术标准；从整体上评价建设项目的运行状况和安全管理是否正常、安全、可靠。

（5）程序

安全验收评价程序如下：

1）前期准备。明确被评价对象和范围，进行现场调查，收集国内外相关法律、法规、技术标准及建设项目的资料（包括初步设计、变更设计、安全预评价报告、各级批复文件）等。

2）编制安全验收评价计划。在前期准备工作基础上，分析项目建成后主要危险、有害因素分布与控制情况，依据有关安全生产的法律、法规和技术标准，确定安全验收评价的重点和要求；依据项目实际情况选择验收评价方法；测算安全验收评价进度。

3）安全验收评价现场检查。按照安全验收评价计划，对安全生产条件与状况独立进行验收评价现场检查。评价机构对现场检查及评价中发现的隐患或尚存在的问题，提出改进措施及建议。

4）编制安全验收评价报告。根据安全验收评价计划和验收评价现场检查所获得的数据，对照相关法律、法规、技术标准，编制安全验收评价报告。

5）安全验收评价报告评审。建设单位按规定将安全验收评价报告送专家评审组进行技术评审，并由专家评审组提出书面评审意见。评价机构根据专家评审组的评审意见，修改、完善安全验收评价报告。

安全验收评价具体过程如图10-2所示。

10.3.3 安全现状评价

（1）定义

安全现状评价是在系统生命周期内的生产运行期，通过对企业生产设施、设备、装置实际运行状况及管理状况的调查、分析，运用安全系统工程的方法，进行危险、有害因素的识别及其危险度的评价，查找该系统生产运行中存在的事故隐患并判定其危险程度，提出合理可行的安全对策措施及建议，使系统在生产运行期内的安全风险控制在安全、合理的程度内。

（2）目的

安全现状评价的目的是针对企业（某一个企业总体或局部的生

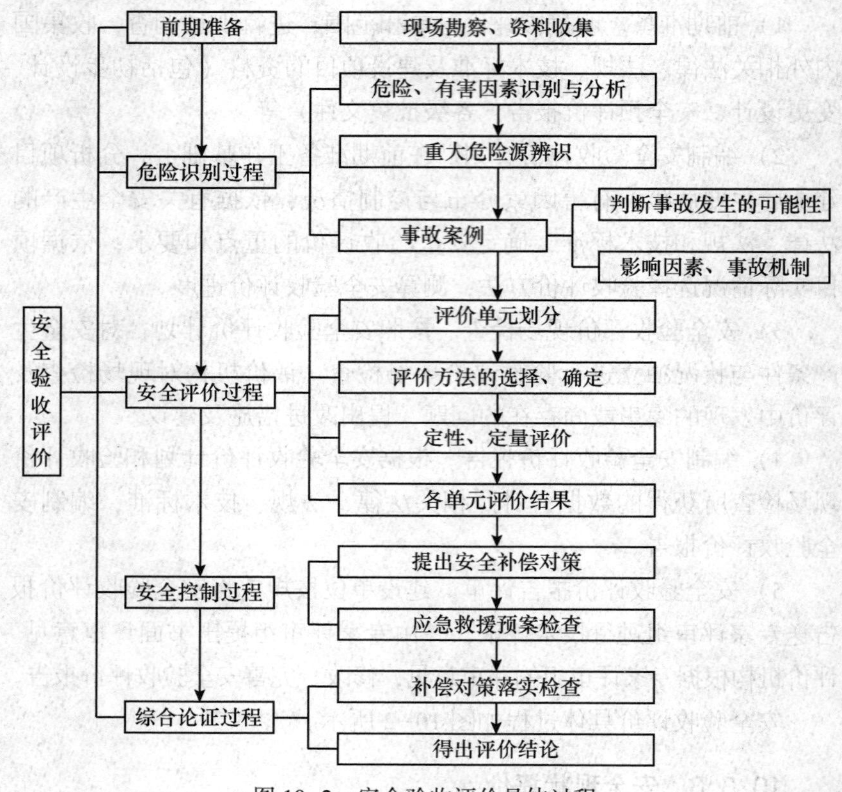

图 10-2　安全验收评价具体过程

产经营活动）的安全现状进行安全评价，通过评价查找其存在的危险、有害因素并确定危险程度，提出合理可行的安全对策措施及建议。

（3）对象

安全现状评价是对在用生产装置、设备、设施及储存、运输和安全管理状况进行的全面综合安全评价，不仅包括生产过程的安全设施，也包括企业整体的安全管理模式、制度和方法等安全管理体系的内容。

（4）内容

安全现状评价是对在用生产装置、设备、设施及储存、运输和安全管理状况进行的全面综合安全评价，是根据政府有关法规的规定或企业职业安全、健康、环境保护的管理要求进行的，主要包括以下内容：

1）收集评价所需的信息资料，采用恰当的方法进行危险、有害因素识别。

2）对于可能造成重大后果的事故隐患，采用科学合理的安全评价方法建立相应的数学模型进行事故模拟，预测极端情况下事故的影响范围、最大损失，以及发生事故的可能性或概率，给出量化的安全状态参数值。

3）对发现的事故隐患，根据量化的安全状态参数值，进行整改优先度排序。

4）提出安全对策措施与建议。

（5）程序

安全现状评价程序如图10–3所示。

1）前期准备。明确评价的范围，收集所需的各种资料，重点收集与现实运行状况有关的各种资料与数据，包括生产运行、设备管理、安全、职业危害、消防、技术检测等方面内容。评价机构依据企业提供的资料，按照确定的评价范围进行评价。安全现状评价所需主要资料从以下方面收集：①工艺；②物料；③企业周边环境情况；④设备相关资料；⑤管道；⑥电气、仪表自动控制系统；⑦公用工程系统；⑧事故应急救援预案；⑨规章制度及企业标准；⑩相关的检测和检验报告。

2）危险、有害因素和事故隐患的识别。针对评价对象的生产运行情况及工艺、设备的特点，采用科学、合理的评价方法，进行危险、有害因素识别和危险性分析，确定主要危险部位、物料的主要危险特性，有无重大危险源，以及可能导致重大事故的缺陷和隐患。

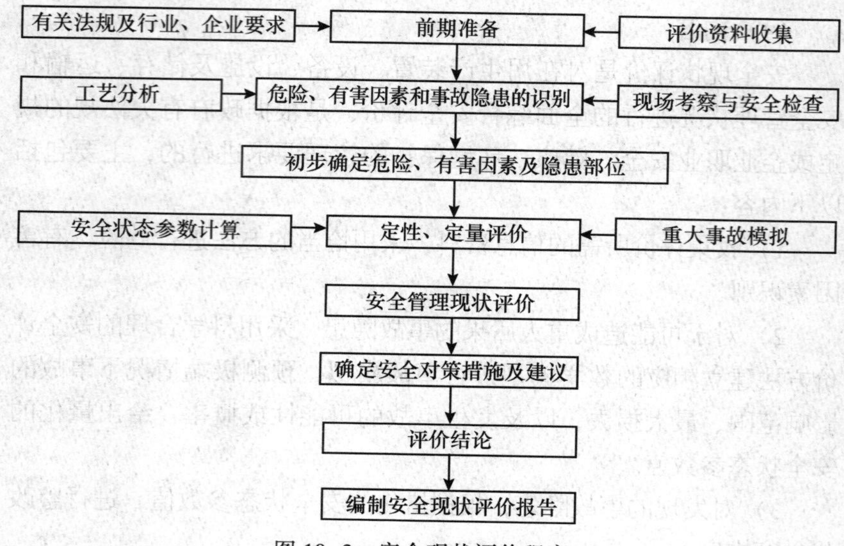

图 10-3　安全现状评价程序

3）定性、定量评价。根据企业的特点，确定评价的模式及采用的评价方法。安全现状评价针对系统生命周期内的生产运行阶段，应尽可能采用定量化的安全评价方法，通常采用“预先危险性分析—安全检查表检查—危险指数评价—重大事故分析与风险评价—有害因素现状评价”依次渐进、定性与定量相结合的综合性评价模式，科学、全面、系统地分析评价。

4）安全管理现状评价。安全管理现状评价包括安全管理制度评价、事故应急救援预案评价、事故应急救援预案及演练计划的修改。

5）确定安全对策措施及建议。综合评价结果，提出相应的安全对策措施及建议，并按照安全风险程度的高低进行解决方案的排序，列出存在的事故隐患及整改紧迫程度，针对事故隐患提出改进措施及改善安全状态的建议。

6）评价结论。根据评价结论明确指出企业当前的安全状态水平，提出安全可接受程度的意见。

7）编制安全现状评价报告。企业应当依据安全评价结论编制事故隐患整改方案和实施计划，完成安全评价报告。企业与安全评价机构对安全评价报告的结论存在分歧的，应当将双方的意见连同安全评价报告一并报安全生产监督管理部门。

10.3.4 专项安全评价

（1）定义

专项安全评价是根据政府有关管理部门的要求进行的，是对专项安全问题进行的专题安全分析评价，如危险化学品专项安全评价等。专项安全评价是针对某一项活动或场所，以及一个特定的行业、产品、生产方式、生产工艺或生产装置等存在的危险、有害因素进行的安全评价，查找其存在的危险、有害因素，确定其严重程度，并提出合理可行的安全对策措施及建议。

专项安全评价所形成的专项安全评价报告是上级主管部门批准其获得或保持生产经营许可所要求的文件之一。

（2）程序

专项安全评价程序如图10-4所示。

（3）评价报告

一般而言，专项安全评价报告作为安全现状评价报告的附件或补充文件，应至少包括如下主要内容：

1）前言。项目由来、评价目的、评价实施单位等简单介绍。

2）专题项目概述。项目概况、项目委托约定的评价范围、项目实施准备采用的评价程序。

3）评价依据。评价所依据的法规文件、专项安全评价合同、安全现状评价报告、评价所遵循的技术标准以及技术标准选用说明。

4）评价方法。实施评价所采用的检测、检验、测试、实验等手段方法、故障分析方法、事故后果模拟方法的简介与方法选用说明。

5）数据处理与分析。根据所评价专题的技术要求，对所获得的

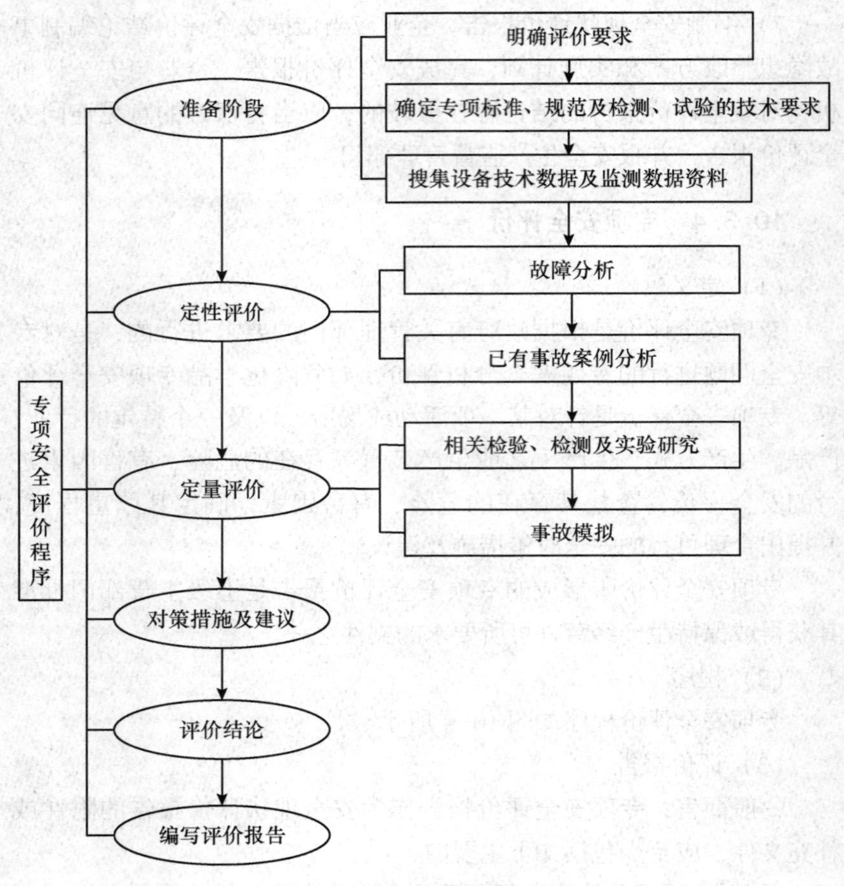

图 10-4　专项安全评价程序

数据按照专业要求分类整理，并进行技术分析。

6）故障分析与事故模拟。对专题研究所涉及的重要事件、事故的定性分析；对可能产生的重大事故后果，运用数学模型进行定量模拟。

7）对策措施。根据评价所涉及的问题，提出相应的对策措施及建议。

8）评价结论与建议。依据分析、检测、模拟等得出对专题研究的明确结论和建议，并简要说明。

专项安全评价主要有危险化学品包装物、容器定点生产企业生产条件评价，危险化学品生产企业安全评价，危险化学品经营企业安全评价，煤矿安全评价，非煤矿山安全评价，民用爆破器材安全评价，烟花爆竹生产企业安全评价等。

10.4 安全评价的程序

安全评价程序如图10-5所示，主要包括准备阶段，危险辨识与分析，定性、定量评价，提出安全对策措施，形成安全评价结论及建议，编制安全评价报告。

（1）准备阶段

明确被评价对象和范围，收集国内外相关法律、法规、技术标准及工程、系统的技术资料。

（2）危险辨识与分析

根据被评价的工程、系统情况，辨识和分析危险、有害因素，确定危险、有害因素存在的部位、存在的方式、事故发生的途径及其变化的规律。

（3）定性、定量评价

在危险、有害因素辨识和分析的基础上，划分评价单元，选择合理的评价方法，对工程、系统发生事故的可能性和严重程度进行定性、定量评价。

（4）提出安全对策措施

根据定性、定量评价的结果，提出消除或减弱危险、有害因素的技术措施、管理措施及建议。

（5）形成安全评价结论及建议

简要地列出主要危险、有害因素的评价结果，指出工程、系统

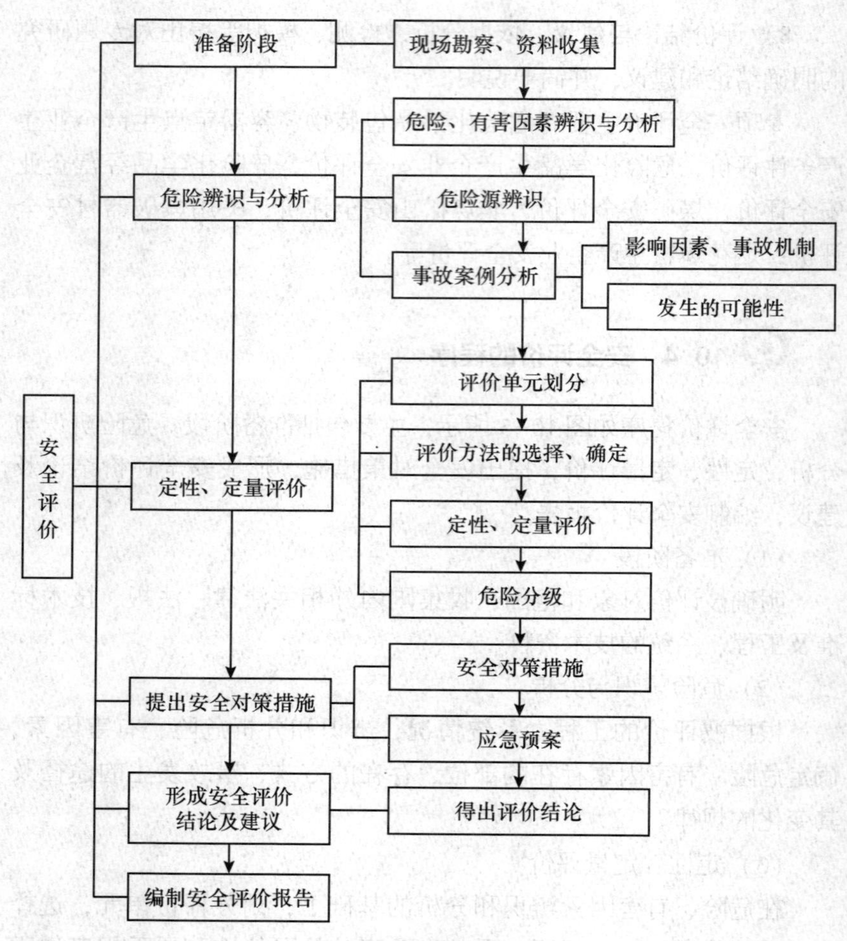

图 10-5　安全评价程序

应重点防范的重大危险因素，明确生产经营者应重视的重要安全措施。

（6）编制安全评价报告

依据安全评价结论编制事故隐患整改方案和实施计划，完成安全评价报告。

第 11 讲

安全文化和教育培训

企业安全文化建设是企业预防事故的基础工程，是突破传统的安全模式和管理观念，建立的以人民为中心、以价值为标准，从精神文化和从业人员安全文化素质上下功夫的安全文化。文化建设从广义来说，是人类社会历史实践中所创造的物质财富和精神财富的总和。企业安全文化建设对安全生产和安全生活具有战略性意义。

安全教育培训是企业安全生产工作的重要内容，坚持安全教育培训制度，搞好对全体从业人员的安全教育培训，对提高企业安全生产水平具有重要作用。国家通过立法对企业安全教育培训工作作出了具体的要求，企业需要落实安全教育培训有关的法律责任，在做好相关工作的同时，逐步提升安全生产水平。

11.1　安全文化概述

11.1.1　安全文化的含义及其功能

安全文化就是在人的生活过程和企业的生产经营活动过程中，保护人的健康、尊重人的生命、实现人的价值的文化。它的功能可以概括为一句话：将全体国民塑造成具有现代安全观的文化人，将企业的决策层、管理层及全体从业人员塑造成具有现代安全观的安全生产力。

安全文化的具体功能可归纳为以下 3 个方面：

（1）规范人的安全行为

使每一个社会成员都能理解安全的含义、对安全的责任、应具有的道德，从而自觉地规范自己的安全行为，也能自觉地帮助他人规范安全行为。

（2）组织及协调安全管理机制

安全管理与其他的专业性管理不同，它不像生产管理、材料管理、设备管理等那样局限于对企业某一个方面或某一部分人的管理，而是对企业一切方面、一切人员的管理，还承担着安全法规、安全知识的宣传。这就要求企业的一切部门、一切人员都要为实现安全生产协调一致，不能出现“梗阻”，要做到这一点，只有安全文化能使之具有共同的安全行为准则。

（3）使生产进入安全高效的良性状态

实践证明，单纯依靠改善生产设备设施并不能保证企业安全、高效、有序地运行，还必须要有高水平的管理和高素质的从业人员。不论是提高安全管理水平，还是提高从业人员的安全素质，安全文化都是最基础的。安全文化建设的目的，就是要通过提高安全管理人员的管理水平，提高企业从业人员的安全素质。

11.1.2 安全文化建设的目标

过去人们常常把安全文化等同于安全宣传教育活动，这是需要纠正的一种片面观点。安全教育和安全宣传是推进安全文化进步的手段或载体（还包括安全管理和安全科技），是建设安全文化的重要组成部分和重要方面，但是安全教育和安全宣传并不能完全体现安全文化的核心内容。

安全文化是一个社会在长期生产和生存活动中，凝结起来的一种文化氛围，是人们的安全观念、安全意识、安全态度，是人们对生命安全与健康价值的理解，是人们所认同的安全原则和接受的安全生产或安全生活的行为方式。明确安全文化的这些主要内涵，需要人们取得共识。建设安全文化的过程，主要是向着这些方面进行深化和拓展的过程。

对于一个企业，安全文化建设要将企业安全理念和安全价值观表现在决策者和管理者的态度及行动中，落实在企业的管理制度中，将安全管理融入企业管理实践中，将安全法规、制度落实在从业人员的行为方式中，将安全标准落实在生产工艺、技术和过程中，由此营造良好的安全生产氛围。安全文化建设可影响企业从业人员的安全生产自觉性，以文化的力量保障企业安全生产和生产经济发展，这样才能抓住安全文化建设的实质和根本内涵。

安全文化建设的高境界目标，是将社会和企业建设成“学习型组织”。一个具有活力的企业或组织必然是一个“学习团体”。学习是个人和组织生命的源泉，这是对现代社会组织或企业的共同要求。要提升一个企业的安全生产保障水平，需要提出这样的要求，即要求企业建立安全生产的“自律机制”“自我约束机制”。要达到这一要求，成为“学习型组织”是重要的前提。由此，现代企业安全文化建设的重要方向，就是要使企业成为符合国际职业安全健康规则、国家安全生产法规、制度和相关要求的“学习型组织”，成为安全工程技术不断进步和安全管理水平不断提高的“学习型组织”。

学习不仅要掌握安全知识、安全技能，懂得安全法规、标准和要求，更重要的是强化安全意识，端正安全态度，开发安全智慧。意识、态度、智慧以知识、技能为基础，有知识和技能并不等于有意识和智慧。有了知识和技能，还需强化意识和提高智慧。

安全意识包括责任意识、预防意识、风险意识、“安全第一”意识、“安全也是生产力”意识、“安全就是生活质量”意识、“安全就是最大的福利”意识等方面。

安全智慧表现在自觉学习安全知识、对新技术和环境的适应能力、超前预防思维的能力、系统综合对策的思想、“隐患险于明火”的认识论、“防范胜于救灾”的方法论等。

11.2 企业安全文化建设

11.2.1 企业安全文化的形态体系

从文化的形态来说，安全文化的范畴包含安全观念文化、安全行为文化、安全管理文化、安全物质文化等。安全观念文化是安全文化的精神层，安全行为文化和安全管理文化是安全文化的制度层，安全物质文化是安全文化的物质层。

（1）安全观念文化

安全观念文化主要是指决策者和大众共同接受的安全意识、安全理念、安全价值标准。安全观念文化是安全文化的核心和灵魂，是形成和提高安全行为文化、安全管理文化和安全物质文化的基础和原因。目前需要建立的安全观念文化是"预防为主""安全也是生产力""安全第一""安全就是效益""安全性是生活质量""风险最小化""最适安全性""安全超前""安全管理科学化"的观点，同时还有自我保护意识、保险防范意识、防患未然意识等。

（2）安全行为文化

安全行为文化指在安全观念文化指导下，人们在生活和生产过程中的安全行为准则、思维方式、行为模式的表现。安全行为文化既是安全观念文化的反映，同时又作用和改变安全观念文化。现代工业化社会需要发展的安全行为文化：具有科学的安全思维方式；建设"学习型组织"；强化高质量的安全学习；执行严格的安全规范，提高安全法规、标准的执行力；进行科学的安全领导和指挥；掌握必需的应急自救技能；进行合理的安全决策和操作等。

（3）安全管理文化

安全管理（制度）文化是企业安全文化中的重要部分。管理文化对社会组织（或企业）和组织人员的行为产生规范性、约束性影响和作用，它集中体现观念文化和物质文化对从业人员的要求。安全管理文化建设包括从建立法制观念、强化法制意识、端正法制态度，到科学地制定法规、标准和规章，以及严格的执法程序和自觉的执法行为等内容。同时，安全管理文化建设还包括行政手段的改善和合理化，经济手段的建立与强化，科学管理方法的推行和普及等。

（4）安全物质文化

安全物质（环境）文化是安全文化的表层部分，它是形成安全观念文化和安全行为文化的条件。安全物质文化往往能体现出企业决策者和管理者的安全认识和态度，反映出企业安全管理的理念和哲学，折射出安全行为文化的成效。所以说，物质是文化的体现，又是文化发展的基础。企业生产过程中的安全物质文化体现在以下几个方面：一是人类技术和生活方式与生产工艺的本质安全性；二是生产、生活中所使用的技术、工具、装置、仪器等物质本身的安全条件和安全可靠性；三是有形的安全文化氛围（标识、警示、声光环境、人文器物等）。

11.2.2 企业安全文化建设的目的

企业建设和推进安全文化进步的目的，是提升企业全员的安全素质。在人的安全素质中，安全观念文化是最根本和基础的，而决策者和管理者的安全素质又是重中之重，因为安全观念文化是安全管理文化、安全行为文化和安全物质文化的根本和前提。现今，很多传统的安全观念已经不适应现代企业管理的要求，这就需要建立新的适应社会主义市场经济体制的安全观念。企业决策者和管理者在现代企业制度建设过程中，应建立优秀的安全观念文化，如科学发展、安全发展的科学观，以人民为中心的人本观，安全第一的哲学观，安全也是生产力的认识观，安全是最大福利的效益观，安全具有综合效益的价值观，设置合理安全性的风险观，人、机、环境协调的系统观，物本安全与人本安全的本质观，遵章（法）守纪的法制观，珍视他人生命与健康的情感观等。

企业安全文化建设的目的如下：

1）让安全核心价值在企业生产经营理念中得到确立。

2）时代先进、优秀的安全观念文化获得全员普遍、高度认同。

3）现代科学、合理的安全行为文化得到全体广泛、自觉的践行。

4）安全生产目标纳入企业生产经营目标体系之中。

5）生命安全与健康的终极意义获得从业人员接纳，并成为共识。

6）安全健康成为企业每一位从业人员的精神动力。

7）安全文化对决策者和管理者发挥着智力支持作用。

8）安全文化像水和空气一样，是企业经营生产运行中的必需品且无处不在。

11.2.3 企业安全文化建设的方法与途径

（1）构建安全文化理念体系，提高从业人员安全文化素质

安全文化理念是人们关于企业安全以及安全管理的思想、认识、观念、意识，是企业安全文化的核心和灵魂，是建设企业安全文化的基础，也是企业的安全承诺。企业要认真建立本企业的安全文化理念，一是要结合行业特点、企业实际、岗位状况以及文化传统，提炼出富有特色、内涵深刻、易于记忆、便于理解，为从业人员所认同的安全文化理念并形成体系；二是要宣贯好安全文化理念，通过企业板报、电视、刊物、网络等多种传媒以及举办培训班、研讨会等多种方法，将企业安全文化理念根植于全体从业人员心中；三是要固化好安全文化理念，让从业人员处处能看见、时时有提醒、事事能贯彻，进而转化成为企业从业人员的自觉行动。

（2）加强安全制度体系建设，把安全文化融入企业管理全过程

安全制度是企业安全生产保障机制的重要组成部分，是企业安全文化理念的物化体现，是从业人员的行为规范，它包括各种安全生产规章制度、操作规程、厂规、厂纪等。加强安全制度体系建设，要重点抓好5个方面的工作：一是建立、健全安全生产责任制，做到全员、全过程、全方位安全责任化，形成“横向到边、纵向到底”的安全生产责任体系；二是抓好国家职业安全健康法律、法规的贯彻、执行；三是根据法律、法规的要求，结合企业实际，制定好各类安全生产规章制度；四是要抓好安全质量标准化体系建设，做到安全管理标准化、安全技术标准化、安全装备标准化、环境安全标准化和安全作业标准化；五是抓好制度执行，不断强化制度的执行力。

(3) 建立、健全安全管理模式，形成良性循环的安全运行机制

科学、合理、有效的安全管理模式属于安全文化建设的重要范畴，它是现代企业安全生产的根本保证。目前，企业开展安全生产标准化建设、建立职业安全健康管理体系等都是良好的载体，使安全文化建设有了依托，通过规范企业的行为，达到改善企业安全生产条件的目的。建立规范化的安全管理模式，可以从以下几个方面展开：

1）在规范从业人员行为方面：一是通过教育（演讲、演出、广播、电视、会议、板报等）规范人的安全理念，增强安全责任感，树立“我要安全”的意识；二是通过相应的规章制度（安全生产责任制、安全操作规程、安全奖惩制度等）规范人的行为，使其符合安全生产要求；三是通过各种安全培训考试和演练，如上岗培训、应急演练等，规范各类人员的操作，使其达到安全要求，确保实现人的本质安全化。

2）通过对设备设施的定期或不定期检查、认真评估以及技术改造，力争达到设备设施“零”缺陷，使“硬件”达到安全技术标准，始终处于安全、良好的状态，实现物的本质安全化。

3）通过对生产岗位的工作环境改造，达到规范、卫生、整洁，改善人的心理状态，减少环境对操作人员的影响，从而使操作人员精力集中、心情舒畅地上岗操作，实现环境的本质安全化。

（4）建立现代企业有效、敏锐的安全信息管理系统

为营造良好的安全文化，企业需要建立一个有效、敏锐的安全信息管理系统，并创造条件使从业人员积极地使用。通过这个安全信息管理系统，企业可以有计划、有步骤、有目的地对从业人员进行安全生产法律、法规和方针、政策的教育；定期分专业组织开展安全技术培训；开展技术练兵活动，利用安全例会传达上级部门的安全生产要求及会议精神，通报安全生产信息，分析安全生产形势等。

（5）建立和完善安全奖惩机制

建立和完善安全奖惩是一种激励机制，是推动企业安全文化建设的重要手段，可以从以下几个方面着手：一是要适时组织安全专业考试；二是经常组织安全知识竞赛、安全技能练兵，对优秀者实行奖励；三是对违反操作规程，不按规定程序办事的人按照奖惩标准进行处罚。当然，建立安全文化，重不在罚，以鼓励为主，促进行为自觉安全化，才是有效防止事故发生的根本。

构建现代企业安全文化，要教育培训从业人员接受并认同企业一系列安全生产规章制度，达到认识、意志、语言和行动上的统一，并据此养成习惯，使广大从业人员理解安全生产是生产力，它不但能够间接创造效益，而且也能够直接创造效益的理念。

（6）建立“学习型组织”，是推进安全文化建设的根本

企业安全文化建设是一个长期的过程，要使安全文化融入每位从业人员的意识并成为其自觉行动，必须通过系统的培训和学习。学习过程是理念认同过程，是提高安全意识、安全操作技能的过程。使广大从业人员从“要我安全”到“我要安全”，进而向“我会安全”转变，更要突出国内外先进管理方法、管理模式的学习。通过

学习，不断改变旧的思想理念，不断创新管理模式，以适应新形式下安全管理的严要求、高标准。

安全文化的载体是企业从业人员，因此，企业必须通过加强从业人员对安全文化的认识，促使“安全第一、预防为主、综合治理”的理念融入从业人员意识形态中，使全体从业人员树立起正确的安全价值观，这是安全文化建设的一个重要任务。

11.3　安全教育培训概述

11.3.1　安全教育培训的目的

（1）统一思想，提高认识

通过教育，把企业所有从业人员的思想统一到“安全第一、预防为主、综合治理”的方针上来，使企业的决策者和管理者真正把安全摆在第一位，在从事企业经营管理活动中坚持“五同时”的基本原则；使广大从业人员认识安全生产的重要性，从“要我安全”向“我要安全”“我会安全”转变，做到“三不伤害”，即“我不伤害自己，我不伤害他人，我不被他人伤害”；提高企业自觉抵制“三违”现象的能力。

（2）提高企业的安全管理水平

安全管理包括对全体从业人员的安全管理，对设备设施的安全技术管理和对作业环境的劳动卫生管理。安全教育培训可提高各级领导干部的安全生产政策水平，使其掌握有关安全生产法规、制度，学习应用先进的安全管理方法、手段；提高全体从业人员在各自工作范围内，对设备设施和作业环境的安全管理能力。

（3）提高全体从业人员的安全生产知识水平和安全生产技能

安全生产知识包括对生产活动中存在的各类危险因素和危险源的辨识、分析、预防、控制知识。安全生产技能包括安全操作技巧、紧急状态下应变能力以及事故状态下急救、自救和处理能力。安全教育培训可使广大从业人员掌握安全生产知识，提高安全操作水平，发挥自防自控的自我保护及相互保护作用，有效地防止事故发生。

鉴于企业经济实力和科技水平，设备设施的安全状态尚未达到本质安全的程度，坚持不断地进行安全教育培训，减少和控制人的不安全行为，就显得尤为重要。

11.3.2 安全教育培训的特点

安全教育培训具有政策性、群众性、知识性和持久性的特点。

1）政策性。安全教育培训必须坚持安全生产的方针政策，坚持社会主义市场经济条件下维护工人阶级利益的原则，贯彻党和国家的各项重大安全生产决策，并以国家有关法规、标准为依据。通过安全生产教育培训，提高企业全体从业人员，特别是企业各级管理者的安全生产政策水平。

2）群众性。企业安全教育培训的对象是全体从业人员，包括各级领导和从事不同工作的每一位从业人员。只有全体从业人员都受到良好的教育，才能提高企业的整体安全素质。对任何角落的疏忽都可能导致事故。同时，每一次安全教育培训都要有明确的针对性，使从业人员能够掌握必要的安全知识。

3）知识性。安全教育培训的内容极其广泛，既包含社会科学的有关内容，如安全经济学、安全法学、安全管理学等有关理论、方法，又包括自然科学的相关内容，如安全工程技术、职业卫生等知识，还包括各种生产作业的安全技能，如安全操作技能，事故的预防、预控、紧急处理和急救、自救等具体能力。

4）持久性。持久性主要针对的是人们安全思想、观念、行为的反复性，为了巩固和强化安全观念和动机，必须坚持持久的安全教育培训。另外，安全法规、标准及安全技术不断增多和更新，也要求安全教育培训必须深入持久地开展下去，起到警钟长鸣的作用。

11.3.3 安全教育培训的内容

安全教育培训的内容主要包括思想教育、法制教育、知识教育和技能训练。

思想教育主要是安全生产方针政策教育、形势任务教育和重要意义教育等。形式多样、丰富多彩的安全教育培训可以使各级领导牢固地树立起“安全第一”的思想，正确处理各自业务范围内安全与生产、安全与效益的关系，主动采取事故预防措施；同时提高全体从业人员的安全意识，激励其安全动机，自觉采取安全措施。

法制教育主要是法律法规教育、执法守法教育、权利义务教育等。法制教育可使企业的各级领导和全体从业人员知法、懂法、守法，以法规为准绳约束自己，履行自己的义务；以法规为武器维护自己的权利。

知识教育主要是安全管理、安全技术和劳动卫生知识教育。知识教育可使企业的决策者和管理者了解和掌握安全生产规律，熟悉自己业务范围内必需的安全管理理论和方法及相关的安全技术、劳动卫生知识，提高安全管理水平；可使全体从业人员掌握各自必要的安全科学技术，提高企业的整体安全素质。

技能训练主要是针对各个岗位或工种的人员所必需的安全生产方法和手段的训练，如安全操作技能训练、危险预知训练、紧急状态事故处理训练、自救互救训练、消防演练、逃生救生训练等。技能训练可使从业人员掌握必备的安全生产技能与技巧。

11.3.4 安全教育培训制度

要搞好企业安全教育，实现教育目的，必须建立、健全一整套安全教育制度。目前，我国企业中所建立的安全教育制度主要有三级安全教育、特种作业人员安全教育、复工教育、安全技术管理干部和安全员教育、中层以上干部教育、班组长教育、工人复训教育等制度，以及相应的安全教育管理制度。

（1）三级安全教育制度

这是企业安全教育的基本制度。教育对象是新进厂人员，包括新进厂的工人、干部、学徒工、临时工、合同工、季节工、代培人员和实习人员。三级安全教育指厂级安全教育、车间级安全教育和班组级安全教育。

三级安全教育的有关人员和内容与时间等要求，详见本讲第四节。

（2）特种作业人员安全教育制度

特种作业是指容易发生事故，对操作者本人、他人的安全健康及设备设施的安全可能造成重大危害的作业。

特种作业人员在劳动过程中担负着特殊任务，所承担的风险较大，一旦发生事故，便会给企业生产、人员生命安全带来较大损失。因此，对特种作业人员必须坚持进行专门的安全技术知识教育和安全操作技术训练，并经严格的考试。考试合格并取得特种作业操作证者，方可上岗工作。

特种作业人员的安全教育，一般采取按专业分批集中脱产、集体授课的方式。教育内容则根据不同工种、专业的具体特点和要求而定，但都应包括理论学习和实际训练两大部分。企业要建立特种作业人员安全教育卡档案。特种作业人员经理论及操作考试合格后，到有关部门办理领取操作证手续。之后，按国家规定定期履行复审手续。

特种作业人员培训考核相关管理内容，详见本讲第四节。

（3）复工教育

复工教育包括工伤复工教育和离岗复工教育。从业人员因工负伤痊愈之后复工，必须到本企业的安全管理部门接受复工教育，熟悉岗位工作情况，进一步吸取事故教训，稳定思想情绪，确保安全上岗。从业人员较长时间离开工作岗位，由于工作环境可能改变，或操作技术生疏，需要由所在车间会同安全技术人员进行一定的复工教育。离岗3个月以上6个月以下复工者，要重新进行岗位安全教育；离岗6个月以上复工者，重新进行车间、岗位安全教育。

（4）全员安全教育

这是面向企业全体从业人员的定期安全教育，目的是全面落实企业的安全生产责任制，贯彻党和国家的安全生产方针、政策、法规、标准，不断增强“安全第一、预防为主、综合治理”的思想，提高从业人员的安全知识水平和安全技术素质。

（5）安全教育管理制度

为了按计划、有步骤地进行全员安全教育，保证教育质量，取得好的教育效果，真正有助于提高从业人员的安全生产意识和安全生产技术素质，就要做好安全教育管理工作。该项制度包括以下内容：

1）结合企业实际情况，编制企业年度安全教育计划，每个季度应有教育重点，每月要有教育内容。计划要有明确的针对性，要适应企业安全生产的特点和需要。

2）严格按制度进行教育对象的登记、培训、考核、发证、资料存档等工作，环环相扣、层层把关。坚决做到不经培训者、考试（核）不合格者、没有安全教育部门签发的合格证者，不准上岗工作。

3）要有相对稳定的教育培训大纲、培训教材和培训师资，确保教育时间和教学质量。

4）经常监督检查，认真查处未经培训就上岗操作和特种作业人员无证操作的责任单位和责任人员。

11.4　安全教育培训内容与时间

11.4.1　基本要求

根据《生产经营单位安全培训规定》（2006年1月17日国家安全生产监督管理总局令第3号公布，根据2013年8月29日国家安全生产监督管理总局令第63号第一次修正，根据2015年5月29日国家安全生产监督管理总局令第80号第二次修正），企业负责本单位从业人员安全培训工作。企业从业人员是指企业主要负责人、安全管理人员、特种作业人员及其他从业人员；从事安全生产工作的相关人员是指从事安全教育培训工作的教师、危险化学品登记机构的登记人员和承担安全评价、咨询、检测、检验的人员及注册安全工程师、安全生产应急救援人员等。

企业应当按照《安全生产法》和有关法律、行政法规以及《生产经营单位安全培训规定》，建立、健全安全培训工作制度。企业从业人员应当接受安全培训，熟悉有关安全生产规章制度和安全操作规程，具备必要的安全生产知识，掌握本岗位的安全操作技能，增强预防事故、控制职业危害和应急处理的能力。未经安全生产培训合格的从业人员，不得上岗作业。

国务院安全生产监督管理部门指导全国安全培训工作，依法对全国的安全培训工作实施监督管理。国务院有关主管部门按照各自职责指导监督本行业安全培训工作，并按照《生产经营单位安全培训规定》制定实施办法。国家煤矿安全监察局指导、监督、检查全国煤矿安全培训工作。各级安全生产监督管理部门和煤矿安全监察机构按照各自的职责，依法对企业的安全培训工作实施监督管理。

11.4.2 安全培训的组织实施

国务院安全生产监督管理部门组织、指导和监督中央管理的企业的总公司（集团公司、总厂）主要负责人和安全管理人员的安全培训工作。国家煤矿安全监察局组织、指导和监督中央管理的煤矿企业集团公司（总公司）主要负责人和安全管理人员的安全培训工作。省级安全生产监督管理部门组织、指导和监督省属企业及所辖区域内中央管理的工矿商贸企业分公司、子公司主要负责人和安全管理人员的培训工作，组织、指导和监督特种作业人员的培训工作。省级煤矿安全监察机构组织、指导和监督所辖区域内煤矿企业主要负责人、安全管理人员和特种作业人员（含煤矿矿井使用的特种设备作业人员）的安全培训工作。市级、县级安全生产监督管理部门组织、指导和监督本行政区域内除中央企业、省属企业以外的其他企业主要负责人和安全管理人员的安全培训工作。

企业除主要负责人、安全管理人员、特种作业人员以外的从业人员的安全培训工作，由企业组织实施。具备安全培训条件的企业，应当以自主培训为主；也可以委托具备安全培训条件的机构，对从业人员进行安全培训。不具备安全培训条件的企业，应当委托具备安全培训条件的机构，对从业人员进行安全培训。

企业应当将安全培训工作纳入本单位年度工作计划，保证本单位安全培训工作所需资金。企业应建立、健全从业人员安全培训档案，详细、准确记录培训考核情况。企业安排从业人员进行安全培训期间，应当支付工资和必要的费用。

11.4.3 主要负责人、安全管理人员的安全培训

（1）培训内容

企业主要负责人和安全管理人员应当接受安全培训，具备与所从事的生产经营活动相适应的安全生产知识和管理能力。

煤矿、非煤矿山、危险化学品、烟花爆竹等企业主要负责人和安全管理人员，必须接受专门的安全培训，经安全监管监察部门对其安全生产知识和管理能力考核合格，取得安全资格证书后，方可任职。

1）企业主要负责人安全培训应当包括下列内容：国家安全生产方针、政策和有关安全生产的法律、法规、规章及标准，安全管理基本知识、安全生产技术、安全生产专业知识，重大危险源管理、重大事故防范、应急管理和救援组织以及事故调查处理的有关规定，职业危害及其预防措施，国内外先进的安全管理经验，典型事故和应急救援案例分析，其他需要培训的内容。

2）企业安全管理人员安全培训应当包括下列内容：国家安全生产方针、政策和有关安全生产的法律、法规、规章及标准，安全管理、安全生产技术、职业卫生等知识，伤亡事故统计、报告及职业危害的调查处理方法，应急管理、应急预案编制以及应急处置的内容和要求，国内外先进的安全管理经验，典型事故和应急救援案例分析，其他需要培训的内容。

（2）培训时间和培训大纲

1）企业主要负责人和安全管理人员初次安全培训时间不得少于32 学时，每年再培训时间不得少于 12 学时。

煤矿、非煤矿山、危险化学品、烟花爆竹等企业主要负责人和安全管理人员初次安全培训时间不得少于 48 学时，每年再培训时间不得少于 16 学时。

2）企业主要负责人和安全管理人员的安全培训必须依照安全监管监察部门制定的安全培训大纲实施。

非煤矿山、危险化学品、烟花爆竹等企业主要负责人和安全管理人员的安全培训大纲及考核标准由应急管理部统一制定。

煤矿主要负责人和安全管理人员的安全培训大纲及考核标准由国家煤矿安全监察局制定。

煤矿、非煤矿山、危险化学品、烟花爆竹以外的其他企业主要负责人和安全管理人员的安全培训大纲及考核标准，由省（自治区、直辖市）安全生产监督管理部门制定。

11.4.4 其他从业人员的安全培训

（1）培训的人员

煤矿、非煤矿山、危险化学品、烟花爆竹等企业必须对新上岗的临时工、合同工、劳务工、轮换工、协议工等进行强制性安全培训，保证其具备本岗位安全操作、自救互救以及应急处置所需的知识和技能后，方能安排上岗作业。

加工、制造业等生产单位的其他从业人员，在上岗前必须经过厂（矿）、车间（工段、区、队）、班组三级安全培训教育。

企业可以根据工作性质对其他从业人员进行安全培训，保证其具备本岗位安全操作、应急处置等知识和技能。

（2）培训的时间

企业新上岗的从业人员，岗前培训时间不得少于 24 学时。

煤矿、非煤矿山、危险化学品、烟花爆竹等企业新上岗的从业人员安全培训时间不得少于 72 学时，每年接受再培训的时间不得少于 20 学时。

（3）培训的内容

1）厂（矿）级岗前安全培训内容应当包括本单位安全生产情况及安全生产基本知识、本单位安全生产规章制度和劳动纪律、从业人员安全生产权利和义务、有关事故案例等。

煤矿、非煤矿山、危险化学品、烟花爆竹等企业厂（矿）级安全培训除包括上述内容外，应当增加事故应急救援、事故应急预案演练及防范措施等内容。

2）车间（工段、区、队）级岗前安全培训内容应当包括工作环境及危险因素，所从事工种可能遭受的职业伤害和伤亡事故，所从事工种的安全职责、操作技能及强制性标准，自救互救、急救方法、疏散和现场紧急情况的处理，安全设备设施、劳动防护用品的使用和维护，本车间（工段、区、队）安全生产状况及规章制度，预防事故和职业危害的措施及应注意的安全事项，有关事故案例及其他需要培训的内容。

3）班组级岗前安全培训内容应当包括岗位安全操作规程、岗位之间工作衔接配合的安全与职业卫生事项、有关事故案例及其他需要培训的内容。

从业人员在本企业内调整工作岗位或离岗一年以上重新上岗时，应当重新接受车间（工段、区、队）级和班组级的安全培训。企业实施新工艺、新技术或者使用新设备、新材料时，应当对有关从业人员重新进行有针对性的安全培训。

企业的特种作业人员，必须按照国家有关法律、法规的规定接受专门的安全培训，经考核合格，取得特种作业操作证书后，方可上岗作业。

11.5 特种作业人员安全技术培训考核

11.5.1 基本要求

(1) 培训考核工作原则

根据《特种作业人员安全技术培训考核管理规定》（2010年5月24日国家安全生产监督管理总局令第30号公布，根据2013年8月29日国家安全生产监督管理总局令第63号修正，根据2015年5月29日国家安全生产监督管理总局令第80号第二次修正），特种作业人员的安全技术培训、考核、发证、复审工作实行统一监管、分级实施、教考分离的原则。特种作业是指容易发生事故，对操作人员本人、他人的安全健康及设备设施的安全可能造成重大危害的作业。特种作业共11个作业类别、51个工种，具体可查询参阅《特种作业人员安全技术培训考核管理规定》的附件《特种作业目录》。这些特种作业具备以下特点：一是独立性，有独立的岗位，由专人操作，操作人员必须具备一定的安全生产知识和技能；二是危险性，作业危险性较大，如果操作不当，容易对操作人员本人、他人或物造成伤害，甚至发生重大伤亡事故；三是特殊性，从事特种作业的人员不能很多，总体上讲，每个类别的特种作业人员一般不超过该行业或领域全体从业人员的30%。

（2）特种作业人员

特种作业人员是指直接从事特种作业的从业人员，应当符合下列条件：

1）年满18周岁，且不超过国家法定退休年龄。

2）经社区或者县级以上医疗机构体检健康合格，并无妨碍从事相应特种作业的器质性心脏病、癫痫病、美尼尔氏症、眩晕症、癔病、震颤麻痹症、精神病、痴呆症以及其他疾病和生理缺陷。

3）具有初中及以上文化程度（危险化学品特种作业人员应当具备高中或者相当于高中及以上文化程度）。

4）具备必要的安全技术知识与技能。

5）相应特种作业规定的其他条件。

特种作业人员必须经专门的安全技术培训并考核合格，取得特种作业操作证后方可上岗作业。

（3）监督管理

国务院安全生产监督管理部门指导、监督全国特种作业人员的安全技术培训、考核、发证、复审工作；省（自治区、直辖市）人民政府安全生产监督管理部门指导、监督本行政区域特种作业人员的安全技术培训工作，负责本行政区域特种作业人员的考核、发证、复审工作；县级以上地方人民政府安全生产监督管理部门负责监督检查本行政区域特种作业人员的安全技术培训和持证上岗工作。

国家煤矿安全监察局指导、监督全国煤矿特种作业人员（含煤矿矿井使用的特种设备作业人员）的安全技术培训、考核、发证、复审工作；省（自治区、直辖市）人民政府负责煤矿特种作业人员考核发证工作的部门或者指定的机构指导、监督本行政区域煤矿特种作业人员的安全技术培训工作，负责本行政区域煤矿特种作业人员的考核、发证、复审工作。

省（自治区、直辖市）人民政府安全生产监督管理部门和负责煤矿特种作业人员考核发证工作的部门或者指定的机构（以下统称考核发证机关）可以委托设区的市人民政府安全生产监督管理部门和负责煤矿特种作业人员考核发证工作的部门或者指定的机构实施特种作业人员的考核、发证、复审工作。

对特种作业人员安全技术培训、考核、发证、复审工作中的违法行为，任何单位和个人均有权向国务院安全生产监督管理部门、国家煤矿安全监察局和省（自治区、直辖市）及设区的市人民政府安全生产监督管理部门、负责煤矿特种作业人员考核和发证工作的部门或者指定的机构举报。

11.5.2 培训

特种作业人员应当接受与其所从事的特种作业相应的安全技术理论培训和实际操作培训。已经取得职业高中、技工学校及中专以上学历的毕业生从事与其所学专业相应的特种作业，持学历证明经考核发证机关同意，可以免予相关专业的培训。跨省（自治区、直辖市）从业的特种作业人员，可以在户籍所在地或者从业所在地参加培训。

对特种作业人员的安全技术培训，具备安全培训条件的企业应当以自主培训为主，也可以委托具备安全培训条件的机构进行培训。不具备安全培训条件的企业，应当委托具备安全培训条件的机构进行培训。企业委托其他机构进行特种作业人员安全技术培训的，保证安全技术培训的责任仍由本单位负责。

从事特种作业人员安全技术培训的机构（以下统称培训机构），应当编制相应的培训计划、教学安排，并按照相关部门制定的特种作业人员培训大纲和煤矿特种作业人员培训大纲进行特种作业人员的安全技术培训。

11.5.3 考核取证

特种作业人员的考核包括考试和审核两部分。考试由考核发证机关或其委托的单位负责，审核由考核发证机关负责。国务院安全生产监督管理部门、煤矿安全监察局分别制定特种作业人员、煤矿特种作业人员的考核标准，并建立相应的考试题库。考核发证机关或其委托的单位应当按照国务院安全生产监督管理部门、煤矿安全监察局统一制定的考核标准进行考核。

参加特种作业操作资格考试的人员，应当填写考试申请表，由申请人或者申请人的用人单位持学历证明或者培训机构出具的培训证明向申请人户籍所在地或者从业所在地的考核发证机关或其委托的单位提出申请。考核发证机关或其委托的单位收到申请后，应当在60日内组织考试。特种作业操作资格考试包括安全技术理论考试和实际操作考试两部分。考试不及格的，允许补考1次。经补考仍不及格的，重新参加相应的安全技术培训。

考核发证机关委托承担特种作业操作资格考试的单位应当具备相应的场所、设施、设备等条件，建立相应的管理制度，并公布收费标准等信息。考核发证机关或其委托承担特种作业操作资格考试的单位，应当在考试结束后10个工作日内公布考试成绩。符合规定并经考试合格的特种作业人员，应当向其户籍所在地或者从业所在地的考核发证机关申请办理特种作业操作证，并提交身份证复印件、学历证书复印件、体检证明、考试合格证明等材料。

收到申请的考核发证机关应当在5个工作日内完成对特种作业

人员所提交申请材料的审查，作出受理或者不予受理的决定。能够当场作出受理决定的，应当当场作出受理决定；申请材料不齐全或者不符合要求的，应当当场或者在 5 个工作日内一次性告知申请人需要补正的全部内容，逾期不告知的，视为自收到申请材料之日起即已受理。对已经受理的申请，考核发证机关应当在 20 个工作日内完成审核工作。符合条件的，颁发特种作业操作证；不符合条件的，应当说明理由。

特种作业操作证有效期为 6 年，在全国范围内有效。特种作业操作证由国务院安全生产监督管理部门统一式样、标准及编号。特种作业操作证遗失的，应当向原考核发证机关提出书面申请，经原考核发证机关审查同意后，予以补发。特种作业操作证所记载的信息发生变化或者损毁的，应当向原考核发证机关提出书面申请，经原考核发证机关审查确认后，予以更换或者更新。

11.5.4　复审

特种作业操作证每 3 年复审 1 次。特种作业人员在特种作业操作证有效期内，连续从事本工种 10 年以上，严格遵守有关安全生产法律、法规的，经原考核发证机关或者从业所在地考核发证机关同意，特种作业操作证的复审时间可以延长至每 6 年 1 次。

特种作业操作证需要复审的，应当在期满前 60 日内，由申请人或者申请人的用人单位向原考核发证机关或者从业所在地考核发证机关提出申请，并提交以下材料：社区或者县级以上医疗机构出具的健康证明，从事特种作业的情况，安全培训考试合格记录。

特种作业操作证有效期届满需要延期换证的，应当按照规定申请延期复审。特种作业操作证申请复审或者延期复审前，特种作业人员应当参加必要的安全培训并考试合格。安全培训时间不少于 8 学时，主要培训法律、法规、标准、事故案例和有关新工艺、新技术、新装备等知识。

申请复审的，考核发证机关应当在收到申请之日起20个工作日内完成复审工作。复审合格的，由考核发证机关签章、登记，予以确认；不合格的，说明理由。申请延期复审的，经复审合格后，由考核发证机关重新颁发特种作业操作证。

特种作业人员有下列情形之一的，复审或者延期复审不予通过：

1）健康体检不合格的。

2）违章操作造成严重后果或者有2次以上违章行为，并经查证确实的。

3）有安全生产违法行为，并给予行政处罚的。

4）拒绝、阻碍安全监管监察部门监督检查的。

5）未按规定参加安全培训，或者考试不合格的。

6）具有按规定应当依法被撤销操作证的情形的。

特种作业操作证复审或者延期复审符合上述第2）项至第5）项情形的，按照规定经重新安全培训考试合格后，再办理复审或者延期复审手续。再复审、延期复审仍不合格，或者未按期复审的，特种作业操作证失效。申请人对复审或者延期复审有异议的，可以依法申请行政复议或者提起行政诉讼。

第12讲

安全生产规章制度和操作规程

安全生产规章制度是企业经营管理制度的重要组成部分，是国家有关法规、标准在企业安全生产中的具体落实，是统一全体从业人员安全生产的行为准则。因此，企业都必须建立、健全一整套既符合国家法规、标准，又符合企业生产经营管理实际的安全生产规章制度。

安全操作规程是为了保证安全生产而制定的，是操作者必须遵守的生产作业活动规则。它是根据企业的生产性质、机器设备的特点和技术要求，结合具体情况及群众经验制定出的安全操作守则。安全操作规程是企业建立安全生产规章制度的基本文件，是进行安全教育培训的重要内容，是处理伤亡事故的依据之一，也是从业人员安全操作的行为规范。

12.1 安全生产规章制度及其相关法律责任

企业安全生产规章制度是指企业依据国家有关法律、法规、国家和行业标准，结合生产、经营的安全生产实际，以企业名义起草颁发的有关安全生产的规范性文件。一般包括规程、标准、规定、措施、办法、制度、指导意见等。

安全生产规章制度是企业贯彻国家安全生产方针政策的行动指南，是企业有效防范生产、经营过程安全生产风险，保障从业人员安全和健康，加强安全管理的重要措施。

企业是安全生产的责任主体，国家有关法律、法规对企业加强安全生产规章制度建设有明确的要求。《安全生产法》规定：生产经营单位必须遵守本法和其他有关安全生产的法律、法规，加强安全生产管理，建立、健全安全生产责任制和安全生产规章制度，改善安全生产条件，推进安全生产标准化建设，提高安全生产水平，确保安全生产。《劳动法》规定：用人单位必须建立、健全劳动安全卫生制度，严格执行国家劳动安全卫生规程和标准。《职业病防治法》规定：用人单位应当建立、健全职业卫生管理制度和操作规程。另外，《中共中央 国务院关于安全生产领域改革发展的意见》《安全生产“十三五”规划》《国务院关于进一步加强企业安全生产工作的通知》《危险化学品安全管理条例》《安全生产许可证条例》等国家相关文件、法规，都对企业安全生产规章制度建设提出了明确而具体的要求。

所以，建立、健全安全生产规章制度是国家有关安全生产法律、中央和国务院文件精神以及法规明确的企业的法定责任。

12.2 安全生产规章制度建设的依据和原则

12.2.1 安全生产规章制度建设的依据

（1）以安全生产法律、法规、国家和行业标准、地方政府的法规和标准为依据

企业安全生产规章制度必须符合国家法律、法规、国家和行业标准，以及企业所在地地方政府相关法规、标准的要求。企业安全生产规章制度是一系列法律、法规在企业生产、经营过程具体贯彻落实的体现。

（2）以生产、经营过程的危险、有害因素辨识和事故教训为依据

安全生产规章制度的建设，其核心就是危险、有害因素的辨识和控制。通过危险、有害因素的辨识，有效提高规章制度建设的目

的性和针对性，保障生产安全。同时，企业要积极借鉴相关事故教训，及时修订和完善规章制度，防范同类事故重复发生。

(3) 以国际、国内先进的安全管理方法为依据

随着安全科学技术的迅猛发展，安全生产风险防范和控制的理论、方法不断完善。尤其是安全系统工程理论研究的不断深化，为企业的安全管理提供了丰富的工具，如职业安全健康管理体系、风险评估、安全评价体系的建立等，都为企业安全生产规章制度的建设提供了宝贵的参考资料。

12.2.2 安全生产规章制度建设的原则

(1) 主要负责人负责原则

安全生产规章制度建设，涉及企业的各个环节和所有人员，只有企业主要负责人亲自组织，才能有效调动企业的所有资源，才能协调各个方面的关系。同时，我国安全生产法律、法规对此有明确规定。例如，《安全生产法》规定：组织制定本单位安全生产规章制度和操作规程，是生产经营单位主要负责人的责任。

(2) 安全第一原则

“安全第一、预防为主、综合治理”是我国的安全生产方针，也是安全生产客观规律的具体要求。企业要实现安全生产，就必须采取综合治理的措施，在事先防范上下功夫。在生产经营过程中，必须把安全工作放在各项工作的首位，正确处理安全生产和工程进度、经济效益等的关系。只有通过安全生产规章制度建设，才能把这一安全生产客观要求，融入企业的体制建设、机制建设、生产经营活动组织的各个环节，落实到生产、经营各项工作中去，才能保障安全生产。

(3) 系统性原则

风险来自生产、经营过程之中，只要生产、经营活动在进行，风险就客观存在。因而，要按照安全系统工程的原理，建立涵盖全

员、全过程、全方位的安全生产规章制度。即建立涵盖企业每个环节、每个岗位、每个人；涵盖企业的规划设计、建设安装、生产调试、生产运行、技术改造的全过程；涵盖生产经营全过程的事故预防、应急处置、调查处理等全方位的安全生产规章制度。

（4）规范化和标准化原则

企业安全生产规章制度的建设应实现规范化和标准化管理，以确保安全生产规章制度建设的严密、完整、有序。安全生产规章制度起草、审核、发布、教育培训、修订的组织管理程序要严密；安全生产规章制度编制要做到目的明确、流程清晰、标准明确，具有可操作性；应按照系统性原则的要求，建立完整的安全生产规章制度体系。

12.3 安全生产规章制度的编制

企业应每年编制安全生产规章制度制定和修订的工作计划。计划的主要内容包括规章制度的名称、编制目的、主要内容、责任部门、进度安排等，确保企业安全生产规章制度的建设和管理有序进行。

安全生产规章制度的制定一般包括起草、会签、审核、发布等流程。安全生产规章制度发布后，企业应组织有关部门和人员进行学习和培训。对安全操作规程类安全生产规章制度，还应对相关人员进行考试，考试合格后才能上岗作业。安全生产规章制度日常管理的重点是在执行过程中的动态检查，确保规章制度得到贯彻落实。

12.3.1 起草

根据企业安全生产责任制，安全生产规章制度由负有安全管理职能的部门负责起草。起草前，应首先收集国家有关安全生产法律、法规、国家和行业标准、企业所在地地方政府有关法规和标准等，作为制度起草的依据。起草时，还应同时结合企业安全生产的实际情况。涉及安全技术标准、安全操作规程等的起草工作，还应查阅设备制造厂的说明书等。

安全生产规章制度起草要做到目的明确，条理清楚、结构严谨、用词准确、文字简明、标点符号正确。

技术规程规范、安全操作规程的编制应按照企业标准的格式进行起草。其他规章制度格式可根据内容分章（节）、条、款、项、目结构表达，内容单一的也可直接以条的方式表达。规章制度中的序号可用中文数字和阿拉伯数字依次表述。

规章制度的草案应对起草目的、适用范围、主管部门、具体规范、解释部门和施行日期等作出明确的规定。

新的规章制度代替原有规章制度时，应在草案中写明新规章制度生效后原规定废止的内容。

12.3.2 会签

责任部门起草的规章制度草案，应在送交相关领导签发前征求有关部门的意见。意见不一致时，一般由企业主要负责人或分管安全生产的负责人主持会议，取得一致意见。

12.3.3 审核

安全生产规章制度在签发前，应进行审核。一是由企业负责法律事务的部门，对规章制度与相关法律、法规的符合性及与企业现行规章制度一致性进行审查；二是提交企业职工代表大会或安全生产委员会会议进行讨论，对各方面工作的协调性、各方利益的统筹性进行审查。

12.3.4 签发

技术规程规范、安全操作规程等一般技术性安全生产规章制度由企业分管安全生产的负责人签发，涉及全局性的综合管理类安全生产规章制度应由企业主要负责人签发。

签发后要进行编号，注明生效时间，如“自发布之日起执行”或“现予发布，自某年某月某日起施行”。

12.3.5 发布

企业的安全生产规章制度应采用固定的发布方式，如通过红头文件形式、在企业内部办公网络发布等。发布的范围应覆盖与制度相关的部门及人员。

12.3.6 培训和考试

新颁布的安全生产规章制度应组织相关人员进行培训，对安全操作规程类制度，还应组织考试。

12.3.7 修订

企业应每年对安全生产规章制度进行一次修订，并公布现行有效的安全生产规章制度清单。对安全操作规程类安全生产规章制度，除每年进行一次修订外，每3~5年应进行一次全面修订，并重新印刷。

12.4 安全生产规章制度建设的内容

以下介绍安全生产规章制度的编制框架和主要内容，特殊或专项作业项目的安全生产规章制度，企业可结合自身要求加以制定。

12.4.1 安全教育培训制度

详细内容见第11讲。

12.4.2 安全检查制度

1）企业安全管理机构应每月对安全生产责任制、安全生产制度的落实、安全教育培训、重大危险源及重要危险部位进行一次安全检查，并结合季节变化开展季节性检查、排查，及时消除事故隐患。

2）各车间每周进行一次安全检查，主要检查机器设备、设施的安全生产状况，排查事故隐患。

3）班组每日进行一次安全检查，主要检查从业人员是否遵守操作规程，是否按规定佩戴劳动防护用品，纠正违章现象。

4）单位专职、兼职安全员定时巡检，及时发现事故隐患。

5）所有检查结果要有记录，对检查出的事故隐患或违反规定的行为应及时上报，立即排除。

各企业结合本单位的实际，在编制检查制度时应列出工作现场的重点检查内容，以及检查人、检查时间、消除事故隐患的措施等内容。

12.4.3 安全奖惩制度

安全奖惩制度的编制应结合本单位不同岗位而定，应找出各岗位易发生的违反规定、标准、操作规程的行为，以及各部门及单位领导在岗位责任制中易发生违反规定行为的范围。根据情节轻重制定出处罚标准及奖励的有关条款。可依照以下内容确定奖励标准：

1）对安全管理有突出贡献的。

2）发现生产安全重大事故隐患的。

3）拒绝或举报违章作业的。

4）在发生事故中抢险救灾做出突出贡献的。

奖惩的实施由谁来决定，应在制度中予以明确。

12.4.4 生产安全事故的报告和处理制度

1）发生生产安全事故后，应立即上报上级安全生产主管部门，主管部门根据事故情况上报有关部门处理。

2）发生生产安全事故后，事故部门或个人要保护好现场，不得将事故现场随意变动或恢复。

3）事故部门或事故当事人要积极协助调查分析，不得隐瞒事故真相。

4）对各类事故要按照“四不放过”的原则，查明原因，分清责任，接受教育，提出处理意见，建立防范措施。

另外，针对违反操作规程、违章作业、违章指挥所造成的事故，按照事故大小，将对责任人的行政、经济处罚标准作为条款编入制度中。

应将从业人员的工伤保险、休假等规定条款编入制度中。

12.4.5 劳动防护用品管理制度

为确保企业生产安全进行，保护从业人员的人身安全与健康，应依据《安全生产法》，结合本单位具体情况，按不同工种的劳动防护要求，确定从业人员劳动防护用品发放标准。编制条款主要包括以下内容：

1）要明确所发放的劳动防护用品的名称、使用年限和发放部门。

2）明确劳动防护用品的标准和范围。

3）明确劳动防护用品的采购部门及质量保障要求。

4）明确回收的时限和负责部门。

5）明确丢失或损坏的处理标准和补发条款。

6）明确从业人员使用劳动防护用品的要求。

根据以上条款，企业可结合自身实际情况编制劳动防护用品管理制度。

12.4.6　设备安全管理制度

设备安全管理制度的编制应包括以下内容：

1）对设备的选购要满足安全技术要求。

2）设备的维护、保养时限和方法。

3）设备应具有可靠的安全防护装置。

4）明确设备的危险部位和维修措施。

5）对设备进行安全检查的时限和内容。

6）设备操作人员的培训和持证要求。

7）设备异常情况的紧急处置措施。

不同的设备应有不同的标准与要求，在编制设备安全管理制度时应结合单位设备状况，在制度中作出具体要求。

12.4.7　危险作业管理制度

危险作业一般包括吊装作业、动土作业、拆除作业、动火作业、高处作业、密闭空间作业、焊接与切割作业、电气设备使用、厂内机动车辆作业、手持电动工具作业等。危险作业管理制度的编制应明确以下内容：

1）本单位危险作业的批准部门和批准程序。

2）现场保护措施。

3）明确责任人、现场指挥员、现场操作人员、现场救护（防护）人员。

4）明确操作人员需持有的特种作业证件。

5）明确正确佩戴和使用劳动防护用品。

6）明确要做好的现场记录。

12.4.8　安全操作规程

安全操作规程是从业人员操作机械和调整仪器仪表以及从事其

他作业时必须遵守的程序和注意事项。

企业应根据本单位的机械设备种类和台数，实行“一机一操作”规程。不同设备有不同要求，可按使用说明书、国家或行业标准、安全管理规程有关的检测、检验技术标准规范编制。具体可包括以下内容：

1）开动设备接通电源之前，应清理工作现场，仔细检查各种手柄位置是否正确，安全装置是否齐全。

2）开动设备前，应先检查油箱中的油量是否充足，油路是否畅通，并按润滑图表卡进行润滑工作。

3）变速时，各变速手柄必须转换到指定位置。

4）工件必须装卡牢固，以免松动甩出造成事故。

5）已卡紧的工件不得再行敲打校正，以免影响设备精度。

6）要经常保持润滑工具及润滑系统的清洁，不得敞开油箱盖，以免灰尘、铁屑等杂物进入。

7）开动设备时必须盖好电气箱盖，不允许有活物、水、油等进入电机或电气装置内。

8）设备外露基准面或滑动面上不准堆放工具、产品等，以免碰伤设备，影响设备情况。

9）严禁超性能、超负荷使用设备。

10）采取自动控制时，首先要调整好限位装置，以免超越行程造成事故。

11）设备运转时操作人员不得离开工作岗位，并要经常检查各部位有无异常（异声、异味、发热、振动等）。发现故障，应立即停止操作，及时排除。凡属操作人员不能排除的故障，应及时通知维修人员排除。

12）操作人员离开设备或装卸工件，或对设备进行调整、清洁或润滑时，都应切断电源。

13）不得拆除设备上的安全防护装置。

14）调整或维修设备时，要正确使用拆卸工具，严禁乱敲乱拆。

15）人员注意力要集中，劳动防护用品使用等要符合要求，站立位置要安全。

16）特殊危险物品的安全要求等。

12.5 安全操作规程相关法律责任

《安全生产法》规定：生产经营单位的主要负责人应组织制定本单位安全生产规章制度和操作规程，安全生产管理机构以及安全生产管理人员组织或者参与拟订本单位安全生产规章制度、操作规程和生产安全事故应急救援预案。生产经营单位应当对从业人员进行安全生产教育和培训，保证从业人员具备必要的安全生产知识，熟悉有关的安全生产规章制度和安全操作规程，掌握本岗位的安全操作技能，了解事故应急处理措施，知悉自身在安全生产方面的权利和义务。未经安全生产教育和培训合格的从业人员，不得上岗作业。生产经营单位使用被派遣劳动者的，应当将被派遣劳动者纳入本单位从业人员统一管理，对被派遣劳动者进行岗位安全生产操作规程和安全操作技能的教育和培训。劳务派遣单位应当对被派遣劳动者进行必要的安全生产教育和培训。生产经营单位应当教育和督促从业人员严格执行本单位的安全生产规章制度和安全操作规程，并向从业人员如实告知作业场所和工作岗位存在的危险因素、防范措施以及事故应急措施。从业人员在作业过程中，应当严格遵守本单位的安全生产规章制度和操作规程，服从管理，正确佩戴和使用劳动防护用品。

《职业病防治法》规定：用人单位应当建立、健全职业卫生管理制度和操作规程。产生职业病危害的用人单位，应当在醒目位置设置公告栏，公布有关职业病防治的规章制度、操作规程、职业病危害事故应急救援措施和工作场所职业病危害因素检测结果。用人单位应当对劳动者进行上岗前的职业卫生培训和在岗期间的定期职业卫生培训，普及职业卫生知识，督促劳动者遵守职业病防治法律、法规、规章和操作规程，指导劳动者正确使用职业病防护设备和个人使用的职业病防护用品。劳动者应当学习和掌握相关的职业卫生知识，增强职业病防范意识，遵守职业病防治法律、法规、规章和操作规程，正确使用、维护职业病防护设备和个人使用的职业病防护用品，发现职业病危害事故隐患应当及时报告。

12.6 安全操作规程的编制

12.6.1 编制依据

1）现行的国家、行业安全技术标准和规范、安全规程等。

2）设备的使用说明书、工作原理资料，以及设计、制造资料。

3）曾经出现过的危险、事故案例及与本项操作有关的其他不安全因素。

4）作业环境条件、工作制度、安全生产责任制等。

12.6.2 内容

搜集以上相关资料后，即可编写安全操作规程。安全操作规程的内容应该简练、易懂、易记，条目的先后顺序力求与操作顺序一致。安全操作规程一般包括以下几项内容：

1）操作前的准备，包括操作前做哪些检查，机器设备和环境应该处于什么状态，应做哪些调查，准备哪些工具等。

2）劳动防护用品的使用要求，如应该和禁止使用的防护用品种类，以及如何使用等。

3）操作的先后顺序、方式。

4）操作过程中机器设备的状态，如手柄、开关所处的位置等。

5）操作过程需要进行的测试、调整及其方式方法。

6）操作人员所处的位置和操作时的规范姿势。

7）操作过程中必须禁止的行为。

8）一些特殊要求。

9）异常情况及其处理方法。

10）其他要求。

12.6.3 编写方法

在编写安全操作规程时应考虑以下几个方面：

1）要考虑岗位存在的危险、有害因素，将其全部罗列出来，以此作为编写依据，有针对性地避免操作人员接触这些危险部位和有害因素，防止产生不良后果。例如，开车时不准或禁止用手触摸某些运动部件，以防轧伤手指。又如，上岗前必须戴好防护口罩，以防发生苯中毒。从上述两例看，以做什么时，应该或不应该那么去做，否则就有危险来告诫操作人员，条理清楚，警告有力。

2）要考虑各岗位因人的不安全行为而产生的不安全问题。机器在运转中可能产生螺栓松动、轴与轴承磨损现象，引起机件走动，引发间接事故。螺栓松动、轴与轴承磨损有时与装配质量有关，因此要求操作人员保证装配质量，防止事故发生。例如，装配机件时，要拧紧皮带轮固定螺栓，防止回转时机件松动飞出伤人。

3）要考虑事故防不胜防，提请操作人员注意安全，防止意外事故发生。尽管人的不安全行为和物的不安全状态都控制得很好，编写时还要增加注意安全方面的条款。例如，抬笨重物品时应先检查绳索、杠棒是否牢固，两人要前呼后应，步调一致，防止物品下落砸伤腿脚。又如，检修时，应切断电源，挂上“不准开车”指示牌，以防他人误开车发生人身伤亡事故。

4）要考虑设备可能出现故障，操作人员要弄清通知对象。例如，机器运转时，闻到焦味或听到异响，应及时关车并报告当班班长。又如，电气设备发生故障时，应通知电工，不准自行修理。

5）要考虑作业连贯性、安全性、整体性，把每个工作环节可能出现的不安全问题都考虑进去，形成完整的安全操作规程。例如，不准酒后登高；登高时，不准穿易滑的鞋子。编写时遇有作业连贯性或者作业过程中出现多种个人行为、物的状态变化，或环境因素影响，不能漏项、缺项，以利于责任追究和考核。

12.6.4 编写要求

1）调查本单位现行的生产工艺、已投入生产的生产设备（设施）、在用的工具、作业场所环境等有关资料及情况。

2）根据本单位生产工艺规程确定的生产工艺及其流程和作业场所环境条件，对全部生产岗位全部生产操作的全过程，主要应用伤亡事故致因理论中的能量错误释放理论和轨迹交叉理论进行危险、有害因素辨识。要在已确定生产工艺及其流程和作业场所环境条件，进行了危险、有害因素辨识的基础上制定安全操作规程，使所制定的安全操作规程科学合理、有安全性，切实可行、有可操作性，确保实施以后能有效控制不安全行为，避免伤亡事故；确保避免因操作不当导致设备损坏，因设备损坏而导致伤亡事故。

3）要吸取事故（包括本单位曾发生的事故和尽可能搜集到的同行业、同类型单位曾发生的事故）教训，把处理事故时制定的防止重复性事故发生的有关规范、约束操作人员行为的措施写进安全操作规程。

4）安全操作规程不能只作原则性或抽象的规定，不能只明确“不准干什么、不准怎样干”而不明确“应怎样干”，不能留有让从业人员“想当然、自由发挥”的余地。

5）安全操作规程中的要求和规定不能突出重点而放弃次点，要具体详尽，宜细不宜粗，能细则细，应有可操作性，应明确操作中必需的操作、禁止的操作，必需的操作步骤、操作方法、操作注意事项和正确使用劳动防护用品的要求以及出现异常时的应急措施。

6）涉及设备（设施）操作的安全操作规程应包括如何正确操纵设备（设施），以防止因操作不当而导致设备（设施）损坏的规定。

7）安全操作规程的文字表述要直观、简明，便于操作人员理解、掌握和记忆。

第 13 讲

安全生产投入

企业的安全管理必须有组织上的保障，即在人力、物力上的投入，否则无法真正有效地抓安全管理工作。在企业内部，安全管理上的组织保障主要包含两层意思：一是安全管理机构的保障；二是安全管理人员的保障。

在资金投入方面，《安全生产法》规定：生产经营单位应当具备的安全生产条件所必需的资金投入，由生产经营单位的决策机构、主要负责人或者个人经营的投资人予以保证，并对由于安全生产所必需的资金投入不足导致的后果承担责任。另外，根据《工伤保险条例》规定，企业必须依法参加工伤保险，有义务为企业职工缴纳工伤保险费。2016 年 12 月 18 日《中共中央　国务院关于推进安全生产领域改革发展的意见》提出，将取消企业安全生产风险抵押金制度，建立、健全安全生产责任保险制度。

13.1　依法设置安全管理机构

13.1.1　企业安全管理机构

安全管理机构是指企业内部专门负责安全生产监督管理的内设机构。安全管理人员是指企业从事安全管理工作的专职或者兼职人员。在企业专门从事安全管理工作的人员就是专职的安全管理人员，在企业既承担其他工作职责、工作任务，同时又承担安全管理职责的人员则为兼职安全管理人员。安全管理机构和安全管理人员的作用是落实国家有关安全生产的法律、法规，组织企业内部各种安全检查活动，负责日常安全检查，及时整改各种事故隐患，监督安全生产责任制的落实等。

13.1.2　安全管理机构设置的依据

根据《安全生产法》的规定，矿山、金属冶炼、建筑施工、道路运输单位和危险物品的生产、经营、储存单位，应当设置安全管理机构或者配备专职安全管理人员。其他生产经营单位，从业人员超过100人的，应当设置安全管理机构或者配备专职安全管理人员；从业人员在100人以下的，应当配备专职或者兼职的安全管理人员。

《职业病防治法》规定：用人单位应当设置或者指定职业卫生管理机构或者组织，配备专职或者兼职的职业卫生管理人员，负责本单位的职业病防治工作。

《国务院关于进一步加强企业安全生产工作的通知》要求：加强企业生产技术管理，强化企业技术管理机构的安全职能，按规定配备安全技术人员。

根据《安全生产许可证条例》的规定，设置安全管理机构，配备专职安全管理人员，是矿山企业、建筑施工企业和危险化学品、烟花爆竹、民用爆炸物品生产企业取得安全生产许可证的重要条件之一。

《安全生产“十三五”规划》指出，要督促企业依法设置安全管理机构，配备安全管理人员和注册安全工程师。

13.1.3　企业安全管理人员的配备要求

根据《安全生产法》，企业安全管理人员的配备应满足如下要求：

1）矿山、金属冶炼、建筑施工、道路运输单位和危险物品的生产、经营、储存单位，以及从业人员超过100人的其他企业，必须配备专职的安全管理人员。

2）上述高风险单位以外且从业人员在100人以下的企业，可以配备专职的安全管理人员，也可以只配备兼职的安全管理人员，还可以委托具有国家规定的相关专业技术资格的工程技术人员提供安全管理服务。具体配备情况由企业危险性、从业人员人数、生产经营规模等因素确定。

3）当企业根据法律、规定和本单位实际情况，委托工程技术人员提供安全管理服务时，保证安全生产的责任仍由本单位负责。

4）企业配备的安全管理人员素质要求：企业的安全管理人员必须具备与本企业所从事的生产经营活动相应的安全生产知识和管理能力。危险物品的生产、经营、储存单位以及矿山、建筑施工单位的安全管理人员，应当由有关主管部门对其安全生产知识和管理能力考核合格后方可任职。考核不得收费。

13.2 安全生产费用提取和使用

13.2.1 应该提取安全生产费用的行业企业

根据相关法律、法规的规定，在中华人民共和国境内直接从事煤炭生产、非煤矿山开采、建设工程施工、危险品生产与储存、交通运输、冶金、机械制造、烟花爆竹生产、武器装备研制生产与试验（含民用航空及核燃料）的企业以及其他经济组织必须按照规定提取和使用安全生产费用。上述具体行业的规定如下：

1）煤炭生产是指煤炭资源开采作业有关活动。

2）非煤矿山开采是指石油和天然气、煤层气（地面开采）、金属矿、非金属矿及其他矿产资源的勘探作业和生产、选矿、闭坑及尾矿库运行、闭库等有关活动。

3）建设工程施工是指土木工程、建筑工程、井巷工程、线路管道和设备安装及装修工程的新建、扩建、改建以及矿山建设。

4）危险品是指列入国家标准《危险货物品名表》（GB 12268—2012）和《危险化学品目录》的物品。

5）交通运输包括道路运输、水路运输、铁路运输、管道运输。道路运输是指以机动车为交通工具的旅客和货物运输，水路运输是指以运输船舶为工具的旅客和货物运输及港口装卸、堆存，铁路运输是指以火车为工具的旅客和货物运输（包括高铁和城际铁路），管道运输是指以管道为工具的液体和气体物资运输。

6）冶金是指金属矿物的冶炼以及压延加工有关活动，包括黑色金属、有色金属、黄金等的冶炼生产和加工处理活动，以及耐火材料等与主工艺流程配套的辅助工艺环节的生产。

7）机械制造是指各种动力机械、冶金矿山机械、运输机械、农业机械、工具、仪器、仪表、特种设备、大中型船舶、石油炼化装备及其他机械设备的制造活动。

8）烟花爆竹是指烟花爆竹制品和用于生产烟花爆竹的民用黑火药、烟火药、引火线等物品。

9）武器装备研制生产与试验，包括武器装备和弹药的科研、生产、试验、储运、销毁、维修保障等。

13.2.2 各类企业安全生产费用提取标准

（1）煤炭生产企业

煤炭生产企业依据开采的原煤产量按月提取，各类煤矿原煤单位产量安全生产费用提取标准如下：

1）煤（岩）与瓦斯（二氧化碳）突出矿井、高瓦斯矿井吨煤30元。

2）其他井工矿吨煤15元。

3）露天矿吨煤5元。

矿井瓦斯等级划分按现行《煤矿安全规程》和《矿井瓦斯等级鉴定规范》（AQ 1025—2006）的规定执行。

（2）非煤矿山开采企业

非煤矿山开采企业依据开采的原矿产量按月提取，各类矿山原矿单位产量安全生产费用提取标准如下：

1）石油，每吨原油17元。

2）天然气、煤层气（地面开采），每千立方米原气5元。

3）金属矿山，其中露天矿山每吨5元，地下矿山每吨10元。

4）核工业矿山，每吨25元。

5）非金属矿山，其中露天矿山每吨2元，地下矿山每吨4元。

6）小型露天采石场，即年采剥总量50万吨以下，且最大开采高度不超过50米，产品用于建筑、铺路的山坡型露天采石场，每吨1元。

7）尾矿库按入库尾矿量计算，三等及三等以上尾矿库每吨1元，四等及五等尾矿库每吨1.5元。

原矿产量不含金属、非金属矿山尾矿库和废石场中用于综合利用的尾砂和低品位矿石。地质勘探单位安全生产费用按地质勘查项目或工程总费用的2%提取。

（3）建设工程施工企业

建设工程施工企业以建筑安装工程造价为计提依据，各建设工程安全生产费用提取标准如下：

1）矿山工程为2.5%。

2）房屋建筑工程、水利水电工程、电力工程、铁路工程、城市轨道交通工程为2.0%。

3）市政公用工程、冶炼工程、机电安装工程、化工石油工程、港口与航道工程、公路工程、通信工程为1.5%。

建设工程施工企业提取的安全生产费用列入工程造价，在竞标时不得删减，列入标外管理。国家对基本建设投资概算另有规定的，从其规定。总包单位应当将安全生产费用按比例直接支付分包单位并监督使用，分包单位不再重复提取。

（4）危险品生产与储存企业

危险品生产与储存企业以上年度实际营业收入为计提依据，采取超额累退方式按照以下标准平均逐月提取：

1）营业收入不超过 1 000 万元的，按照 4% 提取。

2）营业收入超过 1 000 万元不足 1 亿元的部分，按照 2% 提取。

3）营业收入超过 1 亿元不足 10 亿元的部分，按照 0.5% 提取。

4）营业收入超过 10 亿元的部分，按照 0.2% 提取。

（5）交通运输企业

交通运输企业以上年度实际营业收入为计提依据，按照以下标准平均逐月提取：

1）普通货运业务按照 1% 提取。

2）客运业务、管道运输、危险品等特殊货运业务按照 1.5% 提取。

（6）冶金企业

冶金企业以上年度实际营业收入为计提依据，采取超额累退方式按照以下标准平均逐月提取：

1）营业收入不超过 1 000 万元的，按照 3% 提取。

2）营业收入超过 1 000 万元不足 1 亿元的部分，按照 1.5% 提取。

3）营业收入超过 1 亿元不足 10 亿元的部分，按照 0.5% 提取。

4）营业收入超过 10 亿元不足 50 亿元的部分，按照 0.2% 提取。

5）营业收入超过 50 亿元不足 100 亿元的部分，按照 0.1% 提取。

6）营业收入超过 100 亿元的部分，按照 0.05% 提取。

（7）机械制造企业

机械制造企业以上年度实际营业收入为计提依据，采取超额累退方式按照以下标准平均逐月提取：

1）营业收入不超过1 000万元的，按照2%提取。

2）营业收入超过1 000万元不足1亿元的部分，按照1%提取。

3）营业收入超过1亿元不足10亿元的部分，按照0.2%提取。

4）营业收入超过10亿元不足50亿元的部分，按照0.1%提取。

5）营业收入超过50亿元的部分，按照0.05%提取。

（8）烟花爆竹生产企业

烟花爆竹生产企业以上年度实际营业收入为计提依据，采取超额累退方式按照以下标准平均逐月提取：

1）营业收入不超过200万元的，按照3.5%提取。

2）营业收入超过200万元不足500万元的部分，按照3%提取。

3）营业收入超过500万元不足1 000万元的部分，按照2.5%提取。

4）营业收入超过1 000万元的部分，按照2%提取。

中小微型企业和大型企业上年末安全生产费用结余分别达到本企业上年度营业收入的5%和1.5%时，经当地县级以上安全生产监督管理部门、煤矿安全监察机构商财政部门同意，企业本年度可以缓提或少提安全生产费用。企业规模划分标准按照工业和信息化部、国家统计局、国家发展和改革委员会、财政部《关于印发中小企业划型标准规定的通知》（工信部联企业〔2011〕300号）规定执行。

企业在上述标准的基础上，根据安全生产实际需要，可适当提高安全生产费用提取标准。新建企业和投产不足一年的企业以当年实际营业收入为提取依据，按月计提安全生产费用。混业经营企业，如能按业务类别分别核算的，则以各业务营业收入为计提依据，按上述标准分别提取安全生产费用；如不能分别核算的，则以全部业务收入为计提依据，按主营业务计提标准提取安全生产费用。

13.2.3 安全生产费用的使用

(1) 煤炭生产企业

煤炭生产企业安全生产费用应当按照以下范围使用:

1) 煤与瓦斯突出及高瓦斯矿井落实“两个四位一体”综合防突措施支出，包括瓦斯区域预抽、保护层开采区域防突措施、开展突出区域和局部预测、实施局部补充防突措施、更新改造防突设备和设施、建立突出防治实验室等支出。

2) 煤矿安全生产改造和重大隐患治理支出，包括“一通三防”(通风，防瓦斯、防煤尘、防灭火)、防治水、供电、运输等系统设备改造和灾害治理工程，煤矿机械化改造，矿压（冲击地压)、热害、露天矿边坡治理、采空区治理等支出。

3) 完善煤矿井下监测监控、人员定位、紧急避险、压风自救、供水施救和通信联络等安全避险“六大系统”支出，应急救援技术装备、设施配置和维护保养支出，事故逃生和紧急避难设施设备的配置和应急演练支出。

4) 开展重大危险源和事故隐患评估、监控和整改支出。

5) 安全检查、评价（不包括新建、改建、扩建项目安全评价)、咨询、标准化建设支出。

6) 配备和更新现场作业人员劳动防护用品支出。

7) 安全生产宣传、教育、培训支出。

8) 安全生产适用的新技术、新标准、新工艺、新装备的推广应用支出。

9) 安全设施及特种设备检测检验支出。

10) 其他与安全生产直接相关的支出。

(2) 非煤矿山开采企业

非煤矿山开采企业安全生产费用应当按照以下范围使用:

1) 完善、改造和维护安全防护设施设备（不含“三同时”要求初期投入的安全设施）和重大事故隐患治理支出，包括矿山综合防尘、防灭火、防治水、危险气体监测、通风系统、支护及防治边帮滑坡设备、机电设备、供配电系统、运输（提升）系统和尾矿库等完善、改造和维护支出以及实施地压监测监控、露天矿边坡治理、采空区治理等支出。

2）完善非煤矿山监测监控、人员定位、紧急避险、压风自救、供水施救和通信联络等安全避险“六大系统”支出，完善尾矿库全过程在线监控系统和海上石油开采出海人员动态跟踪系统支出，应急救援技术装备、设施配置及维护保养支出，事故逃生和紧急避难设施设备的配置和应急演练支出。

3）开展重大危险源和事故隐患评估、监控和整改支出。

4）安全检查、评价（不包括新建、改建、扩建项目安全评价）、咨询、标准化建设支出。

5）配备和更新现场作业人员劳动防护用品支出。

6）安全生产宣传、教育、培训支出。

7）安全生产适用的新技术、新标准、新工艺、新装备的推广应用支出。

8）安全设施及特种设备检测检验支出。

9）尾矿库闭库及闭库后维护费用支出。

10）地质勘探单位野外应急食品、应急器械、应急药品支出。

11）其他与安全生产直接相关的支出。

（3）建设工程施工企业

建设工程施工企业安全生产费用应当按照以下范围使用：

1）完善、改造和维护安全防护设施设备支出（不含“三同时”要求初期投入的安全设施），包括施工现场临时用电系统、洞口、临边、机械设备、高处作业、交叉作业防护及防火、防爆、防尘、防毒、防雷、防台风、防地质灾害、地下工程有害气体监测、通风、临时安全防护等设施设备支出。

2）配备、维护、保养应急救援器材、设备支出和应急演练支出。

3）开展重大危险源和事故隐患评估、监控和整改支出。

4）安全检查、评价（不包括新建、改建、扩建项目安全评价）、咨询和标准化建设支出。

5）配备和更新现场作业人员劳动防护用品支出。

6）安全生产宣传、教育、培训支出。

7）安全生产适用的新技术、新标准、新工艺、新装备的推广应用支出。

8）安全设施及特种设备检测检验支出。

9）其他与安全生产直接相关的支出。

（4）危险品生产与储存企业

危险品生产与储存企业安全生产费用应当按照以下范围使用：

1）完善、改造和维护安全防护设施设备支出（不含“三同时”要求初期投入的安全设施），包括车间、库房、罐区等作业场所的监控、监测、通风、防晒、调温、防火、灭火、防爆、泄压、防毒、消毒、中和、防潮、防雷、防静电、防腐、防渗漏、防护围堤或者隔离操作等设施设备支出。

2）配备、维护、保养应急救援器材、设备支出和应急演练支出。

3）开展重大危险源和事故隐患评估、监控和整改支出。

4）安全检查、评价（不包括新建、改建、扩建项目安全评价）、咨询和标准化建设支出。

5）配备和更新现场作业人员劳动防护用品支出。

6）安全生产宣传、教育、培训支出。

7）安全生产适用的新技术、新标准、新工艺、新装备的推广应用支出。

8）安全设施及特种设备检测检验支出。

9）其他与安全生产直接相关的支出。

（5）交通运输企业

交通运输企业安全生产费用应当按照以下范围使用：

1）完善、改造和维护安全防护设施设备支出（不含“三同时”要求初期投入的安全设施），包括道路、水路、铁路、管道运输设施设备和装卸工具安全状况检测及维护系统、运输设施设备和装卸工具附属安全设备等支出。

2）购置、安装和使用具有行驶记录功能的车辆卫星定位装置、船舶通信导航定位和自动识别系统、电子海图等支出。

3）配备、维护、保养应急救援器材、设备支出和应急演练支出。

4）开展重大危险源和事故隐患评估、监控和整改支出。

5）安全检查、评价（不包括新建、改建、扩建项目安全评价）、咨询和标准化建设支出。

6）配备和更新现场作业人员劳动防护用品支出。

7）安全生产宣传、教育、培训支出。

8）安全生产适用的新技术、新标准、新工艺、新装备的推广应用支出。

9）安全设施及特种设备检测检验支出。

10）其他与安全生产直接相关的支出。

（6）冶金企业

冶金企业安全生产费用应当按照以下范围使用：

1）完善、改造和维护安全防护设施设备支出（不含“三同时”要求初期投入的安全设施），包括车间、站、库房等作业场所的监控、监测、防火、防爆、防坠落、防尘、防毒、防噪声与振动、防辐射和隔离操作等设施设备支出。

2）配备、维护、保养应急救援器材、设备支出和应急演练支出。

3）开展重大危险源和事故隐患评估、监控和整改支出。

4）安全检查、评价（不包括新建、改建、扩建项目安全评价）和咨询及标准化建设支出。

5）安全生产宣传、教育、培训支出。

6）配备和更新现场作业人员劳动防护用品支出。

7）安全生产适用的新技术、新标准、新工艺、新装备的推广应用支出。

8）安全设施及特种设备检测检验支出。

9）其他与安全生产直接相关的支出。

（7）机械制造企业

机械制造企业安全生产费用应当按照以下范围使用：

1）完善、改造和维护安全防护设施设备支出（不含“三同时”要求初期投入的安全设施），包括生产作业场所的防火、防爆、防坠落、防毒、防静电、防腐、防尘、防噪声与振动、防辐射或者隔离操作等设施设备支出，大型起重机械安装安全监控管理系统支出。

2）配备、维护、保养应急救援器材、设备支出和应急演练支出。

3）开展重大危险源和事故隐患评估、监控和整改支出。

4）安全检查、评价（不包括新建、改建、扩建项目安全评价）、咨询和标准化建设支出。

5）安全生产宣传、教育、培训支出。

6）配备和更新现场作业人员劳动防护用品支出。

7）安全生产适用的新技术、新标准、新工艺、新装备的推广应用支出。

8）安全设施及特种设备检测检验支出。

9）其他与安全生产直接相关的支出。

（8）烟花爆竹生产企业

烟花爆竹生产企业安全生产费用应当按照以下范围使用：

1）完善、改造和维护安全设备设施支出（不含“三同时”要求初期投入的安全设施）。

2）配备、维护、保养防爆机械电气设备支出。

3）配备、维护、保养应急救援器材、设备支出和应急演练支出。

4）开展重大危险源和事故隐患评估、监控和整改支出。

5）安全检查、评价（不包括新建、改建、扩建项目安全评价）、咨询和标准化建设支出。

6）安全生产宣传、教育、培训支出。

7）配备和更新现场作业人员劳动防护用品支出。

8）安全生产适用的新技术、新标准、新工艺、新装备的推广应用支出。

9）安全设施及特种设备检测检验支出。

10）其他与安全生产直接相关的支出。

在上述规定的使用范围内，企业应当将安全生产费用优先用于满足安全生产监督管理部门、煤矿安全监察机构以及行业主管部门对企业安全生产提出的整改措施或达到安全生产标准所需的支出。企业提取的安全生产费用应当专户核算，按规定范围安排使用，不得挤占、挪用。年度结余资金结转下年度使用，当年计提安全生产费用不足的，超出部分按正常成本费用渠道列支。主要承担安全管理责任的集团公司经过履行内部决策程序，可以对所属企业提取的安全生产费用按照一定比例集中管理，统筹使用。

煤炭生产企业和非煤矿山企业已提取维持简单再生产费用的，应当继续提取维持简单再生产费用，但其使用范围不再包含安全生产方面的用途。矿山企业转产、停产、停业或者解散的，应当将安全生产费用结余转入矿山闭坑安全保障基金，用于矿山闭坑、尾矿库闭库后可能的危害治理和损失赔偿。危险品生产与储存企业转产、停产、停业或者解散的，应当将安全生产费用结余用于处理转产、停产、停业或者解散前的危险品生产或储存设备、库存产品及生产原料支出。企业由于产权转让、公司制改建等变更股权结构或者组织形式的，其结余的安全生产费用应当继续按照规定管理使用。企业调整业务、终止经营或者依法清算，其结余的安全生产费用应当结转本期收益或者清算收益。

13.3 工伤保险基金的构成和特点

工伤保险基金是社会保险基金中的一种，由依法参加工伤保险的用人单位缴纳的工伤保险费、工伤保险基金的利息和依法纳入工伤保险基金的其他资金构成。

工伤保险基金主要有以下特点：

（1）强制性

工伤保险费是国家以法律规定的形式，向规定范围内的用人单位征收的一种社会保险费。具有缴费义务的单位必须按照法律规定履行缴费义务，否则将违法，用人单位要按照法律规定承担相应的法律责任。

（2）共济性

用人单位按规定缴纳工伤保险费后，不管该单位发生多大程度和范围的工伤，工伤保险基金都应按照法律规定支付相应的工伤保险待遇。缴费单位不能因为没有发生工伤，而要求返还缴纳的工伤保险费。社会保险经办机构也不应因单位发生的工伤多、支付的基金数额大，而要求该单位追加缴纳工伤保险费，只能在确定用人单位下一轮工伤保险费率时适当考虑其工伤保险基金使用情况。

（3）固定性

国家根据社会保险事业的需要，事先规定工伤保险费缴费对象、缴费基数和费率的基本原则。在征收时，不因缴费义务人的具体情况而随意调整。固定性还表现在工伤保险基金的使用上，工伤保险基金实行专款专用，任何人不得挪用。

工伤保险费是工伤保险基金的主要来源，因此凡是纳入工伤保险范围的用人单位应当按照规定，及时足额缴纳工伤保险费，以保证基金的支付能力，切实保障工伤职工及时获得医疗救治和经济补偿。工伤保险基金按照规定存入银行或者购买国债，取得的利息并入工伤保险基金。依法纳入工伤保险基金的其他资金，是指按规定征收的滞纳金、社会捐赠等资金。

13.3.1 工伤保险缴费

（1）工伤保险费率的确定原则

工伤保险实行现收现付制，也就是当期征缴的工伤保险费用于支付当期的各项工伤保险待遇及其他合法支出。因此，工伤保险费率的确定，应该保障各项工伤保险待遇及各项合法项目的支出，同时又不能使基金有过多的积累。正是基于上述考虑，《工伤保险条例》规定，工伤保险实行以支定收、收支平衡的费率确定原则。以支定收、收支平衡，即以一个周期内工伤保险基金的支付额度为标准，确定征缴保险费的额度，使工伤保险基金在一个周期内的收与支保持平衡。

在我国，用人单位缴纳工伤保险费不实行统一费率，而是实行行业差别费率和用人单位浮动费率相结合的工伤保险费率。

（2）行业差别费率

工伤保险费率的确定方式与养老、医疗、失业保险不同。工伤保险费率与所属行业和单位工伤发生率等情况挂钩。各行业在产业结构、生产类型、生产技术条件、管理水平等方面存在差异，表现出不同的职业伤害风险。为了体现保险费用公平负担，促使事故多的行业改进生产条件、提高生产技术、搞好安全生产，许多国家根据不同行业的工伤风险程度确定行业差别费率。在实行行业差别费率的国家，各行业的费率幅度为单位工资总额的0.2%～21%，相差较大。例如，德国工伤保险费率最低的为 0.71%，最高的为 14.58%；美国的工伤保险费率为 0.6%~6%；日本的工伤保险费率最低为 0.5%，最高为 14.8%；意大利为 0.6%~16%；巴西为 0.4%~2.5%。在我国，国家根据不同行业的工伤风险程度确定行业的差别费率，并根据工伤保险费使用、工伤发生率情况在每个行业内确定若干费率档次。

(3) 用人单位缴费费率

用人单位具体缴费费率的确定，是在行业差别费率及费率档次制定后，根据每个用人单位上一费率确定周期工伤保险基金使用、工伤发生率等情况，由统筹地区的社会保险经办机构确定其适用所属行业的相应费率档次。《工伤保险条例》规定，用人单位的具体缴费费率，由社会保险经办机构行使确定权。社会保险经办机构在确定用人单位工伤保险费率时，应根据每个用人单位上一周期工伤保险基金使用、工伤发生率和所属行业费率档次等因素确定。

(4) 工伤保险费缴费主体和数额

1) 工伤保险费缴费主体。法律规定工伤保险费由用人单位缴纳，职工个人不缴纳，即工伤保险费全部由用人单位缴纳，职工本人不承担缴费义务。这一规定与养老保险、医疗保险等其他社会保险险种实行的多方责任制度不同，它体现了工伤保险遵循的雇主责任原则。

目前，世界各国实行的工伤保险大体可以分为两种类型：一种是社会保险制，另一种是雇主责任制。

社会保险制是参加工伤保险的雇主，都必须向社会保险机构缴纳工伤保险费。我国实行的是社会保险制，规定由雇主缴费。我国境内的各类企业和有雇工的个体工商户都应当按照经办机构规定的缴费时间，及时缴纳工伤保险费，否则要承担法律责任。

雇主责任制有两种方式：一是受伤职工或遗属直接向用人单位要求索赔，二是用人单位为其职工的工伤风险购买商业保险。实行雇主责任制类型的是少数国家。

工伤保险实行的是“无责任赔偿”，强调单位（雇主）的赔偿责任，规定职工个人不缴纳工伤保险费。用人单位不得采取任何手段，将工伤保险费分摊到职工个人。

2）工伤保险费缴费数额。《工伤保险条例》规定，用人单位缴纳工伤保险费的数额为本单位职工工资总额乘以单位缴费费率之积。

工资总额是指每一个企业、每一个有雇工的个体工商户直接支付给本单位全部职工的劳动报酬的总额。其中全部职工是指与每一个企业、每一个有雇工的个体工商户存在劳动关系（包括事实劳动关系）的各种用工形式、各种用工期限的劳动者。国家统计局所规定的工资总额是指单位一个月或者一年发放给全体职工的所有工资，这与《工伤保险条例》第十条所规定的工资总额是有区别的。其区别就在于国家统计局所规定的工资总额中的“全体职工”实际上并不包括农民工和临时工等灵活用工形式、灵活用工期限的劳动者。所以，《工伤保险条例》规定工资总额的范围比国家统计局所规定的工资总额范围要广。

根据国家统计局关于工资总额的规定，单位的工资总额包括计时工资、计件工资、奖金、津贴、补贴、加班加点工资以及特殊情况下支付的工资，但不包括下列费用：

①单位支付给劳动者个人的社会保险福利费用，如丧葬抚恤费、生活困难补助费、计划生育补贴等。

②劳动保护方面的费用，如用人单位支付给劳动者的工作服、解毒剂、清凉饮料费用等。

③按规定未列入工资总额的各种劳动报酬及其他劳动收入，如根据国家规定发放的创造发明奖、国家星火奖、自然科学奖、科学进步奖、中华技能大奖，以及稿酬、讲课费、翻译费等。

13.3.2 工伤保险基金的使用

工伤保险费率按照以支定收、收支平衡的原则确定。为了保障将工伤保险基金主要用于工伤职工的救治、救济，《工伤保险条例》规定，工伤保险基金只能用于工伤保险待遇、劳动能力鉴定、工伤预防的宣传和培训以及法律、法规规定的用于工伤保险的其他费用支出。

（1）工伤保险待遇

按照《工伤保险条例》的规定，工伤保险待遇主要包括医疗康复待遇、伤残待遇和死亡待遇。医疗康复待遇包括诊疗费、药费、住院费用等。伤残待遇包括一至十级工伤职工的一次性伤残补助金，标准为27个月至7个月的本人工资；一至六级工伤职工（难以安排工作）的伤残津贴，标准分别为本人工资的90%、85%、80%、75%、70%、60%；需要护理的，还可以享受生活护理费，根据不同等级，标准为统筹地区上年度职工月平均工资的50%、40%和30%；需要安装辅助器具的，由工伤保险基金支付费用。另外，伤残待遇还包括五级至十级工伤职工终止或者解除劳动合同时应当享受的一次性工伤医疗补助金等。死亡待遇包括丧葬补助金，标准为6个月的统筹地区上年度职工月平均工资；供养亲属抚恤金，标准为配偶每月享受工亡职工工资的40%，其他亲属每人每月30%，孤寡老人或孤儿每人每月在上述标准的基础上增加10%；一次性工亡补助金，标准为上一年度全国城镇居民人均可支配收入的20倍。

（2）劳动能力鉴定费

根据《工伤保险条例》的规定，劳动能力鉴定费是指劳动能力鉴定委员会支付给参加劳动能力鉴定的医疗卫生专家的费用。如果劳动能力鉴定是由劳动能力鉴定委员会委托具备资格的医疗机构协助进行的，劳动能力鉴定费也包括支付给相关医疗机构的诊断费用。将劳动能力鉴定费纳入工伤保险基金的支出项目，是工伤保险制度的一大进步。在此之前，劳动能力鉴定费由申请进行劳动能力鉴定的工伤职工所在单位支付。建立工伤保险制度的目的之一就是分散用人单位的工伤风险，将单个用人单位承担的对工伤职工的赔付责任，以通过参加工伤保险统筹的方式来体现，尽量减少用人单位对工伤职工的责任。因此，《工伤保险条例》将劳动能力鉴定费纳入了工伤保险基金的支出项目。

（3）工伤预防费用

从国际上看，实行工伤保险制度的国家一般均采用工伤预防、工伤补偿、工伤康复三位一体的机制，坚持“预防优先”原则，将工伤预防费纳入工伤保险基金支出项目。工伤预防费一般用于对企业进行工伤预防宣传，对企业管理人员和一线职工进行安全生产教育和培训等。使用部分基金加强工伤预防，使工伤事故和职业病发生率下降，将从源头上减少工伤事故和基金支出。

（4）法律、法规规定的用于工伤保险的其他费用

《工伤保险条例》明确列举了工伤保险基金的具体支出项目，但是随着工伤保险事业的发展，不可避免地会出现一些新的应该由工伤保险基金支付的项目。为了给基金的合法支出留有一定的空间，同时为了避免滥用基金情况的发生，《工伤保险条例》规定，只有全国人大及其常委会制定的法律、国务院制定的行政法规和省（自治区、直辖市）人大制定的地方性法规才能规定工伤保险基金的支出项目。其他文件，包括省级人民政府制定的政府规章和人力资源社会保障部制定的部门规章，都不得规定工伤保险基金的支出项目。

13.4 高危企业安全生产责任保险

13.4.1 推进安全生产责任保险

2006 年 6 月 15 日印发的《国务院关于保险业改革发展的若干意见》（国发〔2006〕23 号）中指出：大力发展责任保险，健全安全生产保障和突发事件应急机制。充分发挥保险在防损减灾和灾害事故处置中的重要作用，将保险纳入灾害事故防范救助体系。不断提高保险机构风险管理能力，利用保险事前防范与事后补偿相统一的机制，充分发挥保险费率杠杆的激励约束作用，强化事前风险防范，减少灾害事故发生，促进安全生产和突发事件应急管理。采取市场运作、政策引导、政府推动、立法强制等方式，发展安全生产责任、建筑工程责任、产品责任、公众责任、执业责任、董事责任、环境污染责任等保险业务。在煤炭开采等行业推行强制责任保险试点，取得经验后逐步在高危行业、公众聚集场所、境内外旅游等方面推广。完善高危行业安全生产风险抵押金制度，探索通过专业保险机构进行规范管理和运作。进一步完善机动车交通事故责任强制保险制度。通过试点，建立统一的医疗责任保险。推动保险业参与“平安建设”。2010 年 7 月 19 日，国务院出台了《国务院关于进一步加强企业安全生产工作的通知》，要求“完善工伤保险制度，积极稳妥推行安全生产责任保险制度”。《安全生产法》规定：生产经营单位必须依法参加工伤保险，为从业人员缴纳保险费。国家建立安全生产责任保险制度。矿山、危险化学品、烟花爆竹、建筑施工、民用爆炸物品、金属冶炼等高危行业领域的生产经营单位，应当投保安全生产责任保险。

2016 年 12 月 18 日《中共中央　国务院关于推进安全生产领域改革发展的意见》提出，将研究修改刑法有关条款，将生产经营过程中极易导致重大生产安全事故的违法行为纳入刑法调整范围；取消企业安全生产风险抵押金制度，建立、健全安全生产责任保险制度。

13.4.2 安全生产责任保险及其意义

（1）安全生产责任保险

安全生产责任保险是在综合分析研究工伤保险、各种商业保险利弊的基础上，借鉴国际上一些国家通行的做法和经验，提出来的一种新的保险险种和制度，带有一定公益性质，采取政府推动、立法强制实施，由商业保险机构专业化运营。它的特点是强调各方主动参与事故预防，积极发挥商业保险机构的社会责任和社会管理功能，运用行业的差别费率和企业的浮动费率以及预防费用机制，实现安全与保险良性互动。推进安全生产责任保险的目的是将保险的风险管理职能引入安全生产监管体系，实现风险专业化管理与安全监管监察工作有机结合，通过强化事前风险防范，最终减少事故发生，促进安全生产，提高安全生产突发事件的应对处置能力。

（2）推行安全生产责任保险的意义

实现安全生产形势持续稳定好转，必须坚持综合治理，充分调动和发挥一切有利于加强安全生产工作的因素，从不同层面加大工作力度，这是安全生产方针和建立安全生产长效机制、实现长治久安的基本要求。在安全生产领域引入保险制度，特别是在高危行业推进安全生产责任保险，是安全生产工作综合治理的一项重要措施，在国际上被证明是一种行之有效的做法。

1）有助于发挥保险的社会管理功能，促进安全防范措施的落实，降低生产安全事故的发生概率。商业保险机构与投保单位签订了保险合同以后，就与企业共同构成了风险共担的关系主体，他们出于对各自利益的考虑，必须要采取一些措施，加强对企业安全生产的监督，以期减少事故、减少赔偿。同时，企业引入保险机制后，就能给本单位引入一个从自身利益出发、关注企业安全生产的市场主体，有利于防范生产安全事故的发生。

2）有利于形成企业安全生产自我约束机制，提高企业从业人员的安全意识。商业保险机构为了降低事故赔偿，通常会设计一些激励与约束相兼容的制度条款来调动企业加强安全管理的积极性，提高企业管理人员做好安全生产工作的责任心。同时，商业保险机构为了减少生产安全事故的发生，往往会主动宣传安全生产工作，有利于广大从业人员提高安全意识，采取正确的安全生产方式。

3）能够保证生产安全事故发生后补偿损失的资金来源，减轻政府负担。生产安全事故发生后，尤其是中小企业发生重大、特别重大生产安全事故后，政府要及时组织抢险和救援，并介入善后工作，保证受难者家属得到一定的经济补偿。引入保险机制后，商业保险机构可事先通过保费的形式，将各企业的资金集中起来，在事故发生后，在承保范围内提供补偿。这样通过引入保险机制，提供了一条新的弥补损失的资金来源，能有效减轻政府的财政负担。

13.4.3 推进安全生产责任保险工作内容

（1）参保企业及保险范围

矿山、危险化学品、烟花爆竹、建筑施工、民用爆炸物品、金属冶炼等高危行业领域的企业应当投保安全生产责任保险。保险范围主要是事故死亡人员和伤残人员的经济赔偿、事故应急救援和善后处理费用。对伤残人员的赔偿，可参考有关部门鉴定的伤残等级确定不同的赔付标准，并在保险产品合同中载明。

（2）保额的确定与调整

由各省（自治区、直辖市）根据本地区的经济发展水平和安全生产实际状况分别制定统一的保额标准。目前，应急管理部原则要求保额的低限不得小于20万元/人。

（3）费率的确定与浮动

首次安全生产责任保险的费率可以根据本地区确定的保额标准和本地区、行业前3年生产安全事故死亡、伤残的平均人数进行科学测算。各地区、行业安全生产责任保险的费率根据上年安全生产状况实行每年浮动一次。具体费率执行标准及费率浮动办法由省级安全生产监督管理部门和煤矿安全监察机构会同有关商业保险机构共同研究制定。

（4）有关保险的关系与调整

安全生产责任保险与工伤保险是并行关系，是对工伤保险的必要补充。一方面，工伤保险是我国的一种基本社会保障制度，主要由政府部门统筹统管，在从业人员受意外伤害、职业病危害的情况下，为从业人员提供医疗服务、生活保障、经济补偿和职业康复，保障从业人员合法权益。企业为从业人员缴纳工伤保险费是法定责任。另一方面，参加工伤保险后依然需要参加安全生产责任保险。因此，安全生产责任保险与工伤保险形成并行关系。

安全生产责任保险与意外伤害保险、雇主责任保险等其他险种是替代关系。企业已购买意外伤害保险、雇主责任保险等其他险种的，可以通过与商业保险机构协商，适时调整为安全生产责任保险，或到期自动终止，转投安全生产责任保险。

（5）发挥中介机构的作用

在推进安全生产责任保险工作中，可以根据需要选择保险经纪公司代理保险的投保、赔付、参与事故预防工作等相关事宜。鼓励选择有实力、有信誉、有良好服务水平的保险经纪公司代理保险业务，发挥保险经纪公司专业化服务的作用。

（6）商业保险机构和保险经纪公司的准入

安全生产责任保险是一项新的制度和险种，涉及的领域多、范围广，社会敏感性大，有的事故赔付额度巨大，因此必须选择有资质的商业保险机构、保险经纪公司进行投保。应急管理部组织有关专家对申请办理安全生产责任保险的商业保险机构资质进行审核，并公布审核结果。已经选择商业保险机构开展投保业务的地区，省级安全生产监督管理部门、煤矿安全监察机构需要将选择情况报应急管理部备案。

第14讲

建设项目安全设计与“三同时”管理

根据《安全生产法》《建筑法》等相关法律、法规，从事建设工程新建、扩建、改建和拆除等有关活动的企业事业单位，应当建立安全生产管理责任体系，加强安全生产监督管理，保障人民群众生命和财产安全。

《安全生产法》规定：生产经营单位新建、改建、扩建工程项目（以下统称建设项目）的安全设施，必须与主体工程同时设计、同时施工、同时投入生产和使用。安全设施投资应当纳入建设项目概算。建设项目安全设施的设计人、设计单位应当对安全设施设计负责。矿山、金属冶炼建设项目和用于生产、储存、装卸危险物品的建设项目安全设施设计应当按照国家有关规定报经有关部门审查，审查部门及其负责审查的人员对审查结果负责。

14.1 工业企业总体设计规划安全要求

工业企业新建、改建及扩建的总体（总平面）设计必须符合国家法律、法规和标准的要求，将安全生产基础设施设备建设纳入其中，为安全运营打下坚实的基础。以下内容为工业企业总体设计阶段有关安全的总体要求，详细内容见国家有关法律、法规和技术标准。

（1）厂址选择安全要求

工业企业的厂址选择应符合国家的工业布局、城镇（乡）总体规划及土地利用总体规划的要求。配套和服务的居住区、交通运输、动力公用设施、废料场及环境保护工程、施工基地等用地，应与厂区用地同时选择。散发有害物质的工业企业厂址，应位于城镇、相邻工业企业和居住区全年最小频率风向的上风侧，不应位于窝风地段，并应满足有关防护距离的要求。厂址应具有满足建设工程需要的工程地质条件和水文地质条件，应满足近期建设所必需的场地面积和适宜的建厂地形，并应根据工业企业远期发展规划的需要，留有适当的发展余地。

考虑到工业企业自身安全需要，其厂址应位于不受洪水、潮水或内涝威胁的地带，并应符合下列安全规定：

1）当厂址位于不可避免不受洪水、潮水或内涝威胁的地带时，必须采取防洪、排涝措施。

2）凡受江、河、海潮水或山洪威胁的工业企业，防洪标准应符合现行国家标准《防洪标准》（GB 50201—2014）的有关规定。

3）山区建厂，当厂址位于山坡或山脚处时，应采取防止山洪、泥石流等自然灾害危害的加固措施，应对山坡的稳定性等进行地质灾害危险性评估。

4）下列地段和地区不应选为厂址：

①发震断层和抗震设防烈度为 9 度及高于 9 度的地震区。

②有泥石流、滑坡、流沙、溶洞等直接危害的地段。

③采矿陷落（错动）区地表界限内。

④爆破危险界限内。

⑤坝或堤决溃后可能淹没的地区。

⑥有严重放射性物质污染影响区。

⑦生活居住区、文教区、水源保护区、名胜古迹、风景游览区、温泉、疗养区、自然保护区和其他需要特别保护的区域。

⑧对飞机起落、电台通信、电视转播、雷达导航和重要的天文、气象、地震观察以及军事设施等有影响的范围内。

⑨很严重的自重湿陷性黄土地段、厚度大的新近堆积黄土地段

和高压缩性的饱和黄土地段等地质条件恶劣地段。

⑩具有开采价值的矿藏区。

⑪受海啸或湖涌危害的地区。

（2）总体规划中有关安全要求

工业企业总体规划，应结合工业企业所在区域的技术经济、自然条件等进行编制，并应满足生产、运输、防震、防洪、防火、安全、卫生、环境保护、发展循环经济和企业从业人员生活的需要，应经多方案比较后，择优确定，并符合城乡总体规划和土地利用总体规划的要求。有条件时，规划应与城乡和邻近工业企业在生产、交通运输、动力公用、机修和器材供应、综合利用及生活设施等方面进行协作。厂区、居住区、交通运输、动力公用设施、防洪排涝、废料场、尾矿场、排土场、环境保护工程和综合利用场地等，均应同时规划。联合企业中不同类型的工厂，应按生产性质、相互关系、协作条件等因素分区集中布置。对产生有害气体、烟、雾、粉尘等有害物质的工厂，应采取处理措施。相关要求如下：

1）防护距离。产生有害气体、烟、雾、粉尘等有害物质的工业企业与居住区之间，应按现行国家标准《制定地方大气污染物排放标准的技术方法》（GB/T 3840—1991）和有关工业企业设计卫生标准的规定，设置卫生防护距离。产生开放型放射性有害物质的工业企业，其防护要求应符合现行国家标准《电离辐射防护与辐射源安全基本标准》（GB 18871—2002）的有关规定。民用爆破器材生产企业的危险建筑物与保护对象的外部距离应符合现行国家标准《民用爆炸物品工程设计安全标准》（GB 50089—2018）的有关规定。产生高噪声的工业企业，总体规划应符合现行国家标准《声环境质量标准》（GB 3096—2008）、《工业企业厂界环境噪声排放标准》（GB 12348—2008）的有关规定。

2）交通运输。交通运输的规划，应与企业所在地国家或地方交通运输规划相协调，并应符合工业企业总体规划要求，还应根据生产需要、当地交通运输现状和发展规划，结合自然条件与总平面布置要求，统筹安排，且应便于经营管理、兼顾地方客货运输、方便通勤，并应为与相邻企业的协作创造条件。

3）公用设施。沿江、河、海取水的水源地应位于排放污水及其他污染源的上游，河床及河、海岸稳定且不妨碍航运的地段。生活饮用水水源，应符合现行国家标准《生活饮用水卫生标准》（GB 5749—2006）和《地表水环境质量标准》（GB 3838—2002）的有关规定。热电站或集中供热锅炉房，应采取必要的治理措施，排放的烟尘、灰渣应符合国家或地方现行的有关排放标准的规定。总变电站应位于靠近厂区边缘且输电线路进出方便的地段，不得受粉尘、水雾、腐蚀性气体等污染源的影响，并应位于散发粉尘、腐蚀性气体污染源全年最小频率风向的下风侧和散发水雾场所冬季盛行风向的上风侧。

4）居住区。居住区的规划设计，应符合现行国家标准《城市居住区规划设计标准》（GB 50180—2018）的有关规定，在符合安全和卫生防护距离的要求下，居住区宜靠近工业企业布置。当工业企业位于城镇郊区时，居住区宜靠近城镇，并宜与城镇统一规划。居住区应位于向大气排放有害气体、烟、雾、粉尘等有害物质的工业企业全年最小频率风向的下风侧，其卫生防护距离应符合现行国家标准《工业企业设计卫生标准》（GBZ 1—2010）的有关规定。

5）废料场及尾矿场。工业企业排弃的废料，应结合当地条件综合利用。需综合利用的废料，应按其性质分别堆存，并应符合现行国家标准《一般工业固体废物贮存、处置场污染控制标准》（GB 18599—2001）的有关规定。废料场及尾矿场的规划，应位于居住区和厂区全年最小频率风向的上风侧，且与居住区的卫生防护距离应符合现行国家有关工业企业设计卫生标准的规定。含有有害有毒物质的废料场，应选在地下水位较低和不受地面水影响的地段，必须采取防扬散、防流失和其他防止污染的措施。含有放射性物质的废料场，应选在远离城镇及居住区的偏僻地段，确保其地面及地下水不被污染，并符合现行国家标准《电离辐射防护与辐射源安全基本标准》（GB 18871—2002）的有关规定。

6）排土场。排土场应选择在地质条件较好的地段，不宜设在工程地质或水文地质条件不良地段；应保证排土场不致因滚石、滑坡、塌方等威胁采矿场、工业场地、厂区、居民点、铁路、道路、输电线路、通信光缆、耕种区、水域、隧道涵洞、旅游景区、固定标志及永久性建筑等安全；应避免排土场成为矿山泥石流重大危险源，必要时，应采取保障安全的措施。含有污染源的废石，其堆放和处置应符合现行国家标准《一般工业固体废物贮存、处置场污染控制标准》（GB 18599—2001）的有关规定。

14.2 工业企业设计卫生要求

工业企业建设项目卫生设计的目的是贯彻《职业病防治法》，坚持“预防为主、防治结合”的卫生工作方针，落实职业病危害源头控制的“前期预防”制度，保证工业企业建设项目的设计符合卫生要求。《职业病防治法》规定的所有用人单位（既包括企业，也包括事业单位和个体经济组织），在进行建设项目施工时都必须符合国家标准规定的设计要求。

工业企业建设项目卫生设计应遵循职业病危害的预防控制对策。职业病危害的预防控制对策包括对职业病危害发生源、传播途径、接触者3个方面的控制。发生源的控制原则及优先措施是替代、改变工艺、密闭、隔离、湿式作业、局部通风及维护管理。传播途径的控制原则及优先措施是清理、全面通风、密闭、自动化远距离操作、监测及维护管理。接触者的控制原则及优先措施是培训教育、劳动组织管理、个体医学监护、配备劳动防护用品等。

（1）总体布局

1）平面布置。工业企业厂区总平面布置应明确功能分区，可将厂区分为生产区、非生产区、辅助生产区。其工程用地应根据卫生要求，结合工业企业性质、规模、生产流程、交通运输、场地自然条件、技术经济条件等合理布局。厂区总平面功能分区的分区原则：分期建设项目宜一次整体规划，使各单体建筑均在其功能区内，保证布局有序合理，避免分期建设时破坏原功能分区；行政办公用房应设置在非生产区；生产车间及与生产有关的辅助用室应布置在生产区内；产生有害物质的建筑（部位）与对环境质量有较高要求的建筑（部位）应有适当的间距或分隔。

工业企业的总平面布置，在满足主体工程需要的前提下，宜将可能产生严重职业性有害因素的设施远离产生一般职业性有害因素的其他设施，应将车间按有无危害、危害的类型及其危害浓度（强度）分开。产生职业性有害因素的车间与其他车间及生活区之间宜设一定的卫生防护绿化带。存在或可能产生职业病危害的生产车间、设备应按照《工作场所职业病危害警示标识》（GBZ 158—2003）的规定设置职业病危害警示标识。可能发生急性职业病危害的有毒、有害的生产车间，应设置与相应事故防范和应急救援相配套的设施及设备，并留有应急通道。高温车间的纵轴宜与当地夏季主导风向相垂直，当受条件限制时，其夹角不得小于45°。高温热源应尽可能地布置在车间外当地夏季主导风向的下风侧，不能布置在车间外的高温热源应布置在天窗下方或靠近车间下风侧的外墙侧窗附近。

2）竖向布置。放散大量热量或有害气体的厂房宜采用单层建筑。当厂房是多层建筑物时，放散热和有害气体的生产过程宜布置在建筑物的高层；如必须布置在下层时，应采取有效措施防止污染上层工作环境。噪声与振动较大的生产设备宜安装在单层厂房内。当设计需要将噪声与振动较大的生产设备安置在多层厂房内时，宜将其安装在底层，并采取有效的隔声和减振措施。含有挥发性气体、蒸气的各类管道不宜从仪表控制室和从业人员经常停留或通过的辅助用室的空中和地下通过；若需通过时，应严格密闭，并应具备抗压、耐腐蚀等性能，以防止有害气体或蒸气逸散至室内。

（2）工作环境

1）防尘防毒。优先采用先进的生产工艺、技术和无毒（害）或低毒（害）的原材料，消除或减少尘、毒职业性有害因素。对于工艺、技术和原材料达不到要求的，应根据生产工艺和粉尘、毒物特性，参照《工作场所防止职业中毒卫生工程防护措施规范》（GBZ/T 194—2007）的规定设计相应的防尘、防毒通风控制措施，使从业人员活动的工作场所有害物质浓度符合《工作场所有害因素职业接触限值 第1部分：化学有害因素》（GBZ 2.1—2019）要求；如预期从业人员接触浓度不符合要求的，应根据实际接触情况，参照《有机溶剂作业场所个人职业病防护用品使用规范》（GBZ/T 195—2017）的要求同时设计有效的个人防护措施。

2）防暑防寒。应优先采用先进的生产工艺、技术和原材料，优化工艺流程，使从业人员远离热源，同时根据其具体条件采取必要的隔热、通风、降温等措施，消除高温职业危害。对于工艺、技术和原材料达不到要求的，应根据生产工艺、技术、原材料特性以及自然条件，通过采取工程控制措施和必要的组织措施，如减少生产过程中的热和水蒸气释放，屏蔽热辐射源，加强通风，减少劳动时间，改善作业方式等，使室内和露天作业地点 WBGT（湿球黑球温度）指数符合《工作场所有害因素职业接触限值 第2部分：物理因素》（GBZ 2.2—2007）的要求。对于室内和露天作业 WBGT 指数不符合标准要求的，应根据实际接触情况采取有效的个人防护措施。

3）防噪声与振动。工业企业噪声控制应按相关标准要求，对生产工艺、操作维修、降噪效果进行综合分析，采用行之有效的新技术、新材料、新工艺、新方法。对于生产过程和设备产生的噪声，应首先从声源上进行控制，使噪声作业从业人员接触噪声声级符合

《工作场所有害因素职业接触限值 第2部分：物理因素》（GBZ 2.2—2007）的要求。采用工程控制技术措施仍达不到《工作场所有害因素职业接触限值 第2部分：物理因素》（GBZ 2.2—2007）要求的，应根据实际情况合理设计劳动作息时间，并采取适宜的个人防护措施。产生噪声的车间与非噪声作业车间、高噪声车间与低噪声车间应分开布置。

采用新技术、新工艺、新方法避免振动对健康的影响，应首先控制振动源，使手传振动接振强度符合《工作场所有害因素职业接触限值 第2部分：物理因素》（GBZ 2.2—2007）的要求，全身振动强度不超过国家标准规定的卫生限值。采用工程控制技术措施仍达不到要求的，应根据实际情况合理设计劳动作息时间，并采取适宜的个人防护措施。产生振动的车间，应在控制振动发生源的基础上，对厂房的建筑设计采取减轻振动影响的措施。对产生强烈振动的车间应采取相应的减振措施，对振幅、功率大的设备应设计减振基础。

4）防辐射。产生工频电磁场的设备安装地址（位置）应与居住区、学校、医院、幼儿园等保持一定的距离，使上述区域电场强度最高容许接触水平控制在4 kV/m。对有可能危及电力设施安全的建筑物、构筑物进行设计时，应遵循国家有关法律、法规要求。在选择极低频电磁场发射源和电力设备时，应综合考虑安全性、可靠性以及经济社会效益；新建电力设施时，应在不影响健康、社会效益以及技术经济可行的前提下，采取合理、有效的措施降低极低频电磁场辐射的接触水平。对于在生产过程中有可能产生非电离辐射的设备，应制定非电离辐射防护规划，采取有效的屏蔽、接地、吸收等工程技术措施及自动化或半自动化远距离操作；如预期不能屏蔽的，应设计反射性隔离或吸收性隔离措施，使从业人员非电离辐射作业的接触水平符合《工作场所有害因素职业接触限值 第2部分：物理因素》（GBZ 2.2—2007）的要求。

5）采光和照明。工作场所采光设计按《建筑采光设计标准》

（GB/T 50033—2013）执行。工作场所照明设计按《建筑照明设计标准》（GB 50034—2013）执行。照明设计宜避免眩光，充分利用自然光，选择适合目视工作的背景，光源位置选择宜避免产生阴影。根据工作场所的环境条件，应选用适宜的符合现行节能标准的灯具，具体要求如下：

①在潮湿的工作场所，宜采用防水灯具或带防水灯头的开敞式灯具。

②在有腐蚀性气体或蒸气的工作场所，宜采用防腐蚀密闭式灯具。若采用开敞式灯具，各部分应有防腐蚀或防水措施。

③在高温工作场所，宜采用散热性能好、耐高温的灯具。

④在粉尘工作场所，应按粉尘性质和生产特点选择防水、防高温、防尘、防爆炸的适宜灯具。

⑤在装有锻锤、大型桥式吊车等振动、摆动较大的工作场所，使用的灯具应有防振和防脱落措施。

⑥在需防止紫外线照射的工作场所，应采用隔紫灯具或无紫光源。

⑦在含有可燃易爆气体及粉尘的工作场所，应采用防爆灯具和防爆开关。

6）工作场所微气候。工作场所的新风应来自室外，新风口应设置在空气清洁区，新风量应满足下列要求：非空调工作场所人均占用容积小于20 m^3 的车间，应保证人均新风量不小于30 m^3/h；如所占容积大于20 m^3 时，应保证人均新风量不小于20 m^3/h。采用空气调节的车间，应保证人均新风量不小于30 m^3/h。洁净室的人均新风量应不小于40 m^3/h。

（3）应急救援

生产或使用有毒物质、有可能发生急性职业病危害的工业企业，其劳动定员设计应包括应急救援机构（站）编制和人员定员。应急救援机构（站）可设在厂区内的医务所或卫生所内，设在厂区外的应考虑应急救援机构（站）与工业企业的距离及最佳响应时间。应急救援机构急救人员的人数宜根据工作场所的规模、职业性有害因素的特点、从业人员数量，按照0.1%~5%的比例配备，并对急救人员进行相关知识和技能的培训。有条件的企业，每个工作班宜至少安排1名急救人员。

生产或使用剧毒或高毒物质的高风险工业企业应设置紧急救援站或有毒气体防护站，并根据车间（岗位）毒害情况配备防毒器具，设置防毒器具存放柜。防毒器具在专用存放柜内铅封存放，设置明显标识，并定期维护与检查，确保应急使用需要。站内采暖、通风、空调、给水排水、电气、照明等配套设备应按相应国家标准、规范配置。有可能发生化学性灼伤及经皮肤黏膜吸收引起急性中毒的工作地点或车间，应根据可能产生或存在的职业性有害因素及其危害特点，在工作地点就近设置现场应急处理设施。急救设施应包括不断水的冲淋、洗眼设施，气体防护柜，劳动防护用品，急救包或急救箱以及急救药品，转运病人的担架和装置，急救处理的设施以及应急救援通信设备等。

应急救援设施应有清晰的标识，并按照相关规定定期保养维护，以确保其正常运行。冲淋、洗眼设施应靠近可能发生相应事故的工作地点。急救箱应当设置在便于人员取用的地点，配备内容可根据实际需要确定，并由专人负责定期检查和更新。工业园区内设置的应急救援机构（站）应统筹考虑园区内各企业的特点，满足各企业应急救援的需要。对于生产或使用有毒物质、有可能发生急性职业病危害的工业企业，其卫生设计应制定应对突发职业性中毒的应急救援预案。

14.3 建设项目“三同时”的定义和内容

（1）建设项目“三同时”的定义

建设项目“三同时”是指生产性基本建设项目中的安全设施必

须符合国家规定的标准，必须与主体工程同时设计、同时施工、同时投入生产和使用，以确保建设项目竣工投产后符合国家规定的劳动安全卫生标准，保障从业人员在生产过程中的安全与健康。建设项目安全设施，是指企业在生产经营活动中用于预防生产安全事故的设备、设施、装置、构（建）筑物和其他技术措施。对安全生产来说，“三同时”是一种事前保障措施，是一种本质安全措施。

“三同时”的要求针对我国境内的新建、改建、扩建的基本建设项目、技术改造项目和引进的建设项目，它包括在我国境内建设的中外合资、中外合作和外商独资的建设项目。

（2）建设项目“三同时”的内容和要求

1）可行性研究阶段。在建设项目可行性研究阶段，进行劳动安全卫生论证，将其作为专门章节编入建设项目可行性研究报告，并将劳动安全卫生设施所需投入纳入投资计划，同时在建设项目可行性研究阶段，实施建设项目劳动安全卫生预评价。

2）初步设计阶段。设计单位在编制初步设计文件时，应严格遵守我国有关劳动安全卫生的法规、标准，同时编制《劳动安全卫生专篇》，并应依据劳动安全卫生预评价报告及安全生产监督管理部门的批复，完善初步设计。

建设单位在初步设计会审前，应向安全生产监督管理部门报送建设项目劳动安全卫生预评价报告和初步设计文件及图纸资料。安全生产监督管理部门根据国家有关法规和标准，审查并批复初步设计文件中的《劳动安全卫生专篇》。审查同意后，及时办理建设项目劳动安全卫生初步设计审批。

3）施工阶段。建设单位对承担施工任务的单位提出落实“三同时”规定的具体要求，并负责提供必需的资料和条件。施工单位应严格按照施工图纸和设计要求，确实做到劳动安全卫生设施与主体工程同时施工，并对建设项目的劳动安全卫生设施的工程质量负责。

4）试生产阶段。建设单位在试生产设备调试阶段，应同时对劳动安全卫生设施进行调试，对其效果进行评价；组织、进行劳动安全卫生培训教育，制定完整的劳动安全卫生方面的规章制度及事故预防和应急处理预案。建设单位在试生产运行正常后、建设项目预验收前，委托安全生产监督管理部门认可的单位进行劳动条件检测和有关设备的安全卫生检测、检验，并将结果数据、存在的问题以及采取的措施写入劳动安全卫生验收专题报告，报送安全生产监督管理部门审批。

5）竣工验收阶段。安全生产监督管理部门根据建设单位报送的建设项目劳动安全卫生验收专题报告，对建设项目竣工进行劳动安全卫生验收。

凡符合需要进行预评价的建设项目，在正式验收前应进行劳动安全卫生预验收或专项审查验收。对预验收中提出的劳动安全卫生方面的改进意见应按期整改。

建设项目劳动安全卫生设施和技术措施经安全生产监督管理部门验收通过后，应及时办理建设项目劳动安全卫生验收审批。

6）投产使用。劳动安全卫生设施进行安全验收后，必须与主体工程同时投入生产和使用，不得随意闲置或拆除。

（3）建设项目“三同时”监督管理的主体

国务院安全生产监督管理部门对全国建设项目安全设施“三同时”实施综合监督管理，并在国务院规定的职责范围内承担有关建设项目安全设施“三同时”的监督管理。县级以上地方各级安全生产监督管理部门对本行政区域内的建设项目安全设施“三同时”实施综合监督管理，并在本级人民政府规定的职责范围内承担本级人民政府及其有关主管部门审批、核准或者备案的建设项目安全设施“三同时”的监督管理。跨2个及2个以上行政区域的建设项目安全设施“三同时”由其共同的上一级人民政府安全生产监督管理部门实施监督管理。上一级人民政府安全生产监督管理部门根据工作需要，可以将其负责监督管理的建设项目安全设施“三同时”工作委托下一级人民政府安全生产监督管理部门实施监督管理。

14.4 建设项目安全设施审查

（1）安全设施设计

企业在建设项目初步设计时，应当委托有相应资质的初步设计单位对建设项目安全设施同时进行设计，编制安全设施设计。安全设施设计必须符合有关法律、法规、规章和国家标准或者行业标准、技术规范的规定，并尽可能采用先进适用的工艺、技术和可靠的设备设施。同时，安全设施设计还应当充分考虑建设项目安全预评价报告提出的安全对策措施。

建设项目安全设施设计应当包括下列内容：

1）设计依据。

2）建设项目概述。

3）建设项目潜在的危险、有害因素和危险、有害程度及周边环境安全分析。

4）建筑及场地布置。

5）重大危险源分析及检测监控。

6）安全设施设计采取的防范措施。

7）安全管理机构设置或者安全管理人员配备要求。

8）从业人员教育培训要求。

9）工艺、技术和设备设施的先进性和可靠性分析。

10）安全设施专项投资概算。

11）安全预评价报告中的安全对策及建议采纳情况。

12）预期效果以及存在的问题与建议。

13）可能出现事故的预防及应急救援措施。

14）法律、法规、规章、标准规定需要说明的其他事项。

（2）安全设施设计审查申请

非煤矿山建设项目，生产、储存危险化学品（包括使用长输管道输送危险化学品，下同）的建设项目，生产、储存烟花爆竹的建设项目和金属冶炼建设项目的安全设施设计完成后，企业应当按照规定向安全生产监督管理部门提出审查申请，并提交下列文件资料：

1）建设项目审批、核准或者备案的文件。

2）建设项目安全设施设计审查申请。

3）设计单位的设计资质证明文件。

4）建设项目安全设施设计。

5）建设项目安全预评价报告及相关文件资料。

6）法律、法规、规章规定的其他文件资料。

（3）安全设施设计审查

安全生产监督管理部门收到安全设施设计审查申请后，对属于本部门职责范围内的，将及时进行审查，并在收到申请后 5 个工作日内作出受理或者不予受理的决定，书面告知申请人；对不属于本部门职责范围内的，将有关文件资料转送有审查权的管理部门。

对已经受理的建设项目安全设施设计审查申请，安全生产监督管理部门自受理之日起 20 个工作日内作出是否批准的决定，20 个工作日内不能作出决定的，经负责人批准，可以延长 10 个工作日，并将延长期限的理由书面告知申请人。

建设项目安全设施设计有下列情形之一的，不予批准，并不得开工建设：

1）无建设项目审批、核准或者备案文件的。

2）未委托具有相应资质的设计单位进行设计的。

3）安全预评价报告由未取得相应资质的安全评价机构编制的。

4）设计内容不符合有关安全生产的法律、法规、规章和国家标准或者行业标准、技术规范的规定的。

5）未采纳安全预评价报告中的安全对策和建议，且未作充分论证说明的。

6）不符合法律、法规规定的其他条件的。

建设项目安全设施设计审查未予批准的，企业经过整改后可以向原审查部门申请再审。

（4）建设项目安全设施施工和竣工验收

1）建设项目安全设施施工。建设项目安全设施的施工应当由取得相应资质的施工单位进行，并与建设项目主体工程同时施工。施工单位应当在施工组织设计中编制安全技术措施和施工现场临时用电方案，同时对危险性较大的分部分项工程依法编制专项施工方案，并附具安全验算结果，经施工单位技术负责人、总监理工程师签字后实施。施工单位应当严格按照安全设施设计和相关施工技术标准、规范施工，并对安全设施的工程质量负责。

施工单位发现安全设施设计文件有错漏的，应当及时向企业、设计单位提出。企业、设计单位应当及时处理。施工单位发现安全设施存在重大事故隐患时，应当立即停止施工并报告企业进行整改。整改合格后，方可恢复施工。

工程监理单位应当审查施工组织设计中的安全技术措施或者专项施工方案是否符合工程建设强制性标准。工程监理单位在实施监理过程中，发现存在事故隐患的，应当要求施工单位整改；情况严重的，应当要求施工单位暂时停止施工，并及时报告企业。施工单位拒不整改或者不停止施工的，工程监理单位应当及时向有关主管部门报告。工程监理单位、监理人员应当按照法律、法规和工程建设强制性标准实施监理，并对安全设施工程的工程质量承担监理责任。

建设项目安全设施建成后，企业应当对安全设施进行检查，对发现的问题及时整改。

2）建设项目安全设施试运行。建设项目竣工后，根据规定建设项目需要试运行（包括生产、使用，下同）的，应当在正式投入生产或者使用前进行试运行。试运行时间应当不少于 30 日，最长不得超过 180 日，国家有关部门有规定或者特殊要求的行业除外。

生产、储存危险化学品的建设项目和化工建设项目，应当在建设项目试运行前将试运行方案报负责建设项目安全许可的安全生产监督管理部门备案。

3）建设项目安全设施竣工验收。建设项目安全设施竣工或者试运行完成后，企业应当委托具有相应资质的安全评价机构对安全设施进行验收评价，并编制建设项目安全验收评价报告。建设项目安全验收评价报告应当符合国家标准或者行业标准的规定。生产、储存危险化学品的建设项目和化工建设项目安全验收评价报告除符合上述规定外，还应当符合有关危险化学品建设项目的规定。

建设项目竣工投入生产或者使用前，企业应当组织对非煤矿山建设项目，生产、储存危险化学品的建设项目，生产、储存烟花爆竹的建设项目和金属冶炼建设项目安全设施进行竣工验收，并形成书面报告备查。安全设施竣工验收合格后，方可投入生产和使用。

企业应当按照档案管理的规定，建立建设项目安全设施“三同时”文件资料档案，并妥善保存。

建设项目安全设施未与主体工程同时设计、同时施工或者同时投入生产和使用的，安全生产监督管理部门对与此有关的行政许可一律不予审批，同时责令企业立即停止施工、限期改正违法行为，对有关企业和人员依法给予行政处罚。

第15讲

作业场所及其设备设施安全管理

企业应依法合理进行生产作业的组织和管理，加强对从业人员作业行为的安全管理，对设备设施、工艺技术以及从业人员作业行为等进行安全风险辨识，采取相应的措施，控制作业行为安全风险。企业应监督、指导从业人员遵守安全生产和职业卫生规章制度、操作规程，杜绝违章指挥、违规作业和违反劳动纪律的“三违”行为。

《安全生产法》规定：安全设备的设计、制造、安装、使用、检测、维修、改造和报废，应当符合国家标准或者行业标准。生产经营单位必须对安全设备进行经常性维护、保养，并定期检测，保证正常运转。维护、保养、检测应当做好记录，并由有关人员签字。生产经营单位使用的危险物品的容器、运输工具，以及涉及人身安全、危险性较大的海洋石油开采特种设备和矿山井下特种设备，必须按照国家有关规定，由专业生产单位生产，并经具有专业资质的检测、检验机构检测、检验合格，取得安全使用证或者安全标志，方可投入使用。检测、检验机构对检测、检验结果负责。

15.1 作业安全

15.1.1 作业环境和作业条件

（1）作业中的危险应对措施

作业前，作业单位和生产单位应对作业现场和作业过程中可能存在的危险、有害因素进行辨识，制定相应的安全措施。

（2）作业人员安全教育

作业前，应对参加作业的人员进行安全教育，主要内容如下：

1）有关作业的安全生产规章制度。

2）作业现场和作业过程中可能存在的危险、有害因素及应采取的具体安全措施。

3）作业过程中所使用的劳动防护用品的使用方法及使用注意事项。

4）事故的预防、避险、逃生、自救、互救等知识。

5）相关事故案例和经验、教训。

（3）生产单位应做事项

作业前，生产单位应开展以下工作：

1）对设备、管线进行隔绝、清洗、置换，并确认满足动火、进入有限空间等作业安全要求。

2）对放射源采取相应的安全处置措施。

3）对作业现场的地下隐蔽工程进行交底。

4）存在腐蚀性介质的作业场所配备人员应急用冲洗水源。

5）夜间作业的场所设置满足要求的照明装置。

6）会同作业单位组织作业人员到作业现场，了解和熟悉现场环境，进一步核实安全措施的可靠性，熟悉应急救援器材的位置及分布。

（4）作业工器具检查

作业前，作业单位应对作业现场及作业涉及的设备、设施、工器具等进行检查，并使之符合如下要求：

1）作业现场消防通道、行车通道应保持畅通，影响作业安全的杂物应清理干净。

2）作业现场的梯子、栏杆、平台、箅子板、盖板等设施应完整、牢固，采用的临时设施应确保安全。

3）作业现场可能危及安全的坑、井、沟、孔洞等应采取有效防护措施，并设警示标志，夜间应设警示红灯；需要检修的设备，电源应可靠断电，在电源开关处加锁并加挂安全警示牌。

4）作业使用的劳动防护用品、消防器材、通信设备、照明设备等应完好。

5）作业使用的脚手架、起重机械、电气焊用具、手持电动工具等各种工器具应符合作业安全要求，超过安全电压的手持式、移动式电动工器具应逐个配置漏电保护器和电源开关。

（5）劳动防护用品佩戴

进入作业现场的人员应正确佩戴符合《头部防护　安全帽》（GB 2811—2019）要求的安全帽。作业时，作业人员应遵守本工种安全操作规程，并按规定着装及正确佩戴相应的劳动防护用品。多工种、多层次交叉作业时应统一协调。

特种作业和特种设备作业人员应持证上岗。患有职业禁忌证者不应参与相应作业。

作业监护人员应坚守岗位，如确需离开，应有专人替代监护。

（6）作业审批手续

作业前，作业单位应办理作业审批手续，并有相关责任人签名确认。

同一作业涉及动火、进入有限空间、盲板抽堵、高处作业、吊装、临时用电、动土、断路中的 2 种或 2 种以上时，除应同时执行相应的作业要求外，还应同时办理相应的作业审批手续。

作业时，审批手续应齐全，安全措施应全部落实，作业环境应符合安全要求。

（7）作业应急机制

当生产装置出现异常，可能危及作业人员安全时，生产单位应立即通知作业人员停止作业，迅速撤离。

当作业现场出现异常，可能危及作业人员安全时，作业人员应停止作业，迅速撤离，作业单位应立即通知生产单位。

（8）恢复设施的使用功能

作业完毕，应恢复作业时拆移的盖板、箅子板、扶手、栏杆、防护罩等安全设施的安全使用功能，将作业用的工器具、脚手架、临时电源、临时照明设备等及时撤离现场，将废料、杂物、油污等清理干净。

15.1.2 作业行为

（1）“三违”

违章不一定出事（故），出事（故）必是违章。违章是发生事故的起因，事故是违章导致的后果。“三违”内容如下：

1）违章指挥。企业负责人和有关管理人员法制观念淡薄，缺乏安全知识，思想上存有侥幸心理，对国家、集体的财产和人民群众的生命安全不负责任，明知不符合安全生产有关条件，仍指挥作业人员冒险作业。

2）违章作业。作业人员没有安全生产常识，不懂安全生产规章制度和操作规程，或者在知道基本安全知识的情况下，在作业过程中违反安全生产规章制度和操作规程，不顾国家、集体的财产和他人、自己的生命安全，擅自作业，冒险蛮干。

3）违反劳动纪律。作业人员不知道劳动纪律，或者不遵守劳动纪律，违反劳动纪律冒险作业，造成不安全因素。

（2）“三违”的常见原因

落实班组生产作业标准化，可以有效防治“三违”，进而控制生产安全事故的发生。生产现场中，“三违”发生的常见原因有以下几种：

1）侥幸心理。有一部分人在几次违章未发生事故后，慢慢滋生了侥幸心理，忽视了几次违章未发生事故的偶然性和长期违章迟早要发生事故的必然性。

2）省能心理。人们嫌麻烦、图省事、降成本，总想以最小的代价取得最好的效果，甚至将时间和物质成本压缩到极限，降低了系统的可靠性。尤其是在生产任务紧迫和眼前利益的诱因下，急易产生省能心理。

3）自我表现心理（或逞能）。有的人自以为技术好、有经验，常满不在乎，虽能预见有危险，但是轻信能避免危险，冒险蛮干。有的新人技术差、经验少，可谓初生牛犊不怕虎，急于表现自己，以自己或他人的痛苦验证安全制度的重要作用，用鲜血和生命证实安全规程的科学性。

4）从众心理。“别人做了没事，我福大命大造化大，肯定更没事。”尤其是在安全秩序不好、管理混乱的场所，这种心理像瘟疫一样，严重威胁企业的生产安全。

5）逆反心理。在人与人之间关系紧张的时候，人们常常产生这种心理。不把同事的善意提醒当回事，对领导的严格要求阳奉阴违，气大于理，置安全规程于不顾，以致酿成事故。

(3）反“三违”的常用方法

1）舆论宣传。反“三违”首先要充分发挥舆论工具的作用，广泛开展反“三违”宣传。利用各种宣传工具、方法，大力宣传遵章守纪的必要性、重要性和违章违纪的危害性。表彰安全生产中遵章守纪的好人好事；谴责那些违章违纪给人民生命和国家财产造成严重损害的恶劣行为，并结合典型事故案例进行普法宣传，形成视“三违”如过街老鼠、人人喊打的局面。宣传可使从业人员认真贯彻“安全第一、预防为主、综合治理”的方针，牢记安全，珍惜生命，自觉遵章守纪。

2）教育培训。从业人员安全意识、技术素质的高低及防范“三违”的自觉程度和应变能力都与教育培训密切相关。安全教育培训要采取多种形式，除经常性的安全法律、法规、方针、组织纪律、安全知识、工艺规程的教育外，应重点抓好法制教育、主人翁思想教育，特别要注意抓好新干部上岗前、新工人上岗前、工人转换工种（岗位）时的安全规程教育。教育培训、考核管理工作应做到制度化、经常化，以提高全体从业人员的安全意识和安全操作技能，增强防范事故的能力，为反“三违”打下坚实的基础。

3）重点人员管理。将企业领导、企业班组及班组长、特种作业人员、青年职工作为反“三违”的重点，进行重点教育、培训、管理，并分别针对其特点加以引导和采取相应的措施，可有效控制“三违”行为，降低事故发生率。

①企业领导。开展反“三违”要以领导为龙头，从各级领导抓起。一方面，从提高各级领导自身安全意识、安全素质入手，针对个别领导容易出现的重生产、重效益而忽视安全的不良倾向，进行普法宣传，使他们真正树立“安全第一、预防为主、综合治理”意识，自觉坚持“管生产经营必须管安全”的原则，以身作则，做反“三违”的带头人。另一方面，要求各级领导运用现代管理方法，按照“分级管理、分线负责”的原则，对“三违”实行“四全”（全员、全方位、全过程、全天候）综合治理，把反“三违”纳入安全生产责任制之中，做到层层抓、层层落实。将反“三违”与经济责任制挂钩，使安全生产责任制的约束作用和经济责任制的激励作用有机地结合起来，形成反“三违”的强大推动力，充分发挥领导的龙头作用。

②企业班组。班组是企业的“细胞”，既是安全管理的重点，也是反“三违”的主要阵地。一方面要抓好日常安全意识教育。针对“违章不一定出事故”的侥幸心理，用正反两方面的典型案例分析其危害性，启发从业人员自觉遵章守纪，增强自我保护意识。通过自查自纠、自我揭露，同时查纠身边的不安全行为、事故苗子和事故隐患，实现从“本身无违章”到“身边无事故”。另一方面要抓好岗位培训。要使从业人员掌握作业标准、操作技能、设备故障处理技能、消防知识和规章制度；向先进水平挑战，做到“不伤害自己，不伤害他人，不被他人伤害”。

③三种人群。班组长：企业生产一线的指挥员，是班组管理的领头羊。班组安全工作的好坏主要取决于班组长。班组长敢于抓“三违”，就能带动一批人，管好一个班。特种作业人员：他们都在关键岗位，或者从事危险性较大的作业，随时有危及自身和他人安全的可能，是事故多发之源。青年职工：他们多为新工人，往往安全意识较差，技术素质较低，好奇心、好胜心强，极易出现违章违纪现象。

4）现场管理。现场是生产的场所，是从业人员生产活动与安全活动交织的地方，也是发生“三违”和出现伤亡事故的地方，因此狠抓现场安全管理尤为重要。要抓好现场安全管理，安全管理人员要经常深入现场，在第一线查“三违”疏而不漏，纠违章铁面无私，抓防范举一反三，搞管理新招迭出，居安思危，防患于未然，把各类事故消灭在萌芽状态，确保安全生产顺利进行。

5）良好习惯。人们在工作、生活中，某些行为、举止或做法，一旦养成习惯就很难改变。俗话说，习惯成自然。在实际工作中，违章违纪恶习势必酿成事故，后患无穷，严重威胁着安全生产。要改变这种局面，除了需要对不安全行为乃至成为习惯的主观因素进行认真分析，有针对性地采取矫正措施，克服不良习惯外，还要利用站班会、班组学习来提高从业人员的安全意识；开展技术问答、技术练兵，提高安全操作技能；严格标准，强调纪律，规范操作行为；实行“末位淘汰制”，促使从业人员养成遵章守纪、规范操作的良好习惯。

6）教罚并举。凡是事故，都要按照“四不放过”的原则，认真追查分析，根据情节轻重和造成危害的程度对责任人给予帮教处罚。对导致发生伤亡事故的责任者，依据规定，严肃查处，触犯法律的交相关部门处理。要做到一视同仁，实现从“人治”到“法治”的转变。

7）群防群治。在企业安全生产工作中，“企业负责、群众监督”

是两项同抓并举的任务。"群众监督"是实现"企业负责"搞好安全生产的可靠保障，也是搞好反"三违"工作的可靠保障。要搞好群众监督，就应特别注意发挥各级工会对安全生产的监督作用，不断提高从业人员的安全监督能力，广泛发动从业人员依法进行监督，开展以"群防、群查、群治"反"三违"的监督检查活动，确保不发生生产安全事故。

15.1.3　相关方管理

根据《安全生产法》的规定，企业不得将生产经营项目、场所、设备发包或者出租给不具备安全生产条件或者相应资质的单位或者个人。

生产经营项目、场所发包或者出租给其他单位的，企业应当与承包单位、承租单位签订专门的安全管理协议，或者在承包合同、租赁合同中约定各自的安全管理职责；企业对承包单位、承租单位的安全生产工作统一协调、管理，定期进行安全检查，发现安全问题的，应当及时督促整改。

将本企业工程项目发包给外单位施工工程作业，一般称为外包工程。发包单位应建立规章制度，规定外包工程安全管理职责、承包方资质审查、外包合同安全附件的签订、入厂安全教育及外包工程工作票的办理等内容和要求。外包工程安全审查一般主要包括以下内容：

1）招标确定的外包工程承包单位安全资质审查，一般由企业安全生产和职业卫生管理部门负责。

2）资质审查要杜绝无证施工、越级承包、非法转包、违法分包等问题；要严格审查承包单位是否按相关规定配备专门的现场安全生产和职业卫生管理人员，特殊工种作业人员是否持证上岗；要严格审查承包单位是否有完善的安全生产和职业卫生管理体系及管理制度。

3）合同或安全管理协议签订要明确各自的安全职责、权利和义务，并由企业主要负责人指定专人负责检查其履行情况。

4）企业主要负责人指定专人负责监督检查承包单位的安全生产费用、安全设施、劳动防护用品和用具等是否正常使用。

5）企业主要负责人指定专人负责检查督促施工单位是否认真做好安全教育培训工作。

6）安全管理协议应报企业安全生产和职业卫生管理部门备案。

15.2 安全设备设施分类

安全设备设施是指企业（单位）在生产经营活动中，将危险、有害因素控制在安全范围内，以及减少、预防和消除危害所配备的装置（设备）和采取的措施。

安全设备设施主要分为预防事故设施、控制事故设施、减少与消除事故影响设施3类。

（1）预防事故设施

1）检测、报警设施：压力、温度、液位、流量、组分等报警设施，可燃气体、有毒有害气体、氧气等检测和报警设施，用于安全检查和安全数据分析等检验检测设备、仪器。

2）设备安全防护设施：防护罩、防护屏、负荷限制器、行程限制器，制动、限速、防雷、防潮、防晒、防冻、防腐、防渗漏等设施，传动设备安全锁闭设施，电器过载保护设施，静电接地设施。

3）防爆设施：各种电气、仪表的防爆设施，抑制助燃物品混入（如氮封）、易燃易爆气体和粉尘形成等设施，阻隔防爆器材，防爆工器具。

4）作业场所防护设施：作业场所的防辐射、防静电、防噪声、通风（除尘、排毒）、防护栏（网）、防滑、防灼烫等设施。

5）安全警示标志：各种指示、警示作业安全和逃生避难及风向

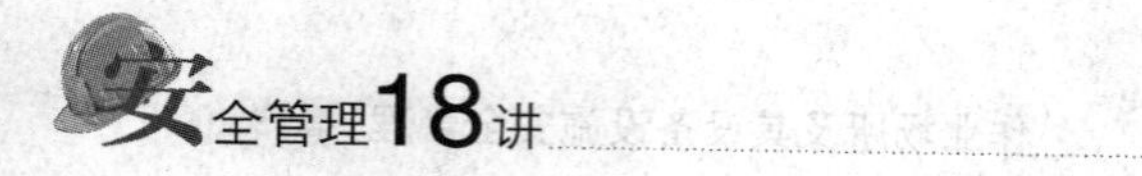

等警示标志。

（2）控制事故设施

1）泄压和止逆设施：用于泄压的阀门、爆破片、放空管等设施，用于止逆的阀门等设施，真空系统的密封设施。

2）紧急处理设施：紧急备用电源，紧急切断、分流、排放（火炬）、吸收、中和、冷却等设施，通入或者加入惰性气体、反应抑制剂等设施，紧急停车、仪表连锁等设施。

（3）减少与消除事故影响设施

1）防止火灾蔓延设施：阻火器、安全水封、回火防止器、防油（火）堤，防爆墙、防爆门等隔爆设施，防火墙、防火门、蒸汽幕、水幕等设施，防火材料涂层。

2）灭火设施：水喷淋、惰性气体、蒸汽、泡沫释放等灭火设施，消火栓、高压水枪（炮）、消防车、消防水管网、消防站等。

3）紧急个体处置设施：洗眼器、喷淋器、逃生器、逃生索、应急照明等设施。

4）应急救援设施：堵漏、工程抢险装备和现场受伤人员医疗抢救装备。

5）逃生避难设施：逃生和避难的安全通道（梯）、安全避难所（带空气呼吸系统）、避难信号等。

6）劳动防护用品和装备：头部，面部，视觉、呼吸、听觉器官，四肢，躯干防火、防毒、防灼烫、防腐蚀、防噪声、防光射、防高处坠落、防砸击、防刺伤等免受作业场所物理、化学因素伤害的劳动防护用品和装备。

15.3 新设备设施验收

企业应执行设备设施采购、到货验收制度，购置、使用设计符合要求、质量合格的设备设施。设备设施安装后企业应进行验收，并对相关过程及结果进行记录。

设备安装单位必须建立设备安装工程资料档案，并在验收后 30 日内将有关技术资料移交使用单位，使用单位应将其存入设备的安全技术档案。设备安装工程资料档案应包含合同或任务书、设备的安装及验收资料、设备的专项施工方案和技术措施。

设备到货验收时，必须认真检查设备的安全性能是否良好，安全装置是否齐全、有效，还需查验厂家出具的产品质量合格证、设备设计的安全技术规范、安装及使用说明书等资料是否齐全。

各种设备验收，应具备下列技术文件：设备安装、拆卸及试验图示程序和详细说明书，各安全保险装置及限位装置调试和说明书，维修保养及运输说明书，安装操作规程，生产许可证（国家已经实行生产许可的设备）、产品鉴定证书、合格证书，配件及配套工具目录，其他注意事项。对于特种施工设备，除具备上述文件外，还必须有国家相关部门出具的检测报告。

设备安装后应能正常使用，符合有关规定和技术要求。

15.4 设备设施运行管理

(1) 运行过程管理

生产设备设施的运行管理是在其建设阶段验收合格的基础上，通过制定生产、安全设备设施管理制度，明确管理部门和责任人及各自工作内容，从而确保生产、安全设备设施在使用、检测、检维修等阶段和环节，都能从整体上保证和提高安全性和可靠性。

生产设备设施的运行管理涉及企业的众多设备设施、众多管理部门、众多安全生产规章制度和操作规程、众多台账和检查及维护保养记录等，运行情况的好坏最能体现企业安全管理的能力和水平。

企业应对设备设施进行规范化管理，建立设备设施管理台账，应由专人负责管理各种安全设施，检测与监测设备，定期检查维护并做好记录。

企业应针对高温、高压和生产、使用、储存易燃、易爆、有毒、有害物质等的高风险设备，以及海洋石油开采特种设备和矿山井下特种设备，建立运行、巡检、保养专项安全管理制度，确保其始终处于安全可靠的运行状态。

安全设施和职业病防护设施不应随意拆除、挪用或弃置不用。确因检维修拆除的，应采取临时安全措施，检维修完毕后应立即复原。

在建设阶段，变更是经常发生的，而生产设备设施的变更往往与工艺变更、设备变更、产品变更、安装位置变更等紧密联系在一起。因此，企业应制定合理的变更管理制度，按照相关规定和程序来实施变更，控制因变更带来的新危险源和有害因素。

生产设备设施的变更管理核心和基础是对变更的全过程进行风险辨识、评价和控制。变更过程的风险主要来自变更实施前、实施时及实施后可能对装备的本质安全、工艺安全、操作和管理人员能力要求带来的新风险。变更风险控制主要通过执行变更管理制度，履行变更程序来进行。

变更管理和程序一般包括变更申请、批准、实施、验收等过程，根据变更规模的大小，实施变更还可能涉及可行性研究、设计、施工等过程。

（2）检维修管理

安全设施的检维修应与生产设施检维修等同管理，编制安全设施检维修计划，定期进行。安全设施因检维修拆除的，应采取临时安全措施，弥补因为安全设施被拆除而造成的安全防护能力降低的缺陷，检维修完毕后应立即恢复安全性能。

企业应建立设备设施检维修管理制度，制订综合检维修计划，加强日常检维修和定期检维修管理，落实“五定”原则，即定检维修方案、定检维修人员、定安全措施、定检维修质量、定检维修进度，并做好记录。

检维修方案应包含作业安全风险分析、控制措施、应急处置措施及安全验收标准。检维修过程中应执行安全控制措施，隔离能量和危险物质，并进行监督检查，检维修后应进行安全确认。检维修过程中涉及危险作业的，应按照危险作业规范执行。

（3）特种设备检测检验

特种设备应按照有关规定，委托具有专业资质的检测、检验机构进行定期检测、检验。涉及人身安全、危险性较大的海洋石油开采特种设备和矿山井下特种设备，应取得矿用产品安全标志或相关安全使用证。

特种设备检验检测机构是指从事特种设备定期检验、监督检验、型式试验、无损检测等检验检测活动的技术机构，包括综合检验机构、型式试验机构、无损检测机构、气瓶检验机构。检验检测机构应当经国家市场监督管理总局核准，取得特种设备检验检测机构核准证后，方可在核准的项目范围内从事特种设备检验检测活动。检验检测机构按照其规模、性质、能力、管理水平等核定为A级、B级、C级，具体级别核定条件等按《特种设备检验检测机构鉴定评审规则》（TSG Z7002—2004）执行。

检验检测机构应当具备以下基本条件：

1）必须是独立承担民事责任的法人实体（特种设备使用单位设立的检验机构除外），能够独立公正地开展检验检测工作。

2）单位负责人应当是专业工程技术人员，技术负责人应当具有检验师（或者工程师）及以上持证资格，熟悉业务，具有适应岗位需要的政策水平和组织能力。

3）具有与其承担的检验检测项目相适应的技术力量，持证检验检测人员、专业工程技术人员数量应当满足相应规定要求。

4）具有与其承担的检验检测项目相适应的检验检测仪器、设备和设施。

5）具有与其承担的检验检测项目相适应的检验检测、试验、办公场地和环境条件。

6）建立质量管理体系，并能有效实施。

7）具有检验检测工作所需的法规、安全技术规范和有关技术标准。

检验检测机构申请从事特种设备定期检验时，其申请项目对应的在用设备数量（已落实任务的）应当符合有关核准项目规定的最低要求。

具体条件和要求按照《特种设备检验检测机构核准规则》（TSG Z7001—2004）、《特种设备无损检测机构核准规则》（TSG Z7005—2015）、《特种设备型式试验机构核准规则》（TSG Z7004—2011）等规定执行。

15.5 旧设备拆除、报废

企业应建立设备设施报废管理制度。设备设施的报废应办理审批手续，在报废设备设施拆除前应制定方案，并在现场设置明显的报废设备设施标志。报废、拆除涉及许可作业的，应按照规定执行，并在作业前对相关作业人员进行培训和安全技术交底。报废、拆除应按方案和许可内容组织落实。

企业应执行生产设施拆除和报废管理制度，对各类设备设施要根据其磨损或腐蚀情况、生产工艺要求，确定报废年限，建立明确的报废规定。对不符合安全条件的设备，要及时报废，防止引发生产安全事故。在组织实施生产设备设施拆除施工作业前，要编制拆除计划或方案，办理拆除设施交接手续，并经处理、验收合格。

企业应对拆除工作进行风险评估，针对存在的风险，制定相应防范措施和应急预案。按照生产设施拆除和报废管理制度，制定拆除方案，明确拆除和报废的验收责任部门、责任人及其职责，确定工作程序。施工单位的现场负责人与生产设备设施使用单位进行施工现场交底，在落实具体任务和安全措施、办理相关拆除手续后方可实施拆除。拆除施工中，要对拆除的设备、零件、物品进行妥善放置和处理，确保拆除施工的安全。拆除施工结束后要填写拆除验收记录及报告。

第16讲

劳动防护用品和安全警示标识管理

《安全生产法》规定：生产经营单位必须为从业人员提供符合国家标准或者行业标准的劳动防护用品，并监督、教育从业人员按照使用规则佩戴、使用。

根据相关法律、法规的规定，企业应按照有关规定和工作场所的安全风险特点，在有重大危险源、较大危险因素和严重职业病危害因素的工作场所，设置明显的、符合有关规定要求的安全标志和职业病危害警示标识。产生职业病危害的用人单位，应当在醒目位置设置公告栏，公布有关职业病防治的规章制度、操作规程、职业病危害事故应急救援措施和工作场所职业病危害因素检测结果。对产生严重职业病危害的作业岗位，应当在其醒目位置，设置警示标识和中文警示说明。警示说明应当载明产生职业病危害的种类、后果、预防以及应急救治措施等内容。

16.1 劳动防护用品及其作用

（1）劳动防护用品

劳动防护用品是指由企业为劳动者配备的，使其在劳动过程中免遭或者减轻事故伤害及职业危害的个体防护装备，分特种劳动防护用品和一般劳动防护用品。

劳动防护用品的优劣直接关系劳动者的安全健康，必须经劳动防护用品质量监督检查机构检验合格，并核发生产许可证和产品合格证。劳动防护用品的基本要求如下：

1）必须严格保证质量，具有足够的防护性能，安全可靠。

2）防护用品所选用的材料必须符合人体生理要求，不能成为危害因素的来源。

3）防护用品要使用方便，不影响正常工作。

（2）劳动防护用品的作用

劳动防护用品的作用，是使用一定的屏蔽体或系带、浮体，采取隔离、封闭、吸收、分散、悬浮等手段，保护机体或全身免受外界危害因素的侵害。防护用品供劳动者个人随身使用，是保护劳动者不受职业危害的最后一道防线。当劳动安全卫生技术措施尚不能消除生产劳动过程中的危险、有害因素，达不到国家标准、行业标准及有关规定，也暂时无法进行技术改造时，使用防护用品就成为既能完成生产劳动任务，又能保障劳动者安全健康的唯一手段。防护用品的主要作用如下：

1）隔离和屏蔽作用。隔离和屏蔽作用是指使用一定的隔离或屏蔽体使机体免受有害因素的侵害。例如，劳动防护用品能很好地隔绝外界的某些刺激，避免皮肤发生皮炎等病态反应。

2）过滤和吸附（收）作用。过滤和吸附（收）作用是指借助防护用品中某些聚合物本身的活性基团对毒物的吸附作用，清洁空气。例如，活性炭等多孔物质可吸附进行排毒。

（3）劳动防护用品的特点

劳动防护用品与劳动者的福利待遇以及保护产品质量、产品卫生和生活卫生需要的非防护性工作用品有着原则性的区别。具体来说，劳动防护用品具有以下几个特点：

1）特殊性。劳动防护用品不同于一般的商品，是保障劳动者安全与健康的特殊用品，企业必须按照国家和省、市劳动防护用品有关标准进行选择和发放。尤其是特种劳动防护用品，因其具有特殊的防护功能，国家在生产、使用、购买等环节中都有严格的要求。

2）适用性。劳动防护用品的适用性既包括防护用品选择的适用性，也包括使用的适用性。选择的适用性是指必须根据不同的工种和作业环境以及使用者的自身特点等选用合适的防护用品。例如，耳塞和防噪声帽有大小型号之分，如果选择的型号太小，就无法很好地起到防护噪声的作用。使用的适用性是指防护用品须在进入工作岗位时使用，这不仅要求产品的防护性能可靠，确保使用者的安全，而且还要求产品适用性能好、方便、灵活，使用者乐于使用。因此，结构较复杂的防护用品，生产厂家需经过一定时间试用，对其适用性及推广应用价值进行科学评价后才能投产销售。

3）时效性。防护用品均有一定的使用寿命。例如，橡胶类、塑料等制品，长时间受紫外线及冷热温度影响会逐渐老化而易折断。有些护目镜和面罩，受光线照射和擦拭，或者受空气中酸、碱蒸气的腐蚀，镜片的透光率会逐渐下降而失去使用价值。绝缘鞋（靴）、防静电鞋和导电鞋等，随着鞋底的磨损，电学性能将会改变。一些防护用品的零件长期使用会磨损，影响力学性能。有些防护用品的保存条件也会影响其使用寿命，如温度及湿度等。

16.2 劳动防护用品的分类

（1）按人体保护部位分类

《劳动防护用品分类与代码》（LD/T 75—1995）实行以人体保护部位划分的分类标准，将劳动防护用品分为头部防护用品、呼吸器官防护用品、眼（面）部防护用品、听觉器官防护用品、手部防护用品、足部防护用品、躯干防护用品、护肤用品、防坠落用品9大类。

1）头部防护用品包括一般防护服、安全帽、防尘帽、防静电帽等。

2）呼吸器官防护用品包括防尘口罩和防毒面罩。

3）眼（面）部防护用品包括防护眼镜和防护面罩。

4）听觉器官防护用品包括耳塞、耳罩和防噪声头盔等。

5）手部防护用品包括一般防护手套、防水手套、防寒手套、防毒手套、防静电手套、防高温手套、防X射线手套、防酸（碱）手套、防振手套、防切割手套、绝缘手套等。

6）足部防护用品包括防尘鞋、防水鞋、防寒鞋、防静电鞋、防酸（碱）鞋、防油鞋、防烫脚鞋、防滑鞋、防刺穿鞋、电绝缘鞋、防振鞋等。

7）躯干防护用品包括一般防护服、防水服、防寒服、防砸背心、防毒服、阻燃服、防静电服、防高温服、防电磁辐射服、耐酸（碱）服、防油服、水上救生衣、防昆虫服、防风沙服等。

8）护肤用品可分为防毒护肤用品、防腐护肤用品、防射线护肤用品、防油漆护肤用品等。

9）防坠落用品包括安全带和安全网。

（2）按防御的职业病危害因素分类

根据《用人单位劳动防护用品管理规范》（安监总厅安健〔2018〕3号），劳动防护用品分为以下10大类：

1）防御物理、化学和生物危险、有害因素对头部伤害的头部防护用品。

2）防御缺氧空气和空气污染物进入呼吸道的呼吸防护用品。

3）防御物理和化学危险、有害因素对眼面部伤害的眼面部防护用品。

4）防噪声危害及防水、防寒等的听力防护用品。

5）防御物理、化学和生物危险、有害因素对手部伤害的手部防护用品。

6）防御物理和化学危险、有害因素对足部伤害的足部防护用品。

7）防御物理、化学和生物危险、有害因素对躯干伤害的躯干防护用品。

8）防御物理、化学和生物危险、有害因素损伤皮肤或引起皮肤疾病的护肤用品。

9）防止高处作业劳动者坠落或者高处落物伤害的坠落防护用品。

10）其他防御危险、有害因素的劳动防护用品。

16.3 劳动防护用品管理

用人单位应当依法为劳动者提供劳动防护用品，采取保障劳动者安全与健康的辅助性、预防性措施，不得以劳动防护用品替代工程防护设施和其他技术管理措施。

（1）劳动防护用品管理要求

1）用人单位应当健全管理制度，加强劳动防护用品配备、发放、使用等管理工作。

2）用人单位应当安排专项经费用于配备劳动防护用品，不得以货币或者其他物品替代。该项经费计入生产成本，据实列支。

3）用人单位应当为劳动者提供符合国家标准或者行业标准的劳动防护用品。使用进口的劳动防护用品，其防护性能不得低于我国相关标准。

4）劳动者在作业过程中，应当按照规章制度和劳动防护用品使用规则，正确佩戴和使用劳动防护用品。

5）用人单位使用的劳务派遣工、接纳的实习学生应当纳入本单位人员统一管理，并配备相应的劳动防护用品。对处于作业地点的其他外来人员，必须按照与进行作业的劳动者相同的标准，正确佩戴和使用劳动防护用品。

（2）劳动防护用品的选用

1）用人单位劳动防护用品选择程序。用人单位应按照识别、评价、选择的程序，结合劳动者作业方式和工作条件，并考虑其个人特点及劳动强度，选择防护功能和效果适用的劳动防护用品。劳动防护用品选择程序如图16-1所示。

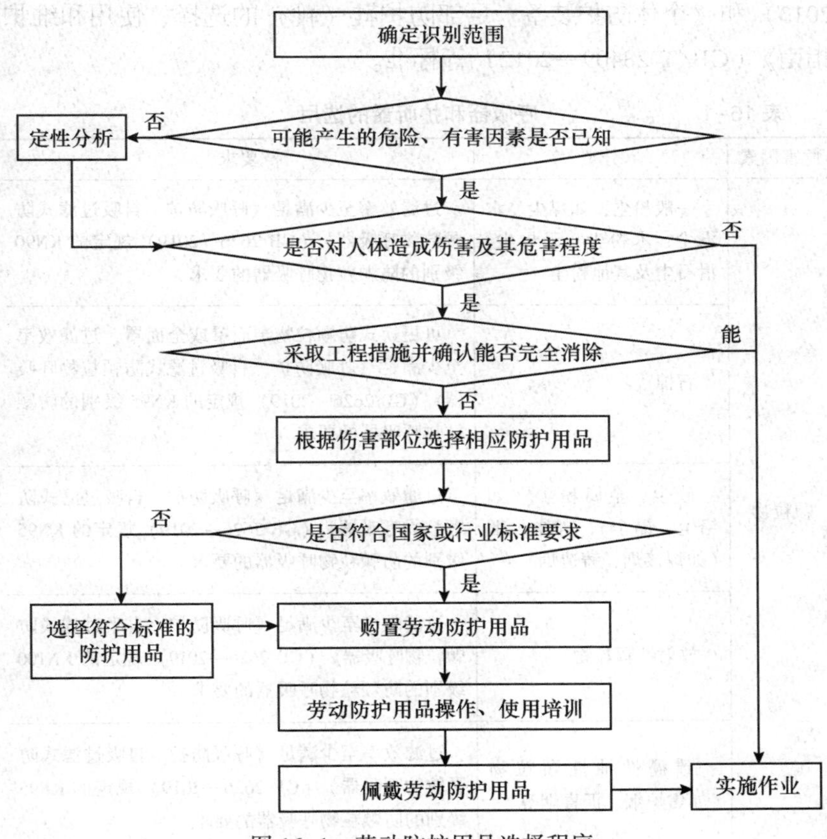

图16-1　劳动防护用品选择程序

2）接触粉尘、有毒、有害物质的劳动者应当根据不同粉尘种类、粉尘浓度及游离二氧化硅含量和毒物的种类及浓度配备相应的呼吸器（详见表16-1）、防护服、防护手套和防护鞋等。具体可参照《呼吸防护　自吸过滤式防颗粒物呼吸器》（GB 2626—2019）、《呼吸防护用品的选择、使用与维护》（GB/T 18664—2002）、《防护

服装　化学防护服的选择、使用和维护》（GB/T 24536—2009）、《手部防护　防护手套的选择、使用和维护指南》（GB/T 29512—2013）和《个体防护装备　足部防护鞋（靴）的选择、使用和维护指南》（GB/T 28409—2012）等标准。

表 16-1　呼吸器和护听器的选用

危害因素	分类	要求
颗粒物	一般粉尘，如煤尘、水泥尘、木粉尘、云母尘、滑石尘及其他粉尘	过滤效率至少满足《呼吸防护　自吸过滤式防颗粒物呼吸器》（GB 2626—2019）规定的 KN90 级别的防颗粒物呼吸器的要求
	石棉	可更换式防颗粒物半面罩或全面罩，过滤效率至少满足《呼吸防护　自吸过滤式防颗粒物呼吸器》（GB 2626—2019）规定的 KN95 级别的防颗粒物呼吸器的要求
	矽尘、金属粉尘（如铅尘、镉尘）、砷尘、烟（如焊接烟、铸造烟）	过滤效率至少满足《呼吸防护　自吸过滤式防颗粒物呼吸器》（GB 2626—2019）规定的 KN95 级别的防颗粒物呼吸器的要求
	放射性颗粒物	过滤效率至少满足《呼吸防护　自吸过滤式防颗粒物呼吸器》（GB 2626—2019）规定的 KN100 级别的防颗粒物呼吸器的要求
	致癌性油性颗粒物（如焦炉烟、沥青烟等）	过滤效率至少满足《呼吸防护　自吸过滤式防颗粒物呼吸器》（GB 2626—2019）规定的 KP95 级别的防颗粒物呼吸器的要求
化学物质	窒息气体	隔绝式正压呼吸器
	无机气体、有机蒸气	防毒面具 面罩类型：工作场所毒物浓度超标不大于 10 倍，使用送风或自吸过滤半面罩；工作场所毒物浓度超标不大于 100 倍，使用送风或自吸过滤全面罩；工作场所毒物浓度超标大于 100 倍，使用隔绝式或送风过滤式全面罩

续表

危害因素	分类	要求
化学物质	酸、碱性溶液、蒸气	防酸碱面罩、防酸碱手套、防酸碱服、防酸碱鞋
噪声	劳动者暴露于工作场所 $80\ dB \leq L_{EX,8h} < 85\ dB$ 的	用人单位应根据劳动者需求为其配备适用的护听器
	劳动者暴露于工作场所 $L_{EX,8h} \geq 85\ dB$ 的	用人单位应为劳动者配备适用的护听器，并指导劳动者正确佩戴和使用。劳动者暴露于工作场所 $L_{EX,8h}$ 为 85～95 dB 的，应选用护听器 SNR（单值噪声降低数）为 17～34 dB 的耳塞或耳罩；劳动者暴露于工作场所 $L_{EX,8h} \geq 95$ dB 的，应选用护听器 SNR≥34 dB 的耳塞、耳罩或者同时佩戴耳塞和耳罩，耳塞和耳罩组合使用时的声衰减值，可按二者中较高的声衰减值增加 5dB 估算

工作场所存在《高毒物品目录》中的确定人类致癌物质（详见表 16-2），当浓度达到其 1/2 职业接触限值（PC-TWA 或 MAC，MAC 指最高容许浓度限值）时，用人单位应为劳动者配备相应的劳动防护用品，并指导劳动者正确佩戴和使用。

表 16-2　《高毒物品目录》中确定人类致癌物质

序号	毒物名称	MAC/（mg/m^3）	PC-TWA/（mg/m^3）
1	苯	—	6
2	甲醛	0.5	—
3	铬及其化合物（三氧化铬、铬酸盐、重铬酸盐）	—	0.05
4	氯乙烯	—	10
5	焦炉逸散物	—	0.1
6	镍与难溶性镍化合物	—	1
7	可溶性镍化合物	—	0.5
8	铍及其化合物	—	0.000 5

续表

序号	毒物名称	MAC/ (mg/m^3)	PC-TWA/ (mg/m^3)
9	砷及其无机化合物	—	0.01
10	砷化（三）氢，胂	0.03	—
11	（四）羰基镍	0.002	—
12	氯甲基醚	0.005	—
13	镉及其化合物	—	0.01
14	石棉总尘/纤维	—	0.8 mg/m^3 或 0.8 f/mL

注：根据最新发布的《高毒物品目录》和确定人类致癌物质随时调整。

3）接触噪声的劳动者，当暴露于 80 dB≤$L_{EX,8h}$<85 dB 的工作场所时，用人单位应当根据劳动者需求为其配备适用的护听器；当暴露于 $L_{EX,8h}$≥85 dB 的工作场所时，用人单位必须为劳动者配备适用的护听器，并指导劳动者正确佩戴和使用（详见表 16-1）。具体可参照《护听器的选择指南》（GB/T 23466—2009）。

4）工作场所中存在电离辐射危害的，经危害评价确认劳动者需佩戴劳动防护用品的，用人单位可参照电离辐射的相关标准及《个体防护装备配备基本要求》（GB/T 29510—2013）为劳动者配备劳动防护用品，并指导劳动者正确佩戴和使用。

5）从事存在物体坠落、碎屑飞溅、转动机械和锋利器具等作业的劳动者，用人单位还可参照《个体防护装备选用规范》（GB/T 11651—2008）、《头部防护　安全帽选用规范》（GB/T 30041—2013）和《坠落防护装备安全使用规范》（GB/T 23468—2009）等标准，为劳动者配备适用的劳动防护用品。

（3）劳动防护用品选择的其他要求

1）同一工作地点存在不同种类的危险、有害因素时，应当为劳动者同时提供防御各类危害的劳动防护用品。需要同时配备的劳动防护用品，还应考虑其可兼容性。

2）劳动者在不同地点工作，并接触不同的危险、有害因素，或接触不同危害程度的危险、有害因素时，为其选配的劳动防护用品应满足不同工作地点的防护需求。

3）劳动防护用品的选择还应当考虑其佩戴的合适性和基本舒适性，根据个人特点和需求选择适合型号、式样。

4）用人单位应当在可能发生急性职业损伤的有毒、有害工作场所配备应急劳动防护用品，放置于现场临近位置并设置醒目标识。

5）用人单位应当为巡检等流动性作业的劳动者配备随身携带的个人应急防护用品。

（4）劳动防护用品的采购、发放、培训及使用

1）用人单位应当根据劳动者工作场所中存在的危险、有害因素种类及危害程度、劳动环境条件、劳动防护用品有效使用时间制定适合本单位的劳动防护用品配备标准，具体见表16-3。

表16-3　　用人单位劳动防护用品配备标准

岗位/工种	作业者数量	危险、有害因素类别	危险、有害因素浓度/强度	配备的防护用品种类	防护用品型号/级别	防护用品发放周期	呼吸器过滤元件更换周期

2）用人单位应当根据劳动防护用品配备标准制订采购计划，购买符合标准的合格产品。

3）用人单位应当查验并保存劳动防护用品检验报告等质量证明文件的原件或复印件。

4）用人单位应当确保已采购劳动防护用品的存储条件，并保证其在有效期内。

5）用人单位应当对劳动者进行劳动防护用品的使用、维护等专业知识的培训。

6）用人单位应当督促劳动者在使用劳动防护用品前，对劳动防护用品进行检查，确保外观完好、部件齐全、功能正常。

7）用人单位应当定期对劳动防护用品的使用情况进行检查，确保劳动者正确使用。

（5）劳动防护用品维护、更换及报废

1）劳动防护用品应当按照要求妥善保存，及时更换，保证其在有效期内。公用的劳动防护用品应当由车间或班组统一保管，定期维护。

2）用人单位应当对应急劳动防护用品进行经常性的维护、检修，定期检测劳动防护用品的性能和效果，保证其完好有效。

3）用人单位应当按照劳动防护用品发放周期定期发放，对工作过程中损坏的，用人单位应及时更换。

4）安全帽、呼吸器、绝缘手套等安全性能要求高、易损耗的劳动防护用品，应当按照有效防护功能最低指标和有效使用期，到期强制报废。

16.4 安全标志及其使用

（1）安全色

安全色是指用以传递安全信息含义的颜色，包括红、蓝、黄、绿 4 种颜色。

1）红色。用以传递禁止、停止、危险或者提示消防设备、设施的信息，如禁止标志等。

2）蓝色。用以传递必须遵守规定的指令性信息，如指令标志等。

3）黄色。用以传递注意、警告的信息，如警告标志等。

4）绿色。用以传递安全的提示信息，如提示标志、车间内或工地内的安全通道等。

安全色普遍适用于公共场所、企业和交通运输、建筑、仓储等行业以及消防等领域所使用的信号和标志的表面颜色，但是不适用于灯光信号和航海、内河航运以及其他目的而使用的颜色。

（2）对比色

对比色是指使安全色更加醒目的反衬色，包括黑、白两种颜色。

安全色与对比色同时使用时，应按规定搭配使用。安全色的对比色见表16-4。

表16-4 安全色的对比色

安全色	对比色
红色	白色
蓝色	白色
黄色	黑色
绿色	白色

对比色使用时，黑色用于安全标志的文字、图形符号和警告标志的几何图形；白色作为安全标志红、蓝、绿色的背景色，也可用于安全标志的文字和图形符号；红色和白色、黄色和黑色间隔条纹，是两种较醒目的标示；红色与白色交替，表示禁止越过，如道路及禁止跨越的临边防护栏杆等；黄色与黑色交替，表示警告危险，如防护栏杆、吊车吊钩的滑轮架等。

（3）安全标志

安全标志是由安全色、几何图形和图形符号构成的，是用来表达特定安全信息的标记，分为禁止标志、警告标志、指令标志和提示标志4类。禁止标志的含义是禁止人们的不安全行为。警告标志的含义是提醒人们对周围环境引起注意，以避免可能发生的危险。指令标志的含义是强制人们必须做出某种动作或采取防范措施。提示标志的含义是向人们提供某种信息（如标明安全设施或场所等）。

（4）安全标志的使用与管理

《安全标志及使用导则》（GB 2894—2008）等规定了安全色、基本安全图形和符号，以及安全标志的使用与管理规定，详细请参阅国家标准有关内容。烟花爆竹等一些行业根据《安全标志及使用导则》的原则，还制定了有本行业特色的安全标志（图形或符号）。

16.5 职业病危害警示标识

职业病危害警示标识是指在工作场所中设置的可以提醒劳动者对职业病危害产生警觉并采取相应防护措施的图形标识、警示线、警示语句和文字说明以及组合使用的标识。用人单位应在产生或存在职业病危害因素的工作场所、作业岗位、设备、材料（产品）包装、储存场所设置相应的警示标识。产生职业病危害的工作场所，应当在工作场所入口处及产生职业病危害作业岗位或设备附近的醒目位置设置警示标识。警示标识包括图形标识、警示语句、职业病危害告知卡等。

（1）图形标识

根据《工作场所职业病危害警示标识》（GBZ 158—2003）规定，图形标识分为禁止标识、警告标识、指令标识、提示标识和警示线，共5种。

1）禁止标识。禁止不安全行为的图形，如禁止入内、禁止停留和禁止启动标识。

2）警告标识。提醒注意周围环境，以避免可能发生危险的图形，如当心中毒、当心腐蚀、当心感染等标识。

3）指令标识。强制做出某种动作或采用防范措施的图形，如戴防护镜、戴防毒面具、戴防尘口罩等标识。

4）提示标识。提供相关安全信息的图形，如救援电话标识。

5）警示线。警示线是界定和分隔危险区域的标识线，分为红色、黄色和绿色3种，见表16-5。按照实际需要，警示线可喷涂在地面或制成色带设置。

表16-5　　警示线名称及图形符号

序号	名称及图形符号	设置范围和地点
1	红色警示线	高毒物品作业场所、放射作业场所、事故危害源的周边
2	黄色警示线	一般有毒物品作业场所、事故危害区域的周边
3	绿色警示线	事故现场救援区域的周边

生产、使用有毒物品工作场所应当设置黄色区域警示线。生产、使用高毒、剧毒物品工作场所应当设置红色区域警示线。警示线设在生产、使用有毒物品的车间周围外缘不少于30 cm处，警示线宽度不少于10 cm。

室外、野外放射工作场所及室外、野外放射性同位素及其储存场所应设置相应警示线；开放性放射工作场所监督区设置黄色区域警示线，控制区设置红色区域警示线。

（2）警示语句

警示语句是一组表示禁止、警告、指令、提示或描述工作场所职业病危害的词语。警示语句可单独使用，也可与图形标识组合使用。基本警示语句见表16-6。

表 16-6　　基本警示语句

序号	语句内容	序号	语句内容
1	禁止入内	29	刺激皮肤
2	禁止停留	30	腐蚀性
3	禁止启动	31	遇湿具有腐蚀性
4	当心中毒	32	窒息性
5	当心腐蚀	33	剧毒
6	当心感染	34	高毒
7	当心弧光	35	有毒
8	当心辐射	36	有毒有害
9	注意防尘	37	遇湿分解放出有毒气体
10	注意高温	38	当心有毒气体
11	有毒气体	39	接触可引起伤害
12	噪声有害	40	皮肤接触可对健康产生危害
13	戴防护镜	41	对健康有害
14	戴防毒面具	42	接触可引起伤害和死亡
15	戴防尘口罩	43	麻醉作用
16	戴护耳器	44	当心眼损伤
17	戴防护手套	45	当心灼伤
18	穿防护鞋	46	强氧化性
19	穿防护服	47	当心中暑
20	注意通风	48	佩戴呼吸防护器
21	左行紧急出口	49	戴防护面具
22	右行紧急出口	50	戴防溅面具
23	直行紧急出口	51	佩戴射线防护用品
24	急救站	52	未经许可，不许入内
25	救援电话	53	不得靠近
26	刺激眼睛	54	不得越过此线
27	遇湿具有刺激性	55	泄险区
28	刺激性	56	不得触摸

（3）警示说明

使用可能产生职业病危害的化学品、放射性同位素和含有放射性物质的材料的，必须在使用岗位设置醒目的警示标识和中文警示说明，警示说明应当载明产品特性、主要成分、存在的有害因素、可能产生的危害后果、安全使用注意事项、职业病防护以及应急救治措施等内容。

使用可能产生职业病危害的设备的，除设置警示标识外，还应当在设备醒目位置设置中文警示说明。警示说明应当载明设备性能、可能产生的职业病危害、安全操作和维护注意事项、职业病防护以及应急救治措施等内容。

为用人单位提供可能产生职业病危害的设备或可能产生职业病危害的化学品、放射性同位素和含有放射性物质的材料的，应当依法在设备或者材料的包装上设置警示标识和中文警示说明。以甲醛为例，其职业危害中文警示说明见表16–7。

表16–7　　甲醛职业危害中文警示说明

甲醛 分子式：HCHO　相对分子质量：30.03	
理化特性	常温为无色、有刺激性气味的气体，沸点–19.5 ℃，能溶于水、醇、醚，水溶液称福尔马林，杀菌能力极强。15 ℃以下易聚合，置空气中氧化为甲酸
可能产生的危害后果	低浓度甲醛蒸气对眼、上呼吸道黏膜有强烈刺激作用，高浓度甲醛蒸气对中枢神经系统有毒性作用，可引起中毒性肺水肿。主要症状：眼痛流泪、喉痒及胸闷、咳嗽、呼吸困难，口腔糜烂、上腹痛、吐血，眩晕、恐慌不安、步态不稳、甚至昏迷。皮肤接触可引起皮炎、红斑、丘疹、瘙痒、组织坏死等

续表

职业病危害防护措施	①使用甲醛设备应密闭，不能密闭的应加强通风排毒 ②注意个人防护，穿戴劳动防护用品 ③严格遵守安全生产操作规程
应急救治措施	①撤离现场，移至新鲜空气处，吸氧 ②皮肤黏膜损伤，立即用2%的碳酸氢钠（$NaHCO_3$）溶液或大量清水冲洗 ③立即与医疗急救单位联系抢救

16.6 职业病危害告知卡

对产生严重职业病危害的作业岗位，除设置警示标识外，还应当按照《高毒物品作业岗位职业病危害告知规范》（GBZ/T 203—2007）的规定，在其醒目位置设置职业病危害告知卡（以下简称告知卡）。告知卡应当标明职业病危害因素名称、理化特性、健康危害、接触限值、防护措施、应急处理及急救电话、职业病危害因素检测结果及检测时间等。符合以下条件之一，即为产生严重职业病危害的作业岗位：

1）存在矽尘或石棉粉尘的作业岗位。

2）存在致癌、致畸等有害物质或者可能导致急性职业性中毒的作业岗位。

3）放射性危害作业岗位。

根据《高毒物品目录》（卫法监发〔2003〕142号）的规定，存在高毒物品目录中化学毒物的工作场所也应当在醒目位置设置职业病危害告知卡。以苯为例，其职业病危害告知卡见表16-8。

表 16-8　　　　　　　　　**苯职业病危害告知卡**

<table>
<tr><td colspan="3">有毒物品，对人体有害，请注意防护</td></tr>
<tr><td rowspan="2">苯
Benzene</td><td>健康危害</td><td>理化特性</td></tr>
<tr><td>可吸入、经口和皮肤进入人体，大剂量会致人死亡，高浓度会引起嗜睡、眩晕、头痛、心跳加快、震颤、意识障碍和昏迷等，经口还会引起恶心、肠刺激等；长期接触会引起贫血、易出血、易感染，严重时会引起白血病和造血器官癌症</td><td>不溶于水，遇热、明火易燃烧、爆炸</td></tr>
<tr><td rowspan="4">当心中毒</td><td colspan="2">应急处理</td></tr>
<tr><td colspan="2">急性中毒应立即脱离现场至空气新鲜处，脱去污染的衣物，用肥皂水或清水冲洗污染的皮肤
立即与医疗急救单位联系</td></tr>
<tr><td colspan="2">注意防护</td></tr>
<tr><td colspan="2"></td></tr>
<tr><td colspan="3">急救电话：120　　　　职业卫生咨询电话：（此处填写真实电话号码）</td></tr>
</table>

16. 7　公告栏与职业病危害警示标识的设置与管理

（1）公告栏、中文警示说明和警示标识设置场所

公告栏和职业病危害警示标识的主要作用是使劳动者对职业病危害因素产生警觉，并自觉采取相应防护措施。企业职业卫生管理人员应熟悉掌握企业常见的职业病危害，掌握相应的职业病危害警示标识及如何设立。

1）公告栏应设置在用人单位办公区域、工作场所入口处等方便劳动者观看的醒目位置。

2）告知卡应设置在产生或存在严重职业病危害的作业岗位附近

的醒目位置。

3）用人单位多处场所都涉及同一职业病危害因素的，应在各工作场所入口处均设置相应的警示标识。

4）工作场所内存在多个产生相同职业病危害因素的作业岗位的，临近的作业岗位可以共用警示标识、中文警示说明和告知卡。

5）多个警示标识在一起设置时，应按禁止、警告、指令、提示类型的顺序，先左后右、先上后下排列。

6）可能产生职业病危害的设备及化学品、放射性同位素和含放射性物质的材料（产品）包装上，可直接粘贴、印刷或者喷涂警示标识。

此外，公告栏和职业病危害警示标识设置的位置应具有良好的照明条件，不应设置在门窗上或可移动的物体上，且其前面不得放置妨碍认读的障碍物。

若工作场所出现了新的职业病危害因素，应判断是否需要增加新的警示标识。当国家或地方制定的工作场所职业病危害告知和警示规定发生变化时，应按照新的标准和要求设置警示标识。工作场所职业病危害告知和警示标识内容应列入企业职业卫生培训范围，职业卫生管理人员、劳动者均应了解和掌握相关内容，理解警示标识的含义和应对措施。

（2）公告栏、告知卡和警示标识制作规格

公告栏和告知卡制作时应使用坚固材料，尺寸大小和内容应满足需要，内容通俗易懂、字迹清楚、颜色醒目，设置的高度应适合劳动者阅读。警示标识（不包括警示线）制作选用坚固耐用、不易变形变质、阻燃的材料。有触电危险的工作场所则使用绝缘材料。

警示标识的规格要求等按照《工作场所职业病危害警示标识》（GBZ 158—2003）执行，避免设置无效的警示标识。

（3）公告栏与警示标识的维护与更换

公告栏和警示标识由于环境或人为影响，可能发生破损，公告栏内容和警示标识也会因相关工艺或国家标准变动需要及时更新，因此，职业卫生管理人员需要定期对其进行检查和更换，使劳动者掌握最新、最准确的职业病危害相关知识。

公告栏中公告内容发生变动后应及时更新，职业病危害因素检测结果应在收到检测报告之日起7日内更新。生产工艺发生变更时，应在工艺变更完成后7日内补充完善相应的公告内容与警示标识。

告知卡和警示标识应至少每半年检查一次，发现有破损、变形、变色、图形符号脱落等影响使用的问题时，应及时修整或更换。

用人单位应按照《国家安全监管总局办公厅关于印发职业卫生档案管理规范的通知》（安监总厅安健〔2013〕171号）的要求，完善职业病危害告知与警示标识档案材料，并将其存放于本单位的职业卫生档案。

第 17 讲

事故应急预案管理

事故应急预案在应急系统中起着关键作用，它明确了在突发事故发生之前、发生过程中以及刚刚结束之后，谁负责做什么、何时做，以及相应的策略和资源准备等。它是针对可能发生的重大事故及其影响和后果的严重程度，为应急准备和应急响应的各个方面所预先作出的详细安排，是及时、有序和有效开展事故应急救援工作的行动指南。

企业应当制定本单位生产安全事故应急救援预案，与所在地县级以上地方人民政府组织制定的生产安全事故应急救援预案相衔接，并定期组织演练。

17.1 事故应急预案的作用和种类

（1）事故应急预案及其作用

应急预案在应急救援中的重要作用和突出地位体现在以下几个方面：

1）应急预案明确了应急救援的范围和体系，使应急准备和应急管理（尤其是培训和演练工作）不再无据可依、无章可循。

2）制定应急预案有利于做出及时的应急响应，降低生产安全事故损失。

3）应急预案可作为各类生产安全事故的应急基础。通过编制基本应急预案，保证应急预案足够的灵活性，对那些事先无法预料到的突发事件或事故，也可以起到基本的应急指导作用，成为开展应急救援的“底线”。在此基础上，可以针对特定危害编制专项应急预案，有针对性地制定应急措施，进行专项应急准备和演练。

4）当发生超过应急能力的重大生产安全事故时，便于与上级应急部门协调。

5）有利于提高风险防范意识。

（2）事故应急预案的基本要求

1）科学性。生产安全事故的应急工作是一项科学性很强的工作，制定预案也必须以科学的态度，在全面调查研究的基础上，开展科学分析和论证，制定出严密、统一、完整的应急反应方案，使预案真正具有科学性。

2）实用性。应急预案应符合生产安全事故现场和当地的客观情况，具有适用性、实用性和针对性，便于现实操作。

3）权威性。救援工作是一项紧急状态下的应急性工作，所制定的应急救援预案应明确救援工作的管理体系、救援行动的组织指挥权限、各级救援组织的职责和任务等一系列的行政性管理规定，保证救援工作的统一指挥。应急救援预案还应经上级部门批准后实施，保证预案具有一定的权威性和法律保障。

（3）事故应急预案的种类

企业的应急预案体系主要由综合应急预案、专项应急预案和现场处置方案构成。企业应根据本单位组织管理体系、生产规模、危险源的性质以及可能发生的事故类型确定应急预案体系，并根据本单位的实际情况，确定是否编制专项应急预案。风险因素单一的小微型企业可只编写现场处置方案。

1）综合应急预案。综合应急预案是企业应急预案体系的总纲，主要从总体上阐述事故的应急工作原则，包括企业的应急组织机构及职责、应急预案体系、事故风险描述、预警及信息报告、应急响应、保障措施、应急预案管理等内容。

2）专项应急预案。专项应急预案是企业为应对某一类型或某几种类型事故，或者针对重要生产设施、重大危险源、重大活动等内容而制定的应急预案。专项应急预案主要包括事故风险分析、应急指挥机构及职责、处置程序和措施等内容。

3）现场处置方案。现场处置方案是企业根据不同事故类型，针对具体的场所、装置或设施所制定的应急处置措施，主要包括事故风险分析、应急工作职责、应急处置和注意事项等内容。企业应根据风险评估、岗位操作规程以及危险性控制措施，组织本单位现场作业人员及安全管理等专业人员共同编制现场处置方案。

17.2 事故应急预案的主要内容

无论是哪一种应急预案，都由基本预案和应急标准化操作程序共同组成。

（1）基本预案

基本预案也称“领导预案”，是应急反应组织结构和政策方针的综述，还包括应急行动的总体思路和法律依据，指定和确认各部门在应急预案中的责任与行动内容。其主要内容包括最高行政领导承诺、发布令、基本方针政策、主要分工职责、任务与目标、基本应急程序等。基本预案一般是对公众发布的文件。

基本预案可以使政府和企业高层领导从总体上把握本行政区域或行业系统针对突发事故应急的有关情况，了解应急准备状况，同时也为制定其他应急预案如标准化操作程序、应急功能设置等提供框架和指导。基本预案包括以下12项内容：

1）预案发布令。组织或机构第一负责人应为预案签署发布令，援引国家、地方、上级部门相应法律和规章的规定，宣布应急预案生效。其目的是要明确实施应急预案的合法授权，保证应急预案的权威性。

在预案发布令中，组织或机构第一负责人应表明其对应急管理和应急救援工作的支持，并督促各应急部门完善内部应急响应机制，制定标准操作程序，积极参与培训、演练和预案的编制与更新等。

2）应急机构署名页。在应急预案中，可以包括各有关内部应急部门和外部机构及其负责人的署名页，表明各应急部门和机构对应急预案编制的参与和认同，以及履行所承担职责的承诺。

3）术语和定义。应列出应急预案中需要明确的术语和定义的解释和说明，以便各应急人员准确地把握应急有关事项，避免产生歧义和因理解不一致而导致应急时发生混乱等。

4）相关法律和法规。我国政府近年来相继颁布了一系列法律、法规，对突发公共事件、行业特大生产安全事故、重大危险源等制定应急预案作了明确规定和要求，要求县级以上各级人民政府或企业制定相应的重大事故应急救援预案。

在基本预案中，应列出明确要求制定应急预案的国家、地方及上级部门的法律、法规和规定，以及有关重大事故应急的文件、技术规范和指南性材料及国际公约，作为制定应急预案的根据和指南，使应急预案更有权威性。

5）方针与原则。列出应急预案所针对的事故（或紧急情况）类型、适用的范围和救援的任务，以及应急管理和应急救援的方针和指导原则。

方针与原则应体现应急救援的优先原则，如保护人员安全优先，防止和控制事故蔓延优先，保护环境优先。此外，方针与原则还应体现事故损失控制、高效协调、持续改进的思想，同时还要符合行业或企业实际。

6）危险分析与环境综述。列出应急工作所面临的潜在重大危险及后果预测，给出区域的地理、气象、人文等有关环境信息。

影响救援的不利条件包括突发事故发生时间、发生当天的气象条件（温度、湿度、风向、降水），临时停水、停电，周围环境、邻近区域同时发生事故，季节性的风向、风速、气温、雨量，企业人员分布及周边居民情况。

7）应急资源。该部分应对应急资源作出相应的管理规定，并列出应急资源装备的总体情况，包括应急力量的组成、应急能力，各种重要应急设施（备）、物资的准备情况，上级救援机构或相邻可用的应急资源。

8）机构与职责。应列出所有应急部门在突发事故应急救援中承担职责的负责人及其主要职责（详细的职责及行动在标准化操作程序中列出）。所有部门和人员的职责应覆盖所有的应急功能。

9）教育、培训与演练。为全面提高应急能力，应对应急人员培训、公众教育、应急演练作出相应的规定，包括内容、计划、组织与准备、效果评估、要求等。

应急人员的培训内容包括如何识别危险，如何采取必要的应急措施，如何启动紧急警报系统，如何进行事件信息的接报与报告，如何安全疏散人群等。

公众教育的基本内容包括潜在的重大危险，突发事故的性质与应急特点，事故警报与通知的规定，基本防护知识，撤离的组织、方法和程序，在事故危险区域内行动时必须遵守的规则，自救与互救的基本常识。

应急演练的具体形式既可以是桌面演练，也可以是实战模拟演练。应急演练按规模可以分为单项演练、组合演练和全面演练。

10）与其他应急预案的关系。列出本预案可能用到的其他应急预案（包括当地政府预案及签订互助协议机构的应急预案），明确本预案与其他应急预案的关系，如本预案与其他预案发生冲突时，应如何解决。

11）互助协议。列出不同政府组织、政府部门之间以及相邻企业之间或专业救援机构等签署的正式互助协议，明确可提供的互助力量（消防、医疗、检测）、物资、设备、技术等。

12）预案管理。应急预案的管理应明确负责组织应急预案制定、修改及更新的部门，应急预案的审查和批准程序，预案的发放、定期评审和更新。

（2）应急标准化操作程序

应急标准化操作程序主要是针对每一个应急活动执行部门，在进行某几项或某一项具体应急活动时所规定的操作标准。这种操作标准包括操作指令检查表和对检查表的说明，一旦应急预案启动，相关人员可按照操作指令检查表，逐项落实行动。

应急标准化操作程序是应急预案中最重要和最具可操作性的文件，回答的是在应急活动中谁来做、如何做和怎样做的一系列问题。突发事故的应急活动由多种功能组成，需要多个部门参加，所以每一个部门在应急响应中的行动和具体执行的步骤要有一个程序来指导。事故发生是千变万化的，会出现不同的情况，但应急的程序是有一定规律的，标准化的内容和格式可保证在错综复杂的事故中不会造成混乱。

应急标准化操作程序的目的和作用决定了标准化操作程序的基本要求。一般来说，应急标准化操作程序的基本要求如下：

1）可操作性。应急标准化操作程序就是为应急组织或人员提供的详细、具体的应急指导，必须具有可操作性。标准化操作程序应明确标准化操作程序的目的、执行任务的主体及时间和地点、具体的应急行动、行动步骤和行动标准等，使应急组织或人员可以有效、快速地开展应急工作，避免因受到紧急情况的干扰导致手足无措，甚至出现错误的行为。

2）协调一致性。在应急救援过程中，不同的应急组织或应急人员参与并承担不同的应急职责和任务，开展各自的应急行动，因此标准化操作程序在应急功能、应急职责及与其他人员配合方面，必须要考虑相互之间的衔接。即标准化操作程序应与基本预案的要求、应急功能设置的规定、特殊风险预案的应急内容、支持附件提供的信息资料及其他标准化操作程序协调一致，不应该有矛盾或逻辑错误。

3）针对性。应急救援活动由于突发事故发生的种类、地点和环境、时间、事故演变过程的差异而呈现出复杂性，标准化操作程序是依据特殊风险管理部分对特殊风险的状况描述和管理要求，结合应急组织或人员的应急职责和任务而编制的程序。

4）连续性。应急救援活动包括应急准备、初期响应、应急扩大、应急恢复等阶段，是连续的过程。为了指导应急组织或人员能在整个应急过程中发挥其应急作用，标准化操作程序必须具有连续性。同时，随着事态的发展，参与应急的组织和人员会发生较大变化，因此还应注意标准化操作程序中应急功能的连续性。

5）层次性。标准化操作程序可以结合应急组织的组织机构和应急职能的设置，分成不同的应急层次。例如，针对某公司，可以有部门级应急标准化操作程序、班组级应急标准化操作程序，甚至个人的应急标准化操作程序。

17.3 事故应急预案的编制

（1）应急预案编制的基本要求

应急预案的编制应当遵循以人民为中心、依法依规、符合实际、注重实效的原则，以应急处置为核心，明确应急职责，规范应急程序，细化保障措施。应急预案的编制应当符合下列基本要求：

1）符合有关法律、法规、规章和标准的规定。

2）符合本地区、本部门、本单位的安全生产实际情况。

3）符合本地区、本部门、本单位的危险性分析情况。

4）应急组织和人员的职责分工明确，并有具体的落实措施。

5）有明确、具体的应急程序和处置措施，并与其应急能力相适应。

6）有明确的应急保障措施，满足本地区、本部门、本单位的应急工作需要。

7）应急预案基本要素齐全、完整，应急预案附件提供的信息准确。

8）应急预案内容与相关应急预案相互衔接。

（2）应急预案编制方法

企业主要负责人负责组织编制和实施本单位的应急预案，并对应急预案的真实性和实用性负责；各分管负责人应当按照职责分工落实应急预案规定的职责。应急预案编制具体方法如下：

1）编制应急预案应当成立编制工作小组，由本单位有关负责人任组长，吸收与应急预案有关的职能部门和单位的人员，以及有现场处置经验的人员参加。

2）编制应急预案前，编制单位应当进行事故风险评估和应急资源调查。其中，事故风险评估是指针对不同事故种类及特点，识别存在的危险、有害因素，分析事故可能产生的直接后果以及次生、衍生后果，评估各种后果的危害程度和影响范围，提出防范和控制事故风险措施的过程。应急资源调查是指全面调查本地区、本单位第一时间可以调用的应急资源状况和合作区域内可以请求援助的应急资源状况，并结合事故风险评估结论制定应急措施的过程。

3）企业应当根据有关法律、法规、规章和相关标准，结合本单位组织管理体系、生产规模和可能发生的事故特点，确立本单位的应急预案体系，编制相应的应急预案，并体现自救互救和先期处置等特点。

4）企业风险种类多、可能发生多种类型事故的，应当组织编制综合应急预案。综合应急预案应当规定应急组织机构及其职责、应急预案体系、事故风险描述、预警及信息报告、应急响应、保障措施、应急预案管理等内容。

5）对于某一种或者多种类型的事故风险，企业可以编制相应的专项应急预案，或将专项应急预案并入综合应急预案。专项应急预案应当规定应急指挥机构与职责、处置程序和措施等内容。

6）对于危险性较大的场所、装置或者设施，企业应当编制现场处置方案。现场处置方案应当规定应急工作职责、应急处置措施和注意事项等内容。事故风险单一、危险性小的企业，可以只编制现场处置方案。

7）企业应急预案应当包括向上级应急管理机构报告的内容、应急组织机构和人员的联系方式、应急物资储备清单等附件信息。附件信息发生变化时，应当及时更新，确保准确有效。

8）企业组织应急预案编制过程中，应当根据法律、法规、规章的规定或者实际需要，征求相关应急救援队伍、公民、法人或其他组织的意见。

9）企业编制的各类应急预案之间应当相互衔接，并与相关人民政府及其部门、应急救援队伍和涉及的其他单位的应急预案相衔接。

10）企业应当在编制应急预案的基础上，针对工作场所、岗位的特点，编制简明、实用、有效的应急处置卡。应急处置卡应当规定重点岗位、人员的应急处置程序和措施，以及相关联络人员和联系方式，便于人员携带。

（3）应急预案编制工作程序

企业应急预案编制程序包括成立应急预案编制工作组、资料收集、风险评估、应急能力评估、编制应急预案和应急预案评审6个步骤。

1）成立应急预案编制工作组。企业应结合本单位各部门职能和分工，成立以单位主要负责人（或分管负责人）为组长，单位相关部门人员参加的应急预案编制工作组，明确工作职责和任务分工，制订工作计划，组织开展应急预案编制工作。

2）资料收集。应急预案编制工作组应收集与预案编制工作相关的法律、法规、技术标准、应急预案、国内外同行业企业事故资料，同时收集本单位安全生产相关技术资料、周边环境情况、应急资源等有关资料。

3）风险评估。风险评估的主要内容包括：分析企业存在的危险因素，确定事故危险源；分析可能发生的事故类型及后果，并指出可能产生的次生、衍生事故；评估事故的危害程度和影响范围，提出风险防控措施。

4）应急能力评估。在全面调查和客观分析企业应急队伍、装备、物资等应急资源状况基础上开展应急能力评估，并依据评估结果，完善应急保障措施。

5）编制应急预案。依据企业风险评估以及应急能力评估结果，组织编制应急预案。应急预案编制应注重系统性和可操作性，做到与相关部门和单位的应急预案相衔接。

6）应急预案评审。应急预案编制完成后，企业应组织评审。评审分为内部评审和外部评审，内部评审由企业主要负责人组织有关部门和人员进行，外部评审由企业组织外部有关专家和人员进行评审。应急预案评审合格后，由企业主要负责人（或分管负责人）签发实施，并进行备案管理。

17.4 事故应急预案管理

（1）应急预案评审

矿山、金属冶炼企业，易燃易爆物品、危险化学品的生产、经营（带储存设施的，下同）、储存、运输企业，使用危险化学品达到国家规定数量的化工企业，烟花爆竹生产、批发经营企业和中型规模以上的其他企业，应当对本单位编制的应急预案进行评审，并形成书面评审纪要。其他企业可以根据自身需要，对本单位编制的应急预案进行论证。

参加应急预案评审的人员应当包括有关安全生产及应急管理方面的专家。评审人员与所评审应急预案的企业有利害关系的，应当回避。

应急预案的评审或者论证应当注重基本要素的完整性、组织体系的合理性、应急处置程序和措施的针对性、应急保障措施的可行性、应急预案的衔接性等内容。

（2）应急预案公布

企业的应急预案经评审或者论证后，由本企业主要负责人签署公布，并及时发放到本单位有关部门、岗位和相关应急救援队伍。事故风险可能影响周边其他单位、人员的，企业应当将有关事故风险的性质、影响范围和应急防范措施告知周边的其他单位和人员。

（3）应急预案备案

地方各级人民政府安全生产监督管理部门的应急预案，应当报同级人民政府备案，同时抄送上一级人民政府安全生产监督管理部门，并依法向社会公布。地方各级人民政府其他负有安全生产监督管理职责部门的应急预案，应当抄送同级人民政府安全生产监督管理部门。

易燃易爆物品、危险化学品等危险物品的生产、经营、储存、运输单位，矿山、金属冶炼、城市轨道交通运营、建筑施工单位，以及宾馆、商场、娱乐场所、旅游景区等人员密集场所经营单位，应当在应急预案公布之日起 20 个工作日内，按照分级属地原则，向县级以上人民政府安全生产监督管理部门和其他负有安全生产监督管理职责的部门进行备案，并依法向社会公布。

上述单位属于中央企业的，其总部（上市公司）的应急预案，报国务院主管的负有安全生产监督管理职责的部门备案，并抄送应急管理部；其所属单位的应急预案报所在地省（自治区、直辖市）或者设区的市级人民政府主管的负有安全生产监督管理职责的部门备案，并抄送同级人民政府安全生产监督管理部门。上述单位不属于中央企业的，其中非煤矿山、金属冶炼和危险化学品生产、经营、储存、运输企业，以及使用危险化学品达到国家规定数量的化工企业、烟花爆竹生产、批发经营企业的应急预案，按照隶属关系报所在地县级以上地方人民政府安全生产监督管理部门备案。

其他企业应急预案的备案，由省（自治区、直辖市）人民政府负有安全生产监督管理职责的部门确定。

油气输送管道运营单位的应急预案，除按照规定备案外，还应当抄送所经行政区域的县级人民政府安全生产监督管理部门。海洋石油开采企业的应急预案，除按照规定备案外，还应当抄送所经行政区域的县级人民政府安全生产监督管理部门和海洋石油安全监管机构。煤矿企业的应急预案，除按照规定备案外，还应当抄送所在地的煤矿安全监察机构。

企业申报应急预案备案，应当提交的材料有应急预案备案申报表、应急预案评审或者论证意见、应急预案文本及电子文档、风险评估结果和应急资源调查清单。

受理备案登记的负有安全生产监督管理职责的部门应当在5个工作日内对应急预案材料进行核对，材料齐全的，应当予以备案并出具应急预案备案登记表；材料不齐全的，不予备案，并一次性告知需要补齐的材料。逾期不予备案又不说明理由的，视为已经备案。对于实行安全生产许可的企业，已经进行应急预案备案的，在申请安全生产许可证时，可以不提供相应的应急预案，仅提供应急预案备案登记表。

17.5 事故应急预案的演练

17.5.1 事故应急预案演练的目的和要求

（1）应急演练的目的

应急演练的目的是通过培训、评估、改进等手段，提高保护人民群众生命财产安全和环境的综合应急能力，说明应急预案的各部分或整体是否能有效地付诸实施，验证应急预案对可能出现的各种紧急情况的适应性，找出应急准备工作中需要改善的地方，确保建立和保持可靠的通信渠道及应急人员的协同性，确保所有应急组织熟悉并能够履行其职责，找出需要改善的潜在问题。

（2）应急演练的要求

应急演练的类型有多种，不同类型的应急演练虽有不同特点，但在策划演练内容、演练情景、演练频次、演练评价方法等方面具有共同性。应急演练的总体要求如下：

1）符合规定。应急演练必须遵守相关法律、法规、标准和应急预案的规定。

2）领导重视、科学计划。开展应急演练工作必须得到有关领导的重视，给予财政等相应支持，必要时有关领导应参与演练过程并扮演与其职责相当的角色。应急演练必须事先确定演练目标，演练策划人员应对演练内容、情景等事项进行精心策划。

3）结合实际、突出重点。应急演练应结合当地存在的危险源特点、潜在事故类型、可能发生事故的地点和气象条件及应急准备工作的实际情况进行。演练应重点解决应急过程中组织指挥和协同配合问题，解决应急准备工作不足的问题，以提高应急行动的整体效能。

4）周密组织、统一指挥。演练策划人员必须制定并落实保证演练达到目标的具体措施，各项演练活动应在统一指挥下实施，演练人员要严守演练现场规则，确保演练过程安全。演练不得影响企业的安全正常运行，不得使各类人员承受不必要的风险。

5）由浅入深、分步实施。应急演练应遵循由下而上、先分后合、分步实施的原则，综合性的应急演练应以若干次分练为基础。

6）讲究实效、注重质量。应急演练指导机构应精干，工作程序要简明，各类演练文件要实用，避免一切形式主义的安排，以取得实效为检验演练质量的唯一标准。

7）兼顾效率。应急演练原则上应避免惊动公众，如必须卷入有限数量的公众，则应在公众教育得到普及、条件比较成熟时相机进行。

17.5.2 事故应急预案演练的种类

每一次演练并不要求展示上述所有目标的符合情况，也不要求所有应急组织全面参与演练的各类活动，但为检验和评价事故应急能力，应在一段时间内对应急演练目标进行全面的演练。

1）根据应急演练的规模，可将其分为单项演练、组合演练、综合演练。

①单项演练。单项演练是为了熟练掌握应急操作或完成某种特定任务所需技能而进行的演练。此类演练有通信联络程序演练、人员集中清点演练、应急装备物（物质）到位演练、医疗救护行动演练等。

②组合演练。组合演练是为了检查或提高应急组织之间及其与外部组织之间的相互协调性而进行的演练。此类演练有应急药物发放与周边群众撤离演练、扑灭火灾与堵漏演练、关闭阀门演练等。

③综合演练。综合演练是应急预案内规定的所有任务单位或其中绝大多数单位参加的，为全面检查预案可执行性而进行的演练。此类演练较前两类演练更为复杂，需要更长的准备时间。

2）根据应急演练的形式，可将其分为桌面演练、功能演练、全面演练。

①桌面演练。桌面演练是指由应急组织的代表或关键岗位人员参加的，按照应急预案及其标准运作程序，讨论发生紧急事件时应采取的行动的演练活动。桌面演练的主要特点是对演练情景进行口头演练，一般是在会议室内举行的非正式活动。主要作用是在没有压力的情况下，演练人员在检查和解决应急预案中问题的同时，获得一些建设性的讨论结果。主要目的是在友好、较小压力的情况下，

锻炼演练人员解决问题的能力，以及解决应急组织相互协作和职责划分的问题。

②功能演练。功能演练是针对某项应急响应功能或其中某些应急响应活动举行的演练活动。功能演练一般在应急指挥中心举行，并可同时开展现场演练，调用有限的应急设备，主要目的是针对应急响应功能，检验应急响应人员以及应急管理体系的策划和响应能力。例如，指挥和控制功能的演练，目的是检测、评价多个政府部门在一定压力情况下集权式的应急运行和及时响应能力，演练地点主要集中在若干个应急指挥中心或现场指挥所，可开展有限的现场活动，调用有限的外部资源。外部资源的调用范围和规模应能满足响应模拟紧急事件时的指挥和控制要求。又如，针对交通运输活动的演练，目的是检验地方政府相关应急响应部门建立现场指挥所，协调现场应急响应人员和交通运载工具的能力。

③全面演练。全面演练指针对应急预案中全部或大部分应急响应功能，检验、评价应急组织应急运行能力的演练活动。全面演练一般要求持续几个小时，采取交互式方式进行，演练过程要求尽量真实，调用更多的应急响应人员和资源，并开展人员、设备及其他资源的实战性演练，以展示相互协调的应急响应能力。

17.5.3　事故应急预案演练实施的要点

事故应急预案演练的实施有助于确定事故应急响应过程中的问题和解决办法。各类演练在实施中都有各自的程序和特点。

（1）桌面演练的实施

桌面演练的复杂性、范围和真实程度变化很大。实际桌面演练只有两种：基本桌面演练和高级桌面演练。基本桌面演练是在定向演练中通过小组讨论的方式解决基本问题。桌面演练有较多的时间，可先介绍目的、范围和管理规章，然后由演练控制者进行场景叙述。场景是讨论计划条款和程序的起点，应该详细包括特定位置、严重程度和其他相关问题。演练控制者必须控制讨论方向，以确保达到演练目标。在完成所有目标后，基本桌面演练结束。如果没有在允许时间内达到所有目标，演练控制者要决定延迟继续演练或简单结束演练。

（2）功能演练和全面演练的实施

功能演练和全面演练的方法基本相同，只在范围和复杂程度上有所区别。两种类型都具有较高的真实度，都能反映许多任务的实际效果，都在与真实紧急事件发生场所相同的地方进行，不同于定向和桌面演练。

桌面演练与功能/全面演练的重要区别是前者宣布开始时间和日期，后者有时不通知演练人员确切的时间。这种“非注意”型演练可检测报警和通知程序。

功能/全面演练的演练人员在首次信息发布后才做出反应。换句话说，他们会继续正常活动，直到他们接到演练开始的通知。例如，消防反应人员听到消防报警才会做出反应。为避免混乱和恐慌，所有演练信息特别是最初的报警，应该说明演练的开始和结束，如“这是……演练”。如果使用报警系统，应该用公共发布系统来宣布演练开始。根据演练的目标和范围，可使用不同的方法介绍演练信息。如果演练不包括真实应急中最初的反应活动，在说明最初信息或问题之后，演练控制者应使用场景叙述的方式来告知演练人员目前的状态。

为得到最高真实程度，演练人员应正常执行反应任务。例如，执行需要使用消防带的消防任务时，由于消防水能引起破坏，演练人员应该布置消防带和完成其他任务，但不能放水。

一旦开始演练，演练控制者有责任保证演练按规定程序平稳进行。演练控制者面临的另一个问题是，实际应急过程可能需要花费很长的时间，功能/全面演练必须在压缩后的演练时间表内完成。例如，一般要花几个小时或更长时间才能控制住大型建筑火灾，在演练时应减少到在几分钟内完成。在最初反应活动完成后，控制者应该停止演练，简单向所有演练人员说明假定几个小时后，火被扑灭。

功能/全面演练中，一般完成所有演练目标或到设定时间时，演练才结束。由于日程设定有问题或其他原因而重新安排演练是不实际的，因而演练控制者必须保证演练能按时进行，或在演练前做必要的调整。

17.5.4 事故应急预案演练的总结与评价

（1）应急演练的评价

演练评价是指观察和记录演练活动、比较演练人员表现与演练目标要求并提出演练发现的过程。演练评价的目的是确定演练是否达到演练目标要求，检验各应急组织指挥人员及应急响应人员完成任务的能力。要全面、正确地评价演练效果，必须在演练覆盖区域的关键地点和各参演应急组织的关键岗位上，派驻公正的评价人员。评价人员的作用主要是观察演练的进程，记录演练人员采取的每一项关键行动及其实施时间，与演练人员访谈，要求参演应急组织提供文字材料，评价参演应急组织和演练人员表现并反馈演练发现。

演练发现是指通过演练评价过程，发现应急救援体系、应急预案、应急执行程序或应急组织中存在的问题。按对人员生命安全的影响程度，可将演练发现划分为3个等级，从高到低分别为不足项、整改项和改进项。

1）不足项。不足项是在演练过程中观察或识别出的，可能使应急准备工作不完备，从而导致在紧急事件发生时不能确保应急组织采取合理应对措施来保护人员安全。不足项应在规定的时间内予以纠正。演练发现确定为不足项时，策划小组负责人应对该不足项详细说明，并给出应采取的纠正措施和完成时限。

2）整改项。整改项是指演练过程中观察或识别出的，单独并不会对公众安全健康造成不良影响的不完备项。整改项应在下次演练时予以纠正。

3）改进项。改进项是指应急准备过程中应予以改善的问题。改进项不同于不足项和整改项，一般不会对人员生命安全健康产生严重影响，因此，不必要求对其予以纠正。

（2）应急演练总结与追踪

演练结束后，进行总结与讲评是全面评价演练是否达到演练目标、应急准备水平及是否需要改进的一个重要步骤，也为演练人员进行自我评价提供机会。演练总结与讲评可以通过访谈、汇报、协商、自我评价、公开会议和通报等形式完成。演练总结应包括如下内容：演练背景，参与演练的部门和单位，演练方案和演练目标，演练情景，演练过程的全面评价，演练过程发现的问题和整改措施，对应急预案和有关程序的改进建议，对应急设备、设施维护与更新的建议，对应急组织、应急响应人员能力和培训的建议。

应急演练追踪是指策划小组在演练总结与讲评过程结束之后，安排人员督促相关应急组织继续解决其中尚待解决的问题或事项的活动。为确保参演应急组织能从演练中取得最大益处，策划小组应对演练发现进行充分研究，确定导致该问题的根本原因、纠正方法和纠正措施完成时间，并指定专人负责对演练发现中的不足项和整改项的纠正过程实施追踪，监督检查纠正措施进展情况。

第18讲

安全生产违法行为处罚

生产经营单位对安全生产工作承担主体责任，一旦在监管监察中发现安全生产违法行为，将依法受到行政处罚。安全生产监督管理部门和煤矿安全监察机构对生产安全事故发生单位及其主要负责人、直接负责的主管人员和其他责任人员等有关责任人员依照《安全生产法》和《生产安全事故报告和调查处理条例》实施罚款等行政处罚。

当前，仍然存在一些生产经营单位只顾眼前经济效益，置从业人员的健康、安全于不顾，对事故隐患不及时排除，在劳动安全设施不符合国家规定的情况下，强行生产作业，以致生产安全事故频频发生，严重侵犯从业人员的人身权利，给国家造成了巨大的经济损失。因此，针对这些情况，必须运用刑法等法律武器来保护宝贵的安全生产较好形势，捍卫从业人员的生命、健康和财产安全。

18.1 安全生产违法行为行政处罚

18.1.1 行政处罚的种类、管辖

（1）行政处罚的种类

安全生产违法行为行政处罚的种类如下：

1）警告。

2）罚款。

3）没收违法所得，没收非法开采的煤炭产品、采掘设备。

4）责令停产停业整顿、责令停产停业、责令停止建设、责令停止施工。

5）暂扣或者吊销有关许可证，暂停或者撤销有关执业资格、岗位证书。

6）关闭。

7）拘留。

8）安全生产法律、行政法规规定的其他行政处罚。

（2）行政处罚的管辖

1）县级以上安全监管监察部门应当按照规定，在各自的职责范围内对安全生产违法行为行政处罚行使管辖权。安全生产违法行为的行政处罚，由安全生产违法行为发生地的县级以上安全监管监察部门管辖。中央企业及其所属企业、有关人员的安全生产违法行为的行政处罚，由安全生产违法行为发生地设区的市级以上安全监管监察部门管辖。

暂扣、吊销有关许可证和暂停、撤销有关执业资格、岗位证书的行政处罚，由发证机关决定。其中，暂扣有关许可证和暂停有关执业资格、岗位证书的期限一般不得超过6个月；法律、行政法规另有规定的，依照其规定。给予关闭的行政处罚，由县级以上安全监管监察部门报请县级以上人民政府按照国务院规定的权限决定。给予拘留的行政处罚，由县级以上安全监管监察部门建议公安机关依照《中华人民共和国治安管理处罚法》的规定决定。

2）2个以上安全监管监察部门因行政处罚管辖权发生争议的，由其共同的上一级安全监管监察部门指定管辖。

3）对报告或者举报的安全生产违法行为，安全监管监察部门应当受理；发现不属于自己管辖的，应当及时移送有管辖权的部门。受移送的安全监管监察部门对管辖权有异议的，应当报请共同的上一级安全监管监察部门指定管辖。

4）安全生产违法行为涉嫌犯罪的，安全监管监察部门应当将案件移送司法机关，依法追究刑事责任；尚不够刑事处罚但依法应当给予行政处罚的，由安全监管监察部门管辖。

5）上级安全监管监察部门可以直接查处下级安全监管监察部门管辖的案件，也可以将自己管辖的案件交由下级安全监管监察部门管辖。下级安全监管监察部门可以将重大、疑难案件报请上级安全监管监察部门管辖。

6）上级安全监管监察部门有权对下级安全监管监察部门违法或者不适当的行政处罚予以纠正或者撤销。

7）安全监管监察部门根据需要，可以在其法定职权范围内委托符合《行政处罚法》第十九条规定条件的组织或者乡、镇人民政府以及街道办事处、开发区管理机构等地方人民政府的派出机构实施行政处罚。受委托的单位在委托范围内，以委托的安全监管监察部门名义实施行政处罚。委托的安全监管监察部门应当监督检查受委托的单位实施行政处罚，并对其实施行政处罚的后果承担法律责任。

18.1.2 行政处罚的程序

（1）行政处罚的实施

1）现场处理措施。安全生产行政执法人员在执行公务时，必须出示省级以上安全生产监督管理部门或者县级以上地方人民政府统一制作的有效行政执法证件。其中对煤矿进行安全监察，必须出示应急管理部统一制作的煤矿安全监察员证。安全监管监察部门及其行政执法人员在监督检查时发现生产经营单位存在事故隐患的，应当按照下列规定采取现场处理措施：

①能够立即排除的，应当责令立即排除。

②重大事故隐患排除前或者排除过程中无法保证安全的，应当责令从危险区域撤出作业人员，并责令暂时停产停业、停止建设、停止施工或者停止使用相关设施、设备，限期排除隐患。隐患排除后，经安全监管监察部门审查同意，方可恢复生产经营和使用。责

令暂时停产停业、停止建设、停止施工或者停止使用相关设施、设备的期限一般不超过6个月；法律、行政法规另有规定的，依照其规定。

2）处理决定。对有根据认为不符合安全生产国家标准或者行业标准的在用设施、设备、器材，违法生产、储存、使用、经营、运输的危险物品，以及违法生产、储存、使用、经营危险物品的作业场所，安全监管监察部门应当依照《中华人民共和国行政强制法》的规定予以查封或者扣押。查封或者扣押的期限不得超过30日，情况复杂的，经安全监管监察部门负责人批准，最多可以延长30日，并在查封或者扣押期限内作出以下处理决定：

①对违法事实清楚、依法应当没收的非法财物予以没收。

②法律、行政法规规定应当销毁的，依法销毁。

③法律、行政法规规定应当解除查封、扣押的，作出解除查封、扣押的决定。

实施查封、扣押，应当制作并当场交付查封、扣押决定书和清单。

3）处理责任。安全监管监察部门依法对存在重大事故隐患的生产经营单位作出停产停业、停止施工、停止使用相关设施设备的决定，生产经营单位应当依法执行，及时消除事故隐患。生产经营单位拒不执行，有发生生产安全事故现实危险的，在保证安全的前提下，经本部门主要负责人批准，安全监管监察部门可以采取通知有关单位停止供电、停止供应民用爆炸物品等措施，强制生产经营单位履行决定。通知应当采用书面形式，有关单位应当予以配合。安全监管监察部门依照规定采取停止供电措施，除有危及生产安全的紧急情形外，应当提前24小时通知生产经营单位。生产经营单位依法履行行政决定、采取相应措施消除事故隐患的，安全监管监察部门应当及时解除规定的措施。

生产经营单位被责令限期改正或者限期进行隐患排除治理的，

应当在规定限期内完成。因不可抗力无法在规定限期内完成的，应当在进行整改或者治理的同时，于限期届满前10日内提出书面延期申请，安全监管监察部门应当在收到申请之日起5日内书面答复是否准予延期。生产经营单位提出复查申请或者整改、治理限期届满的，安全监管监察部门应当自申请或者限期届满之日起10日内进行复查，填写复查意见书，由被复查单位和安全监管监察部门复查人员签名后存档。逾期未整改、未治理或者整改、治理不合格的，安全监管监察部门应当依法给予行政处罚。

安全监管监察部门在作出行政处罚决定前，应当填写行政处罚告知书，告知当事人作出行政处罚决定的事实、理由、依据，以及当事人依法享有的权利，并送达当事人。当事人应当在收到行政处罚告知书之日起3日内进行陈述、申辩，或者依法提出听证要求，逾期视为放弃上述权利。安全监管监察部门应当充分听取当事人的陈述和申辩，对当事人提出的事实、理由和证据，应当进行复核；当事人提出的事实、理由和证据成立的，安全监管监察部门应当采纳。

安全监管监察部门不得因当事人陈述或者申辩而加重处罚。安全监管监察部门对安全生产违法行为实施行政处罚，应当符合法定程序，制作行政执法文书。

（2）简易程序

1）违法事实确凿并有法定依据，对个人处以50元以下罚款、对生产经营单位处以1 000元以下罚款或者警告的行政处罚的，安全生产行政执法人员可以当场作出行政处罚决定。

2）安全生产行政执法人员当场作出行政处罚决定，应当填写预定格式、编有号码的行政处罚决定书并当场交付当事人。安全生产行政执法人员当场作出行政处罚决定后应当及时报告，并在5日内报所属安全监管监察部门备案。

（3）一般程序

1）除依照上述简易程序当场作出的行政处罚外，安全监管监察部门发现生产经营单位及其有关人员有应当给予行政处罚的行为的，应当予以立案，填写立案审批表，并全面、客观、公正地进行调查，收集有关证据。对确需立即查处的安全生产违法行为，可以先行调查取证，并在5日内补办立案手续。

2）对已经立案的案件，由立案审批人指定2名或者2名以上安全生产行政执法人员进行调查。有下列情形之一的，承办案件的安全生产行政执法人员应当回避：

①本人是本案的当事人或者当事人的近亲属。

②本人或者其近亲属与本案有利害关系。

③与本人有其他利害关系，可能影响案件的公正处理的。

安全生产行政执法人员的回避，由派出其进行调查的安全监管监察部门的负责人决定。进行调查的安全监管监察部门负责人的回避，由该部门负责人集体讨论决定。回避决定作出之前，承办案件的安全生产行政执法人员不得擅自停止对案件的调查。

3）进行案件调查时，安全生产行政执法人员不得少于2名。当事人或者有关人员应当如实回答安全生产行政执法人员的询问，并协助调查或者检查，不得拒绝、阻挠或者提供虚假情况。询问或者检查应当制作笔录。笔录应当记载时间、地点、询问和检查情况，并由被询问人、被检查单位和安全生产行政执法人员签名或者盖章；被询问人、被检查单位要求补正的，应当允许。被询问人或者被检查单位拒绝签名或者盖章的，安全生产行政执法人员应当在笔录上注明原因并签名。

4）安全生产行政执法人员应当收集、调取与案件有关的原始凭证作为证据。调取原始凭证确有困难的，可以复制，复制件应当注明“经核对与原件无异”的字样，注明原始凭证存放的单位及其处所，并由出具证据的人员签名或者单位盖章。安全生产行政执法人员在收集证据时，可以采取抽样取证的方法；在证据可能灭失或者以后难以取得的情况下，经本单位负责人批准，可以先行登记保存，并应当在7日内作出以下处理决定：

①违法事实成立依法应当没收的，作出行政处罚决定，予以没收；依法应当扣留或者封存的，予以扣留或者封存。

②违法事实不成立，或者依法不应当予以没收、扣留、封存的，解除登记保存。

5）安全生产行政执法人员对与案件有关的物品、场所进行勘验检查时，应当通知当事人到场，制作勘验笔录，并由当事人核对无误后签名或者盖章。当事人拒绝到场的，可以邀请在场的其他人员作证，并在勘验笔录中注明原因并签名；也可以采用录音、录像等方式记录有关物品、场所的情况后，再进行勘验检查。案件调查终结后，负责承办案件的安全生产行政执法人员应当填写案件处理呈批表，连同有关证据材料一并报本部门负责人审批。

6）安全监管监察部门负责人应当及时对案件调查结果进行审查，根据不同情况，分别作出以下决定：

①确有应受行政处罚的违法行为的，根据情节轻重及具体情况，作出行政处罚决定。

②违法行为轻微，依法可以不予行政处罚的，不予行政处罚。

③违法事实不能成立，不得给予行政处罚。

④违法行为涉嫌犯罪的，移送司法机关处理。

对严重安全生产违法行为给予责令停产停业整顿、责令停产停业、责令停止建设、责令停止施工、吊销有关许可证、撤销有关执业资格或者岗位证书、5万元以上罚款、没收违法所得、没收非法开采的煤炭产品或者采掘设备价值5万元以上的行政处罚的，应当由安全监管监察部门的负责人集体讨论决定。

7）安全监管监察部门依照规定给予行政处罚，应当制作行政处罚决定书。行政处罚决定书应当载明下列事项：

①当事人的姓名或者名称、地址或者住址。

②违法事实和证据。

③行政处罚的种类和依据。

④行政处罚的履行方式和期限。

⑤不服行政处罚决定，申请行政复议或者提起行政诉讼的途径和期限。

⑥作出行政处罚决定的安全监管监察部门的名称和作出决定的日期。

行政处罚决定书必须盖有作出行政处罚决定的安全监管监察部门的印章。

8）行政处罚决定书应当在宣告后当场交付当事人；当事人不在场的，安全监管监察部门应当在7日内依照《中华人民共和国民事诉讼法》的有关规定，将行政处罚决定书送达当事人或者其他的法定受送达人。具体要求如下：

①送达必须有送达回执，由受送达人在送达回执上注明收到日期，签名或者盖章。

②送达应当直接送交受送达人。受送达人是个人的，如本人不在，交其同住成年家属签收，并在行政处罚决定书送达回执的备注栏内注明与受送达人的关系。

③受送达人是法人或者其他组织的，应当由法人的法定代表人、其他组织的主要负责人或者该法人、组织负责收件的人签收。

④受送达人指定代收人的，交代收人签收并注明受当事人委托的情况。

⑤直接送达确有困难的，可以挂号邮寄送达，也可以委托当地安全监管监察部门代为送达，代为送达的安全监管监察部门收到文书后，必须立即交受送达人签收。

⑥当事人或者其同住成年家属拒绝接收的，送达人应当邀请有关基层组织或者所在单位的代表到场，说明情况，在行政处罚决定书送达回执上记明拒收的事由和日期，由送达人、见证人签名或者盖章，将行政处罚决定书留在当事人的住所；也可以把行政处罚决

定书留在受送达人的住所，并采用拍照、录像等方式记录送达过程，即视为送达。

⑦受送达人下落不明，或者用以上方式无法送达的，可以公告送达，自公告发布之日起经过 60 日，即视为送达。公告送达，应当在案卷中注明原因和经过。

安全监管监察部门送达其他行政处罚执法文书，按照上述规定办理。

9）行政处罚案件应当自立案之日起 30 日内作出行政处罚决定；由于客观原因不能完成的，经安全监管监察部门负责人同意，可以延长，但不得超过 90 日；特殊情况需进一步延长的，应当经上一级安全监管监察部门批准，可延长至 180 日。

（4）听证程序

1）安全监管监察部门作出责令停产停业整顿、责令停产停业、吊销有关许可证、撤销有关执业资格、岗位证书或者较大数额罚款的行政处罚决定之前，应当告知当事人有要求举行听证的权利；当事人要求听证的，安全监管监察部门应当组织听证，不得向当事人收取听证费用。较大数额罚款，为省、自治区、直辖市人大常委会或者人民政府规定的数额；没有规定数额的，其数额对个人罚款为 2 万元以上，对生产经营单位罚款为 5 万元以上。

2）当事人要求听证的，应当在安全监管监察部门依照规定告知后 3 日内以书面方式提出。

3）当事人提出听证要求后，安全监管监察部门应当在收到书面申请之日起 15 日内举行听证会，并在举行听证会的 7 日前，通知当事人举行听证的时间、地点。当事人应当按期参加听证。当事人有正当理由要求延期的，经组织听证的安全监管监察部门负责人批准可以延期 1 次；当事人未按期参加听证，并且未事先说明理由的，视为放弃听证权利。

4）听证参加人由听证主持人、听证员、案件调查人员、当事人及其委托代理人、书记员组成。听证主持人、听证员、书记员应当由组织听证的安全监管监察部门负责人指定的非本案调查人员担任。当事人可以委托 1~2 名代理人参加听证，并提交委托书。

5）除涉及国家秘密、商业秘密或者个人隐私外，听证应当公开举行。当事人在听证中的权利和义务如下：

①有权对案件涉及的事实、适用法律及有关情况进行陈述和申辩。

②有权对案件调查人员提出的证据质证并提出新的证据。

③如实回答听证主持人的提问。

④遵守听证会会场纪律，服从听证主持人指挥。

6）听证按照下列程序进行：

①书记员宣布听证会会场纪律、当事人的权利和义务。听证主持人宣布案由，核实听证参加人名单，宣布听证开始。

②案件调查人员提出当事人的违法事实，出示证据，说明拟作出的行政处罚的内容及法律依据。

③当事人或者其委托代理人对案件的事实、证据、适用的法律等进行陈述和申辩，提交新的证据材料。

④听证主持人就案件的有关问题向当事人、案件调查人员、证人询问。

⑤案件调查人员、当事人或者其委托代理人相互辩论。

⑥当事人或者其委托代理人最后陈述。

⑦听证主持人宣布听证结束。

听证笔录应当当场交当事人核对无误后签名或者盖章。

7）有下列情形之一的，应当中止听证：

①需要重新调查取证的。

②需要通知新证人到场作证的。

③因不可抗力无法继续进行听证的。

8）有下列情形之一的，应当终止听证：

①当事人撤回听证要求的。

②当事人无正当理由不按时参加听证的。

③拟作出的行政处罚决定已经变更，不适用听证程序的。

9）听证结束后，听证主持人应当依据听证情况，填写听证会报告书，提出处理意见并附听证笔录报安全监管监察部门负责人审查。安全监管监察部门依照有关规定作出决定。

18.1.3 行政处罚的使用范围

1）生产经营单位的决策机构、主要负责人、个人经营的投资人（包括实际控制人，下同）未依法保证下列安全生产所必需的资金投入之一，致使生产经营单位不具备安全生产条件的，责令限期改正，提供必需的资金，可以对生产经营单位处1万元以上3万元以下罚款，对生产经营单位的主要负责人、个人经营的投资人处5 000元以上1万元以下罚款；逾期未改正的，责令生产经营单位停产停业整顿：

①提取或者使用安全生产费用。

②用于配备劳动防护用品的经费。

③用于安全生产教育和培训的经费。

④国家规定的其他安全生产所必需的资金投入。

生产经营单位主要负责人、个人经营的投资人有上述违法行为，导致发生生产安全事故的，依照《生产安全事故罚款处罚规定（试行)》的规定给予处罚。

2）生产经营单位的主要负责人未依法履行安全管理职责，导致生产安全事故发生的，依照《生产安全事故罚款处罚规定（试行)》的规定给予处罚。

3）生产经营单位及其主要负责人或者其他人员有下列行为之一的，给予警告，并可以对生产经营单位处1万元以上3万元以下罚款，对其主要负责人、其他有关人员处1 000元以上1万元以下的罚款：

①违反操作规程或者安全管理规定作业的。

②违章指挥从业人员或者强令从业人员违章、冒险作业的。

③发现从业人员违章作业不加制止的。

④超过核定的生产能力、强度或者定员进行生产的。

⑤对被查封或者扣押的设施、设备、器材、危险物品和作业场所，擅自启封或者使用的。

⑥故意提供虚假情况或者隐瞒存在的事故隐患以及其他安全问题的。

⑦拒不执行安全监管监察部门依法下达的安全监管监察指令的。

4）危险物品的生产、经营、储存单位以及矿山、金属冶炼单位有下列行为之一的，责令改正，并可以处1万元以上3万元以下的罚款：

①未建立应急救援组织或者生产经营规模较小、未指定兼职应急救援人员的。

②未配备必要的应急救援器材、设备和物资，并进行经常性维护、保养，保证正常运转的。

5）生产经营单位与从业人员订立协议，免除或者减轻其对从业人员因生产安全事故伤亡依法应承担的责任的，该协议无效；对生产经营单位的主要负责人、个人经营的投资人按照下列规定处以罚款：

①在协议中减轻因生产安全事故伤亡对从业人员依法应承担的责任的，处2万元以上5万元以下的罚款。

②在协议中免除因生产安全事故伤亡对从业人员依法应承担的责任的，处5万元以上10万元以下的罚款。

6）生产经营单位不具备法律、行政法规和国家标准、行业标准规定的安全生产条件，经责令停产停业整顿仍不具备安全生产条件的，安全监管监察部门应当提请有管辖权的人民政府予以关闭；人民政府决定关闭的，安全监管监察部门应当依法吊销其有关许可证。

7）生产经营单位转让安全生产许可证的，没收违法所得，吊销安全生产许可证，并按照下列规定处以罚款：

①接受转让的单位和个人未发生生产安全事故的，处10万元以上30万元以下的罚款。

②接受转让的单位和个人发生生产安全事故但没有造成人员死亡的，处30万元以上40万元以下的罚款。

③接受转让的单位和个人发生人员死亡生产安全事故的，处40万元以上50万元以下的罚款。

8）知道或者应当知道生产经营单位未取得安全生产许可证或者其他批准文件擅自从事生产经营活动，仍为其提供生产经营场所、运输、保管、仓储等条件的，责令立即停止违法行为，有违法所得的，没收违法所得，并处违法所得1倍以上3倍以下的罚款，但是最高不得超过3万元；没有违法所得的，并处5 000元以上1万元以下的罚款。

9）生产经营单位及其有关人员弄虚作假，骗取或者勾结、串通行政审批工作人员取得安全生产许可证书及其他批准文件的，撤销许可及批准文件，并按照下列规定处以罚款：

①生产经营单位有违法所得的，没收违法所得，并处违法所得1倍以上3倍以下的罚款，但是最高不得超过3万元；没有违法所得的，并处5 000元以上1万元以下的罚款；

②对有关人员处1 000元以上1万元以下的罚款。

有以上违法行为的生产经营单位及其有关人员在3年内不得再次申请该行政许可。生产经营单位及其有关人员未依法办理安全生产许可证书变更手续的，责令限期改正，并对生产经营单位处1万元以上3万元以下的罚款，对有关人员处1 000元以上5 000元以下的罚款。

10）未取得相应资格、资质证书的机构及其有关人员从事安全评价、认证、检测、检验工作，责令停止违法行为，并按照下列规定处以罚款：

①机构有违法所得的，没收违法所得，并处违法所得1倍以上3倍以下的罚款，但是最高不得超过3万元；没有违法所得的，并处5 000元以上1万元以下的罚款。

②有关人员处5 000元以上1万元以下的罚款。

11）生产经营单位及其有关人员触犯不同的法律规定，有2个以上应当给予行政处罚的安全生产违法行为的，安全监管监察部门应当适用不同的法律规定，分别裁量，合并处罚。对同一生产经营单位及其有关人员的同一安全生产违法行为，不得给予2次以上罚款的行政处罚。

12）生产经营单位及其有关人员有下列情形之一的，应当从重处罚：

①危及公共安全或者其他生产经营单位安全的，经责令限期改正，逾期未改正的。

②一年内因同一违法行为受到2次以上行政处罚的。

③拒不整改或者整改不力，其违法行为呈持续状态的。

④拒绝、阻碍或者以暴力威胁行政执法人员的。

13）生产经营单位及其有关人员有下列情形之一的，应当依法从轻或者减轻行政处罚：

①已满14周岁不满18周岁的公民实施安全生产违法行为的。

②主动消除或者减轻安全生产违法行为危害后果的。

③受他人胁迫实施安全生产违法行为的。

④配合安全监管监察部门查处安全生产违法行为，有立功表现的。立功表现，是指当事人揭发他人安全生产违法行为，并经查证属实；或者提供查处其他安全生产违法行为的重要线索，并经查证属实；或者阻止他人实施安全生产违法行为；或者协助司法机关抓捕其他违法犯罪嫌疑人。

⑤主动投案，向安全监管监察部门如实交待自己的违法行为的。

⑥具有法律、行政法规规定的其他从轻或者减轻处罚情形的。

有从轻处罚情节的，应当在法定处罚幅度的中档以下确定行政处罚标准，但不得低于法定处罚幅度的下限。安全生产违法行为轻微并及时纠正，没有造成危害后果的，不予行政处罚。

18.1.4 行政处罚的执行和备案

（1）行政处罚的执行

1）安全监管监察部门实施行政处罚时，应当同时责令生产经营单位及其有关人员停止、改正或者限期改正违法行为。生产安全事故违法行为处罚中所称的违法所得，按照下列规定计算：

①生产、加工产品的，以生产、加工产品的销售收入作为违法所得。

②销售商品的，以销售收入作为违法所得。

③提供安全生产中介、租赁等服务的，以服务收入或者报酬作为违法所得。

④销售收入无法计算的，按当地同类同等规模的生产经营单位的平均销售收入计算。

⑤服务收入、报酬无法计算的，按照当地同行业同种服务的平均收入或者报酬计算。

2）行政处罚决定依法作出后，当事人应当在行政处罚决定的期限内，予以履行；当事人逾期不履的，作出行政处罚决定的安全监管监察部门可以采取下列措施：

①到期不缴纳罚款的，每日按罚款数额的3%加处罚款，但不得超过罚款数额。

②根据法律规定，将查封、扣押的设施、设备、器材和危险物品拍卖所得价款抵缴罚款。

③申请人民法院强制执行。

当事人对行政处罚决定不服，申请行政复议或者提起行政诉讼的，行政处罚不停止执行，法律另有规定的除外。

3）安全生产行政执法人员当场收缴罚款的，应当出具省、自治区、直辖市财政部门统一制发的罚款收据；当场收缴的罚款，应当自收缴罚款之日起2日内，交至所属安全监管监察部门；安全监管监察部门应当在2日内将罚款缴付指定的银行。

4）除依法应当予以销毁的物品外，需要将查封、扣押的设施、设备、器材和危险物品拍卖抵缴罚款的，依照法律或者国家有关规定处理。销毁物品，依照国家有关规定处理；没有规定的，经县级以上安全监管监察部门负责人批准，由2名以上安全生产行政执法人员监督销毁，并制作销毁记录。处理物品，应当制作清单。罚款、没收违法所得的款项和没收非法开采的煤炭产品、采掘设备，必须按照有关规定上缴，任何单位和个人不得截留、私分或者变相私分。

（2）行政处罚的备案

1）县级安全监管监察部门处以5万元以上罚款、没收违法所得、没收非法生产的煤炭产品或者采掘设备价值5万元以上、责令停产停业、责令停止建设、责令停止施工、责令停产停业整顿、吊销有关资格和岗位证书或者许可证的行政处罚的，应当自作出行政处罚决定之日起10日内报设区的市级安全监管监察部门备案。

2）设区的市级安全监管监察部门处以10万元以上罚款、没收违法所得、没收非法生产的煤炭产品或者采掘设备价值10万元以上、责令停产停业、责令停止建设、责令停止施工、责令停产停业整顿、吊销有关资格和岗位证书或者许可证的行政处罚的，应当自作出行政处罚决定之日起10日内报省级安全监管监察部门备案。

3）省级安全监管监察部门处以50万元以上罚款、没收违法所得、没收非法生产的煤炭产品或者采掘设备价值50万元以上、责令停产停业、责令停止建设、责令停止施工、责令停产停业整顿、吊销有关资格和岗位证书或者许可证的行政处罚的，应当自作出行政处罚决定之日起10日内报应急管理部或者国家煤矿安全监察局备案。

对上级安全监管监察部门交办案件给予行政处罚的，由决定行政处罚的安全监管监察部门自作出行政处罚决定之日起10日内报上级安全监管监察部门备案。

4）行政处罚执行完毕后，案件材料应当按照有关规定立卷归档。案卷立案归档后，任何单位和个人不得擅自增加、抽取、涂改和销毁案卷材料。未经安全监管监察部门负责人批准，任何单位和个人不得借阅案卷。

18.2 生产安全事故罚款处罚

18.2.1 罚款处罚相关概念

（1）处罚的主体

《生产安全事故罚款处罚规定（试行）》所称事故发生单位是指对事故发生负有责任的生产经营单位。所称的主要负责人是指有限责任公司、股份有限公司的董事长或者总经理或者个人经营的投资人，其他生产经营单位的厂长、经理、局长、矿长（含实际控制人）等人员。

（2）收入核定

事故发生单位主要负责人、直接负责的主管人员和其他直接责任人员的上一年年收入，属于国有生产经营单位的，是指该单位上级主管部门所确定的上一年年收入总额；属于非国有生产经营单位的，是指经财务、税务部门核定的上一年年收入总额。

生产经营单位提供虚假资料或者由于财务、税务部门无法核定等原因致使有关人员的上一年年收入难以确定的，按照下列办法确定：

1）主要负责人的上一年年收入，按照本省、自治区、直辖市上一年度职工平均工资的5倍以上10倍以下计算。

2）直接负责的主管人员和其他直接责任人员的上一年年收入，按照本省、自治区、直辖市上一年度职工平均工资的1倍以上5倍以下计算。

（3）报告延误

生产安全事故报告中的迟报、漏报、谎报和瞒报，依照下列情形认定：

1）报告事故的时间超过规定时限的，属于迟报。

2）因过失对应当上报的事故或者事故发生的时间、地点、类别、伤亡人数、直接经济损失等内容遗漏未报的，属于漏报。

3）故意不如实报告事故发生的时间、地点、初步原因、性质、伤亡人数和涉险人数、直接经济损失等有关内容的，属于谎报。

4）隐瞒已经发生的事故，超过规定时限未向安全监管监察部门和有关部门报告，经查证属实的，属于瞒报。

18.2.2 实施罚款处罚的行政部门

（1）对事故发生单位和责任人罚款处罚

对事故发生单位及其有关责任人员处以罚款的行政处罚，依照下列规定决定：

1）对发生特别重大事故的单位及其有关责任人员罚款的行政处罚，由应急管理部决定。

2）对发生重大事故的单位及其有关责任人员罚款的行政处罚，由省级人民政府安全生产监督管理部门决定。

3）对发生较大事故的单位及其有关责任人员罚款的行政处罚，由设区的市级人民政府安全生产监督管理部门决定。

4）对发生一般事故的单位及其有关责任人员罚款的行政处罚，由县级人民政府安全生产监督管理部门决定。

上级安全生产监督管理部门可以指定下一级安全生产监督管理部门对事故发生单位及其有关责任人员实施行政处罚。

（2）对煤矿事故发生单位和责任人罚款处罚

对煤矿事故发生单位及其有关责任人员处以罚款的行政处罚，依照下列规定执行：

1）对发生特别重大事故的煤矿及其有关责任人员罚款的行政处罚，由国家煤矿安全监察局决定。

2）对发生重大事故和较大事故的煤矿及其有关责任人员罚款的行政处罚，由省级煤矿安全监察机构决定。

3）对发生一般事故的煤矿及其有关责任人员罚款的行政处罚，由省级煤矿安全监察机构所属分局决定。

上级煤矿安全监察机构可以指定下一级煤矿安全监察机构对事故发生单位及其有关责任人员实施行政处罚。

（3）罚款处罚程序

特别重大事故以下等级事故，事故发生地与事故发生单位所在地不在同一个县级以上行政区域的，由事故发生地的安全生产监督管理部门或者煤矿安全监察机构依照上述规定的权限实施行政处罚。

安全生产监督管理部门和煤矿安全监察机构对事故发生单位及其有关责任人员实施罚款的行政处罚，依照《安全生产违法行为行政处罚办法》规定的程序执行。

事故发生单位及其有关责任人员对安全生产监督管理部门和煤矿安全监察机构给予的行政处罚，享有陈述、申辩的权利；对行政处罚不服的，有权依法申请行政复议或者提起行政诉讼。

18.2.3 罚款处罚的实施内容

（1）有关事故抢救和报告

1）事故发生单位主要负责人。事故发生单位主要负责人有《安全生产法》《生产安全事故报告和调查处理条例》规定的下列行为之一的，依照下列规定处以罚款：

①事故发生单位主要负责人在事故发生后不立即组织事故抢救的，处上一年年收入100%的罚款。

②事故发生单位主要负责人迟报事故的，处上一年年收入60%~80%的罚款；漏报事故的，处上一年年收入40%~60%的罚款。

③事故发生单位主要负责人在事故调查处理期间擅离职守的，处上一年年收入80%~100%的罚款。

事故发生单位的主要负责人、直接负责的主管人员和其他直接责任人员有《安全生产法》《生产安全事故报告和调查处理条例》规定的下列行为之一的，依照下列规定处以罚款：

①伪造、故意破坏事故现场，或者转移、隐匿资金和财产、销毁有关证据和资料，或者拒绝接受调查，或者拒绝提供有关情况和资料，或者在事故调查中作伪证，或者指使他人作伪证的，处上一年年收入80%~90%的罚款。

②谎报、瞒报事故或者事故发生后逃匿的，处上一年年收入100%的罚款。

《安全生产法》规定：生产经营单位的主要负责人在本单位发生生产安全事故时，不立即组织抢救或者在事故调查处理期间擅离职守或者逃匿的，给予降级、撤职的处分，并由安全生产监督管理部门处上一年年收入60%~100%的罚款；对逃匿的处15日以下拘留；构成犯罪的，依照刑法有关规定追究刑事责任。

生产经营单位的主要负责人对生产安全事故隐瞒不报、谎报或者迟报的，依照前款规定处罚。

《生产安全事故报告和调查处理条例》规定：事故发生单位主要负责人有下列行为之一的，处上一年年收入40%~80%的罚款；属于国家工作人员的，并依法给予处分；构成犯罪的，依法追究刑事责任：不立即组织事故抢救的，迟报或者漏报事故的，在事故调查处理期间擅离职守的。

2）事故发生单位。事故发生单位有《生产安全事故报告和调查处理条例》第三十六条规定行为之一的，依照《国家安全监管总局关于印发〈安全生产行政处罚自由裁量标准〉的通知》（安监总政法〔2010〕137号）等规定给予罚款。

（2）有关各种事故类型

1）事故发生单位对造成3人以下死亡，或者3人以上10人以下重伤（包括急性工业中毒，下同），或者300万元以上1 000万元以下直接经济损失的一般事故负有责任的，处20万元以上50万元以下的罚款。

事故发生单位有以上规定的行为且有谎报或者瞒报事故情节的，处50万元的罚款。

2）事故发生单位对较大事故发生负有责任的，依照下列规定处以罚款：

①造成3人以上6人以下死亡，或者10人以上30人以下重伤，或者1 000万元以上3 000万元以下直接经济损失的，处50万元以上70万元以下的罚款。

②造成6人以上10人以下死亡，或者30人以上50人以下重伤，或者3 000万元以上5 000万元以下直接经济损失的，处70万元以上100万元以下的罚款。

事故发生单位对较大事故发生负有责任且有谎报或者瞒报情节的，处100万元的罚款。

3）事故发生单位对重大事故发生负有责任的，依照下列规定处以罚款：

①造成10人以上15人以下死亡，或者50人以上70人以下重伤，或者5 000万元以上7 000万元以下直接经济损失的，处100万元以上300万元以下的罚款。

②造成15人以上30人以下死亡，或者70人以上100人以下重伤，或者7 000万元以上1亿元以下直接经济损失的，处300万元以

上500万元以下的罚款。

事故发生单位对重大事故发生负有责任且有谎报或者瞒报情节的，处500万元的罚款。

4）事故发生单位对特别重大事故发生负有责任的，依照下列规定处以罚款：

①造成30人以上40人以下死亡，或者100人以上120人以下重伤，或者1亿元以上1.2亿元以下直接经济损失的，处500万元以上1 000万元以下的罚款。

②造成40人以上50人以下死亡，或者120人以上150人以下重伤，或者1.2亿元以上1.5亿元以下直接经济损失的，处1 000万元以上1 500万元以下的罚款。

③造成50人以上死亡，或者150人以上重伤，或者1.5亿元以上直接经济损失的，处1 500万元以上2 000万元以下的罚款。

5）事故发生单位对特别重大事故发生负有责任且有下列情形之一的，处2 000万元的罚款：

①谎报特别重大事故的。

②瞒报特别重大事故的。

③未依法取得有关行政审批或者证照擅自从事生产经营活动的。

④拒绝、阻碍行政执法的。

⑤拒不执行有关停产停业、停止施工、停止使用相关设备或者设施的行政执法指令的。

⑥明知存在事故隐患，仍然进行生产经营活动的。

⑦一年内已经发生2起以上较大事故，或者1起重大以上事故，再次发生特别重大事故的。

⑧地下矿山负责人未按照规定带班下井的。

（3）有关安全管理

1）事故发生单位主要负责人未依法履行安全管理职责，导致事故发生的，依照下列规定处以罚款：

①发生一般事故的，处上一年年收入30%的罚款。

②发生较大事故的，处上一年年收入40%的罚款。

③发生重大事故的，处上一年年收入60%的罚款。

④发生特别重大事故的，处上一年年收入80%的罚款。

2）个人经营的投资人未依照《安全生产法》的规定保证安全生产所必需的资金投入，致使生产经营单位不具备安全生产条件，导致发生生产安全事故的，依照下列规定对个人经营的投资人处以罚款：

①发生一般事故的，处2万元以上5万元以下的罚款。

②发生较大事故的，处5万元以上10万元以下的罚款。

③发生重大事故的，处10万元以上15万元以下的罚款。

④发生特别重大事故的，处15万元以上20万元以下的罚款。

3）违反《生产安全事故报告和调查处理条例》和其他法律、法规规定，事故发生单位及其有关责任人员有2种以上应当处以罚款的行为的，安全生产监督管理部门或者煤矿安全监察机构应当分别裁量，合并作出处罚决定。对事故发生负有责任的其他单位及其有关责任人员处以罚款的行政处罚，依照相关法律、法规和规章的规定实施。

18.3 生产安全刑事处罚

18.3.1 《刑法》相关规定

《刑法》中关于安全生产违法犯罪行为及其处罚的规定如下：

第一百三十二条 【铁路运营安全事故罪】铁路职工违反规章制度，致使发生铁路运营安全事故，造成严重后果的，处3年以下有期徒刑或者拘役；造成特别严重后果的，处3年以上7年以下有期徒刑。

第一百三十三条 【交通肇事罪】违反交通运输管理法规，因而发生重大事故，致人重伤、死亡或者使公私财产遭受重大损失的，处3年以下有期徒刑或者拘役；交通运输肇事后逃逸或者有其他特别恶劣情节的，处3年以上7年以下有期徒刑；因逃逸致人死亡的，处7年以上有期徒刑。

第一百三十三条之一 【危险驾驶罪】在道路上驾驶机动车，有下列情形之一的，处拘役，并处罚金：

1）追逐竞驶，情节恶劣的。

2）醉酒驾驶机动车的。

3）从事校车业务或者旅客运输，严重超过额定乘员载客，或者严重超过规定时速行驶的。

4）违反危险化学品安全管理规定运输危险化学品，危及公共安全的。

机动车所有人、管理人对前款第三项、第四项行为负有直接责任的，依照前款的规定处罚。

有前两款行为，同时构成其他犯罪的，依照处罚较重的规定定罪处罚。

第一百三十四条 【重大责任事故罪】在生产、作业中违反有关安全管理的规定，因而发生重大伤亡事故或者造成其他严重后果的，处3年以下有期徒刑或者拘役；情节特别恶劣的，处3年以上7年以下有期徒刑。

【强令违章冒险作业罪】强令他人违章冒险作业，因而发生重大伤亡事故或者造成其他严重后果的，处5年以下有期徒刑或者拘役；情节特别恶劣的，处5年以上有期徒刑。

第一百三十五条 【重大劳动安全事故罪】安全生产设施或者安全生产条件不符合国家规定，因而发生重大伤亡事故或者造成其他严重后果的，对直接负责的主管人员和其他直接责任人员，处3年以下有期徒刑或者拘役；情节特别恶劣的，处3年以上7年以下有期徒刑。

第一百三十五条之一 【大型群众性活动重大安全事故罪】举办大型群众性活动违反安全管理规定，因而发生重大伤亡事故或者造成其他严重后果的，对直接负责的主管人员和其他直接责任人员，处3年以下有期徒刑或者拘役；情节特别恶劣的，处3年以上7年以下有期徒刑。

第一百三十六条 【危险物品肇事罪】违反爆炸性、易燃性、放射性、毒害性、腐蚀性物品的管理规定，在生产、储存、运输、使用中发生重大事故，造成严重后果的，处3年以下有期徒刑或者拘役；后果特别严重的，处3年以上7年以下有期徒刑。

第一百三十七条 【工程重大安全事故罪】建设单位、设计单位、施工单位、工程监理单位违反国家规定，降低工程质量标准，造成重大安全事故的，对直接责任人员，处5年以下有期徒刑或者拘役，并处罚金；后果特别严重的，处5年以上10年以下有期徒刑，并处罚金。

第一百三十八条 【教育设施重大安全事故罪】明知校舍或者教育教学设施有危险，而不采取措施或者不及时报告，致使发生重大伤亡事故的，对直接责任人员，处3年以下有期徒刑或者拘役；后果特别严重的，处3年以上7年以下有期徒刑。

第一百三十九条 【消防责任事故罪】违反消防管理法规，经消防监督机构通知采取改正措施而拒绝执行，造成严重后果的，对直接责任人员，处3年以下有期徒刑或者拘役；后果特别严重的，处3年以上7年以下有期徒刑。

第一百三十九条之一 【不报、谎报安全事故罪】在安全事故发生后，负有报告职责的人员不报或者谎报事故情况，贻误事故抢救，情节严重的，处3年以下有期徒刑或者拘役；情节特别严重的，处3年以上7年以下有期徒刑。

第一百四十六条 【生产、销售不符合安全标准的产品罪】生产不符合保障人身、财产安全的国家标准、行业标准的电器、压力容器、易燃易爆产品或者其他不符合保障人身、财产安全的国家标准、行业标准的产品，或者销售明知是以上不符合保障人身、财产安全的国家标准、行业标准的产品，造成严重后果的，处5年以下有期徒刑，并处销售金额50%以上2倍以下罚金；后果特别严重的，处5年以上有期徒刑，并处销售金额50%以上2倍以下罚金。

第二百三十二条 【故意杀人罪】故意杀人的，处死刑、无期徒刑或者10年以上有期徒刑；情节较轻的，处3年以上10年以下有期徒刑。

第二百三十三条 【过失致人死亡罪】过失致人死亡的，处3年以上7年以下有期徒刑；情节较轻的，处3年以下有期徒刑。本法另有规定的，依照规定。

第二百三十四条 【故意伤害罪】故意伤害他人身体的，处3年以下有期徒刑、拘役或者管制。

犯前款罪，致人重伤的，处3年以上10年以下有期徒刑；致人死亡或者以特别残忍手段致人重伤造成严重残疾的，处10年以上有期徒刑、无期徒刑或者死刑。本法另有规定的，依照规定。

第三百八十九条 【行贿罪】为谋取不正当利益，给予国家工作人员以财物的，是行贿罪。

在经济往来中，违反国家规定，给予国家工作人员以财物，数额较大的，或者违反国家规定，给予国家工作人员以各种名义的回扣、手续费的，以行贿论处。

因被勒索给予国家工作人员以财物，没有获得不正当利益的，不是行贿。

第三百九十七条 【滥用职权罪、玩忽职守罪】国家机关工作人员滥用职权或者玩忽职守，致使公共财产、国家和人民利益遭受重大损失的，处3年以下有期徒刑或者拘役；情节特别严重的，处3年以上7年以下有期徒刑。本法另有规定的，依照规定。

国家机关工作人员徇私舞弊，犯前款罪的，处5年以下有期徒刑或者拘役；情节特别严重的，处5年以上10年以下有期徒刑。本法另有规定的，依照规定。

第四百零二条 【徇私舞弊不移交刑事案件罪】行政执法人员徇私舞弊，对依法应当移交司法机关追究刑事责任的不移交，情节严重的，处3年以下有期徒刑或者拘役；造成严重后果的，处3年以上7年以下有期徒刑。

18.3.2 司法解释

《最高人民法院、最高人民检察院关于办理危害生产安全刑事案件适用法律若干问题的解释》（以下简称《解释》）有关安全生产司法解释的主要内容如下：

1）《刑法》第一百三十四条第一款规定的犯罪主体，包括对生产、作业负有组织、指挥或者管理职责的负责人、管理人员、实际控制人、投资人等人员，以及直接从事生产、作业的人员。

第一百三十四条第二款规定的犯罪主体，包括对生产、作业负有组织、指挥或者管理职责的负责人、管理人员、实际控制人、投资人等人员。

2）《刑法》第一百三十五条规定的“直接负责的主管人员和其他直接责任人员”，是指对安全生产设施或者安全生产条件不符合国家规定负有直接责任的生产经营单位负责人、管理人员、实际控制人、投资人，以及其他对安全生产设施或者安全生产条件负有管理、维护职责的人员。

3）《刑法》第一百三十九条之一规定的“负有报告职责的人员”，是指负有组织、指挥或者管理职责的负责人、管理人员、实际控制人、投资人，以及其他负有报告职责的人员。

4）明知存在事故隐患、继续作业存在危险，仍然违反有关安全管理的规定，实施下列行为之一的，应当认定为《刑法》第一百三十四条第二款规定的“强令他人违章冒险作业”：

①利用组织、指挥、管理职权，强制他人违章作业的。

②采取威逼、胁迫、恐吓等手段，强制他人违章作业的。

③故意掩盖事故隐患，组织他人违章作业的。

④其他强令他人违章作业的行为。

5）实施《刑法》第一百三十二条、第一百三十四条第一款、第一百三十五条、第一百三十五条之一、第一百三十六条、第一百三十九条规定的行为，因而发生安全事故，具有下列情形之一的，应当认定为“造成严重后果”或者“发生重大伤亡事故或者造成其他严重后果”，对相关责任人员，处3年以下有期徒刑或者拘役：

①造成死亡1人以上，或者重伤3人以上的。

②造成直接经济损失100万元以上的。

③其他造成严重后果或者重大安全事故的情形。

实施《刑法》第一百三十四条第二款规定的行为，因而发生安全事故，具有本条第一款规定情形的，应当认定为“发生重大伤亡事故或者造成其他严重后果”，对相关责任人员，处5年以下有期徒刑或者拘役。

实施《刑法》第一百三十七条规定的行为，因而发生安全事故，具有本条第一款规定情形的，应当认定为“造成重大安全事故”，对直接责任人员，处5年以下有期徒刑或者拘役，并处罚金。

实施《刑法》第一百三十八条规定的行为，因而发生安全事故，具有本条第一款第一项规定情形的，应当认定为“发生重大伤亡事故”，对直接责任人员，处3年以下有期徒刑或者拘役。

6）实施《刑法》第一百三十二条、第一百三十四条第一款、第一百三十五条、第一百三十五条之一、第一百三十六条、第一百三十九条规定的行为，因而发生安全事故，具有下列情形之一的，对相关责任人员，处3年以上7年以下有期徒刑：

①造成死亡3人以上或者重伤10人以上，负事故主要责任的。

②造成直接经济损失500万元以上，负事故主要责任的。

③其他造成特别严重后果、情节特别恶劣或者后果特别严重的情形。

实施《刑法》第一百三十四条第二款规定的行为，因而发生安全事故，具有本条第一款规定情形的，对相关责任人员，处5年以上有期徒刑。

实施《刑法》第一百三十七条规定的行为，因而发生安全事故，具有本条第一款规定情形的，对直接责任人员，处5年以上10年以下有期徒刑，并处罚金。

实施《刑法》第一百三十八条规定的行为，因而发生安全事故，具有下列情形之一的，对直接责任人员，处3年以上7年以下有期徒刑：

①造成死亡3人以上或者重伤10人以上，负事故主要责任的。

②具有本条第一款第一项规定情形，同时造成直接经济损失500万元以上并负事故主要责任的，或者同时造成恶劣社会影响的。

7）在安全事故发生后，负有报告职责的人员不报或者谎报事故情况，贻误事故抢救，具有下列情形之一的，应当认定为《刑法》第一百三十九条之一规定的“情节严重”：

①导致事故后果扩大，增加死亡1人以上，或者增加重伤3人以上，或者增加直接经济损失100万元以上的。

②实施下列行为之一，致使不能及时有效开展事故抢救的：决定不报、迟报、谎报事故情况或者指使、串通有关人员不报、迟报、谎报事故情况的；在事故抢救期间擅离职守或者逃匿的；伪造、破坏事故现场，或者转移、藏匿、毁灭遇难人员尸体，或者转移、藏匿受伤人员的；毁灭、伪造、隐匿与事故有关的图纸、记录、计算机数据等资料以及其他证据的。

③其他情节严重的情形。

具有下列情形之一的，应当认定为《刑法》第一百三十九条之一规定的“情节特别严重”：

①导致事故后果扩大，增加死亡3人以上，或者增加重伤10人以上，或者增加直接经济损失500万元以上的。

②采用暴力、胁迫、命令等方式阻止他人报告事故情况，导致事故后果扩大的。

③其他情节特别严重的情形。

8）在安全事故发生后，与负有报告职责的人员串通，不报或者谎报事故情况，贻误事故抢救，情节严重的，依照《刑法》第一百三十九条之一的规定，以共犯论处。

9）在安全事故发生后，直接负责的主管人员和其他直接责任人员故意阻挠开展抢救，导致人员死亡或者重伤，或者为了逃避法律追究，对被害人进行隐藏、遗弃，致使被害人因无法得到救助而死亡或者重度残疾的，分别依照《刑法》第二百三十二条、第二百三十四条的规定，以故意杀人罪或者故意伤害罪定罪处罚。

10）生产不符合保障人身、财产安全的国家标准、行业标准的安全设备，或者明知安全设备不符合保障人身、财产安全的国家标准、行业标准而进行销售，致使发生安全事故，造成严重后果的，依照《刑法》第一百四十六条的规定，以生产、销售不符合安全标准的产品罪定罪处罚。

11）实施《刑法》第一百三十二条、第一百三十四条至第一百三十九条之一规定的犯罪行为，具有下列情形之一的，从重处罚：

①未依法取得安全许可证件或者安全许可证件过期、被暂扣、吊销、注销后从事生产经营活动的。

②关闭、破坏必要的安全监控和报警设备的。

③已经发现事故隐患，经有关部门或者个人提出后，仍不采取措施的。

④一年内曾因危害生产安全违法犯罪活动受过行政处罚或者刑事处罚的。

⑤采取弄虚作假、行贿等手段，故意逃避、阻挠负有安全监督管理职责的部门实施监督检查的。

⑥安全事故发生后转移财产意图逃避承担责任的。

⑦其他从重处罚的情形。

实施前款第五项规定的行为，同时构成《刑法》第三百八十九条规定的犯罪的，依照数罪并罚的规定处罚。

12）实施《刑法》第一百三十二条、第一百三十四条至第一百三十九条之一规定的犯罪行为，在安全事故发生后积极组织、参与事故抢救，或者积极配合调查、主动赔偿损失的，可以酌情从轻处罚。

13）国家工作人员违反规定投资入股生产经营，构成《解释》规定的有关犯罪的，或者国家工作人员的贪污、受贿犯罪行为与安全事故发生存在关联性的，从重处罚；同时构成贪污、受贿犯罪和危害生产安全犯罪的，依照数罪并罚的规定处罚。

14）国家机关工作人员在履行安全监督管理职责时滥用职权、玩忽职守，致使公共财产、国家和人民利益遭受重大损失的，或者徇私舞弊，对发现的刑事案件依法应当移交司法机关追究刑事责任而不移交，情节严重的，分别依照《刑法》第三百九十七条、第四百零二条的规定，以滥用职权罪、玩忽职守罪或者徇私舞弊不移交刑事案件罪定罪处罚。

公司、企业、事业单位的工作人员在依法或者受委托行使安全监督管理职责时滥用职权或者玩忽职守，构成犯罪的，应当依照《全国人民代表大会常务委员会关于〈中华人民共和国刑法〉第九章渎职罪主体适用问题的解释》的规定，适用渎职罪的规定追究刑事责任。

15）对于实施危害生产安全犯罪适用缓刑的犯罪分子，可以根据犯罪情况，禁止其在缓刑考验期限内从事与安全生产相关联的特定活动；对于被判处刑罚的犯罪分子，可以根据犯罪情况和预防再犯罪的需要，禁止其自刑罚执行完毕之日或者假释之日起3~5年内从事与安全生产相关的职业。